逆境突围

九 南 编著

南开大学出版社

天 津

图书在版编目(CIP)数据

逆境突围 / 九南编著. —天津：南开大学出版社，
2016.8
　ISBN 978-7-310-05183-0

　Ⅰ. ①逆… Ⅱ. ①九… Ⅲ. ①成功心理－通俗读物
Ⅳ. ①B848.4－49

中国版本图书馆 CIP 数据核字(2016)第 190474 号

南开大学出版社出版发行
出版人:刘立松
地址:天津市南开区卫津路 94 号　　邮政编码:300071
营销部电话:(022)23508339　23500755
营销部传真:(022)23508542　　邮购部电话:(022)23502200
＊
北京楠海印刷厂印刷
全国各地新华书店经销
＊
2016 年 8 月第 1 版　　2016 年 8 月第 1 次印刷
230×170 毫米　16 开本　16 印张　2 插页　243 千字
定价:43.00 元

如遇图书印装质量问题,请与本社营销部联系调换,电话:(022)23507125

梦想——到达（代序）

九　南

　　珠穆朗玛峰，世界第一高峰，似乎高不可攀；然而人类下定决心要征服它！1953 年 5 月 29 日，新西兰人埃德蒙·希拉里和夏尔巴人丹增·诺盖第一次登上了珠峰顶峰，实现了人类的梦想。为这一梦想，60 余年来，先后有 500 余人葬身于冰雪之中，但人们并未因此停止攀登的脚步。

　　"梦想——到达"，这是每一个有人生追求的人和每一个具有伟大抱负的民族的共同生命誓言。

　　　　我的梦想在珠穆朗玛。
　　　　　　壮丽景色，激荡起我痴情的追求，
　　　　　　百年屈辱，铸就了我不屈的意志：
　　　　有梦想，就一定要到达。

　　　　越过万年的冰坡，
　　　　　　滑下来再重新出发；
　　　　冲出呼啸的风口，
　　　　　　雪崩后又踏上悬崖；
　　　　登上垂直的"第二台阶"，
　　　　　　一寸一寸地向上攀爬……

我终于站在世界之巅——珠穆朗玛。

俯视连绵的群山，

　　我尽览祖国的壮美；

凝望招展的红旗，

　　我泪如雨下！

这就是中国人的性格：

　　不变的梦想，最终的到达！

目 录

上 编

下　编

上编

第一讲　逆境是人生的一种常态

一、逆境：无常之常

凡我们在生活中遇到的险境、恶境、不顺之境皆可谓之逆境。由于逆境的普遍存在和经常发生，所以说逆境是人生的一种常态。自然无常，人生无常，人的起落跌宕、生老病死无常，故逆境是无常之常。

西晋人羊祜云："天下不如意事，十常居八九。"

宋人辛弃疾慨叹人生曰："不如意事，十常八九。"

近代的梁启超说："盖人生历程，大抵逆境居十六七，顺境亦居十三四，而顺逆两境又常相间以迭乘。"

这里说的"十八九""十六七"，就是讲人生中的大部分时间是处在逆境之中的，没有一个人的生命完全是在顺境中度过的。人生坎坷，命运多舛乃命中注定。所以我们要"时刻准备着"!

逆境大致有四种。

一是自然逆境，即由大自然的灾难导致的各种逆境，如地震、海啸、飓风、火山爆发、洪水泛滥、瘟疫流行，以及可能的空间灾难，等等。

二是社会逆境，即由社会矛盾和人类活动引发的各种逆境，如战争、经济危机、恐怖主义、社会动乱、环境污染、气候变暖，等等。

三是隐性逆境，即由小环境（单位、公司、家庭）中的人际关系紧张而形成的较隐蔽的逆境。

四是心灵逆境，即由当事者自己的心理失衡或言行不当而造成的逆境，也可称自造逆境。

实际上，"天灾"与"人祸"交织，"个人"与"社会"缠绕，四种逆境互相交错，难以截然区分。

二、当代逆境发生率增高与"逆商"培养

"逆商"是美国职业培训师保罗·斯托茨提出的概念，是指人们面对挫折、摆脱困境的能力。在智商、情商相差不大的情况下，逆商对一个人的事业成功起着决定性作用。

当代是一个急速变化的时代，是一个既充满无限生机又充满各种风险的时代，逆境的发生率也因此增高。其原因是：

第一，世界范围内的利益冲突加剧：国家之间、民族之间、宗教之间以及国内各阶层、各人群之间的利益冲突广泛而深刻，局部战争、社会动乱、群体事件频发；

第二，环境恶化，自然灾害增多；

第三，人口急剧增加，自然资源争夺与社会竞争更趋激烈；

第四，科技迅猛发展，在给人类带来福祉的同时，其负面效应日益显现；

第五，人的心理素质下降，由非理性引爆的突发事件、暴力事件有增无减。

面对这种状况，提出加强有关逆境的教育与逆商的培养是必要而迫切的。（参阅俞敏洪《面向未来的教育：着重培养情商和逆商》，载《在绝望中寻找希望》，中信出版社 2014 年版。）

人应该具有的抗御和战胜逆境的能力，具体来说就是：面对逆境不屈服、不认输的抗压、抗打击能力；在逆境中自我鼓励、自我修复心理创伤的能力；"谷底反弹"，想方设法摆脱困境、解决难题的能力。

有逆商与无逆商既表现出一个人面对逆境的态度，也决定着他的命运。

同样是冤假错案的受害者，有的人经受不住残酷的心灵与肉体的折磨，陷入绝望而自杀身亡；而有的人则抱着"一线希望"，顽强地活着，终于坚持到平反昭雪的一天，重新成为一个大写的人而重放光华。

同样经历地震灾难，同样被埋在废墟之下，有的人镇定应对，想尽办法使自己存活下来，终被救出；有的则恐惧、狂躁，不知所措，结果很快

窒息而死。

同样是出身贫寒，身有残疾，有的面对厄运艰苦奋斗，发奋图强，终于走出困境；有的则自暴自弃，不思进取，结果一事无成，甚至可能走上犯罪的道路。

同样是参加比赛，有的自始至终冷静、从容，稳扎稳打，败而不馁，胜而不骄，最后夺得桂冠；有的则"输不起"，稍有失误，就情绪失控，面对失败，则精神崩溃，嚎啕大哭。

许多人不缺智商而缺应有的逆商，所以逆境教育是每个人都必须专修的一堂人生课程。娃娃跌倒，让他（她）不要哭，鼓励他（她）自己爬起来，这就是上"逆境"的第一课。从小学、中学、大学，到走向社会，青年成家立业，中年负重拼搏，直至老年退休，生老病死，每个生命节点都会遇到各种各样的逆境，都需要有高逆商相伴随。

我国的"80后""90后"，多为独生子女，他们有许多优点，如聪慧、灵敏，接受新事物快；但又要看到，他们在蜜罐里长大，在和平环境中成长，一路上平平坦坦、顺顺利利。他们没有苦难的记忆和历练，所以在遇到困难和挫败时，有的人或垂头丧气，茫然无措；或感情用事，言行偏激，甚至走上视生命如儿戏的不归路。他们有的人身体上"人高马大"，而心理上却"弱不禁风"。对他们来说，上好"逆境"这一课尤为重要。

如果孩子无法体验痛苦的情绪，那么他就无法产生心理上的免疫力；如果成人不经历逆境的磨难，那么他就永远不能成长为一个有完整人格的人。

"自古雄才多磨难。"正如孟子所云："故天将降大任于是人也，必先苦其心志，劳其筋骨，饿其体肤，空乏其身，行拂乱其所为，所以动心忍性，曾（增）益其所不能。"这就是说，人必须通过苦难的磨炼，才能增加自己的才干，完成背负的"大任"。

当然，我们不是苦难的崇拜者。苦难无疑会对一个人的成长和发展造成折磨与阻遏；然而，你若能够正视（而不是回避、畏惧）厄运和苦难，能够以积极的心态去对待，厄运和苦难就会变成激发人奋斗、鞭策人前进的一种动力，变成磨炼人的意志、培养人的才干的一个特殊学校。这样，厄运和苦难就会转化成一种巨大的精神财富。

第二讲　逆境激发出正能量

人类的本能之一是避害趋利，所以许多人喜顺境而厌逆境。其实，顺境、逆境都有其二重性。顺境给一个人的生存、成长、发展提供了良好的条件，当然是"天赐良机"；逆境则给一个人的生存、成长、发展造成重重阻遏，增加许多艰难困苦。然而对于有志者和生活的强者来说，他们能勇敢、智慧地面对逆境，可以将看起来消极的、负面的逆境转化为正能量。从这个角度看，逆境是有许多好处的。

一、逆境是学校，厄运是老师

在逆境、灾祸、苦难、失败中，我们可以学会适应各种恶劣环境的本领，增强战胜各种危难的智慧，培养自尊、自信、自强、自立的人格精神。而这一切，都是在顺境中学不到的。"草木不经风霜，则生意不固；人不经忧患，则德慧不成。"

爱因斯坦把失败造成的逆境看作是一次学习与成长的机会。他说："失败并不是什么值得害怕的东西。往往败者比胜者更能理解获胜的意义。我们犯下的错误总能给予我们学习和成长的机会。"

在生活中，我们每个人都会遇到一些过不去的坎儿，甚至为此而哭泣。这时，我们如果用一种强大的力量，把饮泣的感受压回内心，把泪水转化为一种滋养，就是获得了一次再生。所以巴尔扎克说："苦难是生活的最好的老师。"

正是在逆境中，人们才更有可能保持清醒和养成反省精神，也最有可能集中精力读书和思考。经历逆境和战胜逆境的过程，是一次自我清理，一次精神、情感上的新陈代谢，也是人生转型的一次契机。所以，有人把经历逆境当作人生的"博士后"学历而认真对待。

希腊伟大学者苏格拉底说："患难困苦是磨练人格之最高学府。"人类最伟大者和最优秀者，皆孕育于这所学府之中。这是催人奋发的学府，是能出伟人和天才的学府。超常的苦难孕育超凡的人生。我们不赞美苦难，但我们不能拒绝苦难。

二、逆境经历是一种宝贵的精神财富

作家冯骥才说："我认为一个人经历的不幸是人生的重要财富，要特别珍惜。我人生真正有价值的东西不是幸福给的，而是不幸给的。这就是我的财富观，也是人生观。"

1957 年被错划成"右派分子"的一批作家，如王蒙、张贤亮、高晓声、张弦、李国文、从维熙、艾青、流沙河等，他们在长达 22 年的时间里，被贬为贱民，被剥夺写作的权利，经历了"在清水里泡三次，在血水里浴三次，在碱水里煮三次"的苦难历程。但是，他们的精神不倒。他们坚信自己是真正的爱国者、革命者。他们在苦难中学习、思考，对历史和自我有了更清醒的认识。粉碎"四人帮"后，他们重返文坛，以自己经历的生活为素材，创作出一大批有反思和启蒙意义的作品，其中不少作品已成为当代文学的经典。

英国政治家丘吉尔辩证地谈到苦难究竟"是财富，还是屈辱"的关系："苦难是财富，还是屈辱？当你战胜苦难的时候，它就是你的财富；当苦难战胜你时，它就是你的屈辱。"也就是说，苦难变成财富是有条件的，这个条件就是你战胜了苦难，苦难才是你值得骄傲的一笔财富。

三、逆境是生命成熟所必须经受的考验与磨难

一个人的真正成长，并不完全在于他读多少本书，结交多少个"高人"，更重要的是他碰过多少钉子，遭遇过多少困难，化解过多少危机。

许多残障人士，或耳聋、或眼盲、或失语、或下身瘫痪、或四肢残缺，但他们不自暴自弃，而是千方百计开发身体未残部分的机能。残疾不仅没有使他们成为彻底残废的人，反而磨练了他们顽强、坚韧的生命力与意志

力，激发了他们潜在的能量，创造了人生的一片新天地。

人的一生中要有跌落的体验，要跌落一次，而且要重重地跌落一次。这样他才会真正明白一些人生事理，真正明白应走一条什么样的人生道路。这就意味着他的生命跨出了新的一步。

作家吴若增把"抗击打"当作"人生之第一要义"是很有道理的。有人讲过，一个人要在感情上失恋一次，在事业上失败一次，在选择上失误一次，才能真正长大成人，这恰恰说明了逆境在一个人成长中的不可或缺性。正如法国作家罗曼•罗兰所说："累累创伤就是生命给你的最好的东西，因为在每个创伤上面都标志着前进的一步。"

美国成功学大师希尔说："幸运之神要赠给你成功的冠冕之前，往往会用逆境考验你，看看你的耐力与勇气是否足够。所有逆境都是完善自己、超越别人的机会。"

有人把生命的形态分为三种：第一种是青少年，是第一生命；第二种是老年，是第二生命；第三种是经历逆境的磨难而重新焕发生命的激情与创造力，这是第三种生命，是含金量最高的生命。

四、逆境是创新的一个必要组成部分，是通向真理的阶梯与桥梁

农药"666"，经过 665 次的试验失败，第 666 次成功了；爱迪生发明电灯泡，经过了 1000 多次失败终于成功。创新的精髓就是勇于失败。勇气是创新的前提，是把创意变成创造的关键。害怕失败，不冒风险，不敢走前人未走过的路，就永远感受不到创造者的巅峰体验。所以科学家戴维说："我的那些最主要的发现是受到失败的启示而做出的。"

社会科学的发展，学者、思想家对自然与社会发展规律（真理）的发现也经历了一个"上下而求索"的过程。从地心说到日心说，从神创论到进化论，从神学到人学，从专制到民主，从计划经济到市场经济……几千年来，人类正是在不断校正自我中艰难前行。所以黑格尔说："错误本身乃是达到真理的一个必然环节；由于这种错误，真理才会出现。"拜伦更直截了当地说："逆境是达到真理的一条通道。"

五、逆境是精神兴奋剂，人生催化剂

许多成功人士的经历证明，人生最出色的工作往往是在处于逆境的情况下做出的。思想上的压力甚至肉体上的痛苦都可能成为精神兴奋剂和人生催化剂。逆境作为一种超常的压力，它可能摧毁一些人，但也可以玉成一些人。

失败、挫折能催生强大动力。有人对 6572 场篮球比赛进行分析之后发现，比赛前两节比分落后的球队最终获胜的几率更高。这说明，当人处于劣势时会更有一种破釜沉舟、绝境逆袭的动力，于是奋力拼杀，从而赢得更多取胜的机会。此谓"哀兵必胜"之理。

画家徐悲鸿说："人的能力和智慧都是在压力和困难中逼出来的。"危机、困难、压力能激发人的羞耻心和进取心，能调动出人的一切潜能，开拓出人生坦途。"自古英雄多磨难，从来纨绔少伟男"，讲的正是这个道理。

六、逆境是危机，又是转机

美国汽车大王亨利·福特说："失败不过是一个更明智的重新开始的机会。"逆境迫使人去换一种思路，探求另一种活法。在逆境中学习、思考，从别人的成功/失败中汲取经验教训，以取得战胜逆境的智慧；在逆境中不绝望，不放弃，坚持奋斗，这样才能从"山重水复疑无路"中找出新路，从而进入"柳暗花明又一村"的佳境，此谓"置于死地而后生"。

对于逆境，人们有愈来愈多的正面的思考。美国科学院院长布鲁斯·艾尔伯兹认为："美国社会尊重失败。美国人尊重那些渴望成功、努力挑战困难的人，即使他输得蓬头垢面。"

在日本，有对所谓失败学的研究，有人还成立了"失败学会""活用失败知识研究会"，举办"失败晚会"，他们共享失败案例数据库的信息，从中研究失败的意义，探索失败的经验，找出克服失败的对策，以避免新的失败。

我们不是逆境和苦难的崇拜者，然而逆境、苦难的确是生命中不可缺少的一堂必修课。没有经历过逆境和苦难的人生不是完整的人生。英国伟大戏剧家莎士比亚说得好:"从来未受苦的人,只活了一半;从来未失败的人,从未奋斗和向往;从未哭泣的人,从未享受真正的欢乐;从未怀疑的人,从未有过思想。"

第三讲　逆转逆境的五条金律

　　自然的逆境、社会的逆境本身有着强大的不可抗拒的力量。然而，面对自然逆境、社会逆境，我们又不能完全处于消极的、被动的状态，听天由命，坐以待毙。人也是可以有所作为的，特别是对于隐性逆境和心灵逆境，主动权是掌握在自己手里的。我们不妨说，某种条件下，逆境是可以逆转的。

　　逆转逆境必须遵循五条金律。所谓"金律"，就是在面对逆境时所必须具备的首要前提和基本态度，以及在战胜逆境时所必须采取的关键行动和根本举措。它们是逆转逆境时不可或缺的思想与行动准则。

第一条金律：要活下去

　　有的人一遇逆境就选择自杀：投河、跳楼、服毒等等，此举看似勇敢，其实是以最简便的方式逃避现实与责任的懦夫行为。

　　要说明的是，我这里讲的自杀，不包括那些因遭受政治迫害而无奈走上绝路的人。这里主要讲的是当下许多人的无谓轻生。

　　据统计，近年我国的自杀性死亡已位列死亡原因的第五位；在15～34岁的人群中，自杀已排在死因之首。

　　有的人，特别是一些青少年，一遇到不顺心的事儿（即所谓"逆境"）就想到死：

　　一位研究生因交不出毕业论文，感到就业无望，便自杀身亡；

　　一对男女大学生在小旅馆里约会，最后为爱双双殉情；

　　一名高中生因三次高考失利，便跳楼自杀；

　　三名小学生，因学习压力太大，认为"死了就不用做作业了"，于是相约跳楼自杀；

　　……

其实，他们碰到的都是一些"不算事儿的事儿"，却因一时郁闷，想不开，就走上了绝路。

自杀的人一般有两种心理：一是自己的目标与愿望未能实现，对未来又失去了信心，因此产生绝望；二是希望痛苦能快速了结。

对生活绝望是一种非理性的判断。其实，生活中没有绝望的处境，而只有人对处境的绝望，其根源还在自己。自己不倒，环境、他人便都打不倒你。绝望是一个人最彻底的破产。

自杀是一种逃避，逃避现实的重负与痛苦。这恰恰说明自我的软弱与懦弱。生活中最不可战胜的并不是我们的环境和遭遇，而是我们内心的脆弱。

"快速了结"，快速解脱，一了百了，貌似痛快，但实际上这是自己给自己判了死刑，这是最轻率、最愚蠢、最不负责任的行为。自杀不仅是对自己的不负责任，也是对养育自己的家人的不负责任，更是对培育自己而且对自己寄托着殷切希望的国家、人民的不负责任。

所有自杀者在行动之前都应三思：一思"我真的无路可走了吗？是否所有的办法都尝试了，所有的路都走过了，所有的希望都破灭了？"二思自杀会给亲人，给爱我和关心、帮助过我的人带来什么痛苦和后果，"我对得起他们吗？死后的灵魂能安妥吗？"三思自杀会给恨我的人、妒我的人提供什么？如果这样死了，岂不真的让人看扁了？有勇气死，为何没有勇气发奋图强，打败羞辱我的人，让所有鄙视者低下他们的头呢？

死，意味着阴阳相隔的两个世界。活着还有时来运转的一线希望、一点可能，而死了就一切归零。人本身都不存在了，还有什么"希望"？还有什么"可能"？

在一些人看来，生命"一文不值"，所以可随意地糟蹋、抛撒。作家尤金说得好：人生是一张"价值连城的'单程车票'"，自杀就等于自己亲手撕毁了到"地球村"来旅行的这张"单程车票"，为此你将追悔莫及。

《用微笑把痛苦埋葬》的作者伊丽莎白·康黎说："有时候生比死需要更大的勇气与魄力。"

生活是什么？生活就是"生下来，活下去"。生命属于我们只有一次，生命不能重复。我们应当敬畏生命、尊重生命，更要爱护生命，珍惜生命。

只要生命存在，只要活着，就有未来。人生中会留下很多遗憾，而最大的遗憾就是断然地鲁莽地结束自己的生命。这才是真正的"一文不值"！

十几年坚持在南京长江大桥上劝导、阻止自杀者的陈思，在桥头的"心灵驿站"的墙上贴着一条标语，写着："我要再撑一撑，看看明天会怎样。"在他的劝导下260多人又回归了正常的生活。

尤金语重心长地说：当我们走进长长的隧道，自以为是掉进了"死亡幽谷"，然而不管隧道有多深、多长、多黑，迟早一定会到隧道的出口。所以要咬紧牙关，忍着，忍着，终于你会走出隧道，抬头望天，一片蔚蓝。（参阅尤金《人生是一张"价值连城的'单程车票'"》，载《羊城晚报》2004年12月27日。）

一个人的境遇不是固定不变的。正如美国哲学家罗伊斯所说："人世间一切事物都像是绕着一只轮子旋转，因此没有人永远是不幸的。"逆境与顺境的交替形成人生中不间断上演的悲剧与喜剧。

天不能常阴，夜不能常黑，一切都会过去。"太阳下山明朝依旧爬上来，花儿谢了明年还是一样地开。"不幸的日子总会有尽头。人生往往就在坚持中出现转机。

拥有生命才能拥有一切。好好活着，一切皆有可能！

第二条金律：梦想引路

1. 在逆境中奋斗，要有梦想的支撑

梦想、理想就是一个人的人生目标，就是要追求什么，要做一个什么样的人，要干一些什么样的事，也是一个人的"野心"和欲望。有了这些梦想、理想、"野心"和欲望，就会有燃烧的激情，就会有不怕苦、不怕死的拼搏精神及不屈不挠、不达目的决不罢休的顽强意志，就会最终走出逆境，摆脱厄运，实现自己的梦想与理想。

没有明确人生目标的人，就没有生活的动力；没有具体事业目标可以瞄准的人，也就没有成功的希望。

无"资本"的马克思撰写《资本论》

　　马克思的大半生都是在逆境中度过的。他支持、参加和领导了欧洲工人运动和国际共产主义运动，并同工联主义、蒲鲁东主义、拉萨尔主义、巴枯宁主义等种种机会主义派别做了不妥协的斗争；他遭到德国、法国、比利时等国反动政府的政治迫害而到处流亡；他在极度贫困和多种疾病的折磨下，坚持从事哲学、政治经济学、法学及历史的研究，并写出了数百万字的理论著作。直到1883年3月14日他在自己书房的工作椅上病逝，在他一生的65年间，马克思像一支蜡烛，一点一点地耗尽了自己，为无产阶级革命事业和共产主义事业奉献了全部的生命！

　　19世纪50年代至80年代，这是马克思一生中最为艰苦的时期。1848年，欧洲革命失败以后，马克思流亡伦敦，并在伦敦长期定居下来。他投入了人类最伟大的论著《资本论》的写作。他在大英博物馆读书和研究，从早上9点到晚上7点，一待就是一整天。在他的座位下面，由于脚与水泥地板的长年累月的摩擦，竟留下了一块特殊的印痕，被人们称作"马克思的足迹"。他回到家里继续工作。马克思曾经风趣地说："我在为争取八小时工作制而斗争，可是我自己的工作时间却往往两倍于此。"

　　马克思为写作《资本论》花费了大量的心血。他在前期准备与写作过程中，共阅读、研究和利用了1500多种书籍和文献以及不计其数的官方文件和报纸、期刊。1850年9月到1853年8月的三年间，他做了厚厚的14本摘录和22本笔记。其身体和精力的损耗可想而知。

　　更可怕的是穷困和饥饿的折磨。马克思居住的地区是伦敦收费最低的街区之一。他租了两间房子，房间里所有的东西都是破破烂烂的，没有一件干净、耐用的家具。从1850年到1855年的几年中，马克思的五个孩子中有三个被贫困和疾病夺去了生命。他经常靠借债维持生活，但又不能按时偿还，所以有时为了躲避债权人的逼债，只好让孩子去抵挡债权人。有一段时间，他甚至完全靠典当东西度日。典当铺的老板看到有的物品上刻有"威斯特华伦家族"的名字（马克思妻子燕妮家族的名字），差点把他当成小偷抓起来。1852年10月，马克思为了买报纸而典当了他的大衣。马克思在给恩格斯的一封信中写道："我经常受到物质匮乏的干扰，我为此消耗了很多时间。例如今天肉铺老板已不再供应肉了，甚至我储存的纸张到星期六也要用完了。"

1867 年 9 月，《资本论》第一卷出版。起初，马克思想亲自把手稿带到汉堡去交给出版社，但是他的衣服和表都在当铺里。后来，恩格斯寄来了钱，才使马克思能够赎回旅行所需的衣物并支付路费。

马克思的晚年生活更为凄惨。由于长期抽劣质烟草，他的健康状况恶化。完成《资本论》第一卷后，马克思头痛得几乎不能忍受，他还有神经炎和头晕，常常无法工作。这时，燕妮又患肝癌，为使她高兴，马克思于 1881 年 7~8 月间陪妻子到法国去看大女儿和外孙。秋天，马克思由于焦虑和失眠，精力、体力都极度消耗，并患上肺炎。12 月 2 日，燕妮病逝，又给他造成巨大打击。恩格斯甚至说："卡尔也死了。"1883 年 1 月 11 日，大女儿又突然去世。第二天，马克思因患支气管炎、喉头炎而病倒。3 月 14 日，马克思与世长辞。马克思一生坚守着"全世界无产者，联合起来"的信念和为共产主义事业献身的崇高理想，不倦地写作、斗争。一百多年来，他所从事的事业已在全世界开花结果。（参阅[英]戴维·麦克莱伦《卡尔·马克思传》，人民大学出版社 2005 年版；《马克思》，载吴晓静主编《聚焦中外历史名人》，中国戏剧出版社 2004 年版。）

莱特兄弟的蓝天梦

美国的威尔伯·莱特和奥维尔·莱特是志趣相投的两兄弟。少年时代，他们一同观看鸟儿在空中翱翔，一起动手制作竹蜻蜓和风筝。法国人李利安·米尔在一本书中讲述的乘坐一只巨大的风筝飞上天空的故事，更激发了他们要乘坐自己制作的飞机飞上蓝天的梦想。后来，他们还共同办报纸和创办自行车公司。在积累了一定的资金之后，他们就开始了制造飞机的伟大工程。

莱特兄弟从制造滑翔机开始，一步一步向制造飞机前进。他们在经过长达三年和 1000 多次的试验之后，终于制造出了与飞机接近的第三号滑翔机。之后，他们又制造了飞机专用的功率大、重量轻的发动机，从而全面完成了第一架飞机的设计与制造。

1903 年 12 月 17 日，莱特兄弟制造的"飞行者一号"进行了第一次试飞。这一天天气寒冷，温度在零度以下。五个观看他们飞行的人，都通过不停地跳跃取暖。可莱特兄弟为减轻飞机载重量，在飞机上却连外衣也没有穿。虽然试验面临着机毁人亡的危险，但莱特兄弟却勇敢地跨上简陋的机座。试飞一连进行了三次，飞行时间由第一次的12秒增加到第三次的59秒。飞行距离由开始的36.6米延长到259.75米。世界上第一架有动力、可操纵、能持续稳定飞行的双翼飞行器的试飞取得了成功，从此开创了现代航空史的新纪元。

莱特兄弟为研制飞机，付出了巨大的代价。哥哥威尔伯长期带病坚持研制，1912年因患伤寒去世，年仅41岁。因家庭经济拮据，父亲对他们兄弟二人早有忠告："结婚和从事飞行研究，是不能同时并进的。"结果他们俩一致选择了后者，始终没有结婚。

莱特兄弟在地上行走，但却要飞上蓝天。人们认为他们是异想天开，痴人说梦；然而他们无所畏惧地向蓝天挑战，并终于实现了自己的梦想。人应该是有梦想的，而梦想的实现总是属于勇敢者的。（参阅李成智《志在冲天：飞机发明者莱特兄弟》，载《人物》2000年第2期；《莱特兄弟》，载解启扬编著《世界著名科学家传略》，金盾出版社2010年版。）

叶迪生："男儿肝胆为家国，报答神州莫等闲"

1957年，叶迪生19岁，正在天津南开大学物理系一年级学习。作为一名热爱党的青年，他响应帮助党"整风"的号召，对出国留学"只看家庭出身，看政治面目"提出一些不同看法，对于对从海外归来的一些知识分子关心照顾不够的情况提出善意的批评，结果被错划成"反党反社会主义的右派分子"，戴帽留校监督改造，打扫厕所。由于是"右派"，又有"海外关系"，所以在历次政治运动中总少不了对他的审查与"敲打"。在逆境中，叶迪生牢记父亲对他的教诲，做人要像松树一样，不论是在悬崖上还是在乱石中，都要顽强地生存下去。

毕业后，叶迪生被分配到天津市第四半导体厂。他不以曾是"右派"自卑，而是以"要学得最好，干得最好"的高要求勉励自己，总是把自己的工作干得有声有色。"文化大革命"后，他的"右派"问题得到彻底平反，从此激发了空前的创造热情，先后研发了50多种优秀产品，使一个300人的小厂年获利 500 多万元。他因此被任命为 15 个厂家联组集团的总工程师，并被评为全国劳动模范。

1984 年，叶迪生被调到天津经济技术开发区任副主任（后升为主任）。地处塘沽的开发区，当时还是一片寸草不生的盐碱地，叶迪生是开发区的第一批拓荒者。他在开发区提出远洋招商和引进跨国公司的战略主张，一面扎扎实实从事开发区的基础设施建设，一面利用"巨大效应"，紧紧抓住像摩托罗拉这样的大跨国公司不放，招商引资，使开发区得到了迅速发展。短短八年中，在一片盐碱滩上建起了一座新型工业城市。1994 年，天津开发区的业绩一跃升为全国第一。2006 年，天津开发区的工业总产值达 3000 亿元，全区税收实现了 180 亿元，连续 10 年被评为国家级开发区中最成功的范例。

叶迪生还是诗人和书法家。1992 年，叶迪生调任主管天津市外贸工作的副市长。他上任时曾写诗抒怀："本是平民却做官，忍闻百姓尚艰难。男儿肝胆为家国，报答神州莫等闲。"叶迪生对开发区还有着割舍不断的情怀和生死相托的夙愿，在退出副市长岗位第一线后，又担任了"创建滨海新区领导小组"常务副组长。滨海新区 2006 年的 GDP 增长率达到 20.2%，对全市经济增长贡献率达到 51.4%，走在了上海浦东新区的前面。

叶迪生有自己坚定的人生信念。他没有在逆境中屈服，而总是以百倍的努力，以骄人的业绩，保卫着内心永不放弃的人生理想，并因此活得光彩而尊严。（参阅李雅民《千年不遇我逢辰》，载《天津老年时报》2009 年 2 月 20 日。）

"杂交水稻之父"袁隆平的粮食梦

杂交水稻专家袁隆平少年时代就热爱大自然，农村美丽的田园风光常常使他陶醉，所以他上大学时就选择了农学系。1959 年至 1961 年袁隆平不仅尝到了饥饿的痛苦，他还看到许多农民吃草根、树叶和观音土，看到过学校附近饿死的人的尸体，这使他深刻体会到"民以食为天"的道理，决心要为中国老百姓找到一条增产粮食的途径。从 20 世纪 60 年代开始，袁隆平就坚定地踏上了布满荆棘与泥淖的培育杂交水稻之路。

当时培育杂交水稻在国内外都没有先例。国外有专家曾断言：此路不通。为破解这一世界难题，袁隆平设计出一套"三系法"（即"不育系""保持系""恢复系"）的培育杂交水稻方案，但实现这个方案却困难重重。

第一步是到大田中去寻找水稻的天然雄性不育株。每天，袁隆平背着水壶，带上干粮，走进一块又一块稻田。他头顶烈日，脚踩污泥，躬身弯腰，在成千上万棵稻株中苦苦寻觅。夏日的稻田像个大蒸笼，袁隆平又热又累，又饥又渴，常常汗流浃背，头昏脑涨，但他仍然坚持寻找那十分稀少的天然雄性不育株。这样，一天，两天，十天，半个月过去了，终于在第 16 天的午后，袁隆平发现了一株天然雄性不育株。在以后的两年里，他又带领妻子邓则，找到了 6 株雄性不育的植株。经过两年试验，袁隆平取得了关于水稻雄性不育的大量数据。1966 年，他发表了具有开拓性的论文《水稻的雄性不孕性》。

也正是在这一年，"文化大革命"开始了。由于父母的"问题"，袁隆平成了"黑五类狗崽子"；又由于他宣扬过孟德尔、摩尔根的"资产阶级"学术观点和对毛泽东的"农业八字宪法"提出过一点"补充意见"，"文化大革命"中他受到猛烈冲击。而且，"新账老账一起算"，大字报铺了 100多米。当时他的爱人正在产假期间，一天吃饭前袁隆平跟她打招呼说："我明天可能要上台批斗，回来要进牛棚的。"他妻子说："没有关系，顶多一起去当农民！"最令袁隆平痛心的是，他辛勤培育在 60 多个钵盆里的雄性不育秧苗被"造反派"全部砸烂。袁隆平本是一个很坚强的硬汉子，面对一片狼藉，他也不能自已地流下了泪水！当天夜里，袁隆平与妻子一起，将残存的秧苗偷偷转移到苹果园的臭水沟里。没有想到，那些藏在臭水沟里的雄性不育秧苗竟苗壮成长起来。然而一夜间，这些秧苗又被全部拔光。袁隆平忍着悲伤，在惨遭破坏的试验田里一垄垄、一行行地寻找，终于在田埂边的污泥里找到 5 株幸存的秧苗。他像保护刚出生的婴儿一样将这些秧苗连同泥土一起抱回家，栽在试验盆里。这几株雄性不育株竟然存活了下来。

在后来的几年中，袁隆平与他的助手们用 1000 多个品种做了 3000 多个杂交组合试验，都因近亲繁殖的问题而导致未能培育出一个不育率和不育度均达到 100%的雄性不育系。试验失败。

1970 年秋天，袁隆平带领助手从湖南来到海南岛，大海捞针般地寻找非近亲的雄性不育株。苍天不负有心人，他们在茫茫稻海中终于发现了一株雄花败育的天然野生稻，当即命名为"野败"。他们将"野败"与籼稻杂交，获得了 200 多粒杂交第一代种子。后来，他们又将"野败"同全国几十个农业科研单位的上千个品种进行了 1 万多个回交转育。到 1972 年，终于成功地选育了一批不育系和保育系。

1973 年，在以袁隆平为核心的全国科研协作组的指导下，广大农业科技工作者广泛选用长江流域、华南、东南亚、非洲、美洲、欧洲等地千余个品种进行测交筛选，找到了百余个具有恢复能力的品种。其中，袁隆平利用东南亚的品种进行的"恢复系"试验，首先取得了突破性进展。1973 年 10 月，袁隆平在全国水稻科研会上发表论文《利用"野败"选育三系的进展》，正式宣告我国籼稻杂交水稻"二系"配套成功，杂交水稻每亩可增产 50～100 公斤，比常规水稻增产达 20%以上。20 世纪 80 年代，袁隆平又开始使杂交水稻由"三系"变"两系"的实验，1995 年获得了基本成功，每亩再增产 50～100 公斤。

2004 年，袁隆平的超级杂交稻实现大面积亩产超过 800 公斤的目标，使中国水稻产量提高了 50%，世界的水稻产量提高了 20%，让人类远离饥饿，他因此获得世界粮食奖、沃尔夫农业奖、影响华人终身成就奖、国家科技最高奖。

美国一位学者称赞袁隆平说："他在农业科学上的成就击败了饥饿的威胁；他带领着人们走向丰衣足食的世界……成为世界上第一个成功地利用水稻杂交优势的伟大科学家。"现在，袁隆平的杂交水稻已推广到世界上的几十个国家，他本人也被誉为"杂交水稻"之父。

2014 年 10 月，袁隆平主持的超级杂交水稻亩产达到 1026.7 公斤，创造了历史新纪录。

有人探问袁隆平的成功之道，他把自己的体验概括为 8 个字：知识、汗水、灵感、机遇，四者缺一不可。知识是基础。有了知识还要去实干，付出血和汗。灵感是知识、经验、追求和思索综合在一起的升华产物，常以思想火花的形式闪现，不要轻易放过。机遇是天时与地利，它是一种客观存在，要主动去抓住它。"机遇宠惠有心人！"（参阅董克信《记"杂交水稻之父"袁隆平》，载《人物》1999 年第 8 期；《国家科学家——袁隆平与

1960—2013 的国家叙事》，载《人物》2013 年第 8 期；段新权《袁隆平情系水稻五十载》，载《今晚报》2014 年 10 月 24 日。）

李安："记得你心里的梦想"

中国台湾导演李安青年时代就有一个做电影导演的梦想。为此，1978 年他报考了美国伊利诺大学的戏剧电影系。因为这件事，他还同父亲闹翻了。

然而真正要实现导演梦却难而又难。在美国电影界，一个没有任何背景的华人要想混出名堂来，谈何容易！从 1983 年起，李安经过了 6 年多的漫长而无望的等待，一无所获。他曾经拿着一个自己创作的剧本，两个星期跑了 30 多家公司，皆遭到了拒绝。面对别人轻蔑的白眼，他自卑而又痛苦。

当时他和妻子有了一个儿子，一家三口全靠妻子微薄的工资维持。为了缓解对家庭的愧疚，李安买菜、做饭、带孩子、打扫卫生，包揽了所有的家务。这样的生活对一个男人来说是很伤自尊心的。为了养家糊口，岳父母让妻子给李安一笔钱，让他拿去开个中餐馆。这件事刺痛了李安的心，认为电影梦离他越来越远了。于是，他在一个社区大学报了一门电脑课，想通过掌握电脑的一技之长挣钱过日子。这时，妻子提醒他："安，你要记得你心里的梦想！"

妻子的这句话震醒了李安，使他又焕发出生命的激情："那一刻，我心里像突然起了一阵风，那些快要淹没在庸碌生活里的梦想，像那个早上的阳光，一直射进心底。"他把社区大学的电脑课程表撕成碎片，丢进了垃圾桶，又开始了对电影的追求。

1991 年，李安执导的第一部电影《推手》开拍。后来他导演的《卧虎藏龙》《断背山》《少年派的奇幻漂流》等不仅有可观的票房收入，而且有的还拿了奥斯卡的金像奖。他下定决心"一定要在电影这条路上走下去。因为，我心里永远有一个关于电影的梦"。（参阅李安《记得你的梦想》，载《今晚报》2013 年 4 月 26 日。）

陈景润的"哥德巴赫猜想"梦

1966 年 5 月，青年数学家陈景润成功证明了"1+2"定理，使哥德巴赫猜想的理论证明向前推进了一大步。年仅 33 岁的陈景润破解了悬置二百多年的这一数学难题，使世界数学界为之震惊。

陈景润 1933 年出生于福建一个小职员的家庭。父亲微薄的收入要养活全家 8 口人，全家人每天只能喝上 3 顿稀饭。

陈景润在上中学的时候就迷上了数学。数学老师讲的哥德巴赫猜想的故事激发了他人生的梦想。在同学们的嘲笑声中，他暗暗下定决心，将来一定要破解这个神秘的"猜想"。

1950 年，陈景润考入厦门大学数学系。1953 年他提前毕业分配到北京市第四中学任教，后来因为不适应中学教学和身患重病，又回到了母校致力于数学研究。陈景润曾因患严重肺结核和腹膜结核 6 次住院，动过 3 次大手术，身体十分虚弱。他忍着病痛，一本一本地研读数论著作，有的反复读了几十遍，直到融会贯通。经过几个月的苦读与思考，他写出了有独到见解的关于"他利"问题的论文，受到大数学家华罗庚的赏识。1956 年，华罗庚把他选调到中国科学院数学研究所当实习研究员。

中国科学院数学研究所是中国数学界最高研究机构，更是陈景润仰望已久的数学圣地。他到了数学所，就全身心地投入到科学研究中去了。为了多掌握几种外文工具，他在口袋里装了 4 个小本，分别记着英语、俄语、德语、法语的单词。他走路背，会前背，候车时背，在食堂排队买饭时背，走到哪儿背到哪儿。有一次坐公共汽车，他背得入了迷，本来只有两站路，他却一直坐到了终点。这样，经过几年的时间，他学会了英、俄、德、法、日、西班牙等 6 种语言文字，使他能广泛阅读各种文献资料。

为了研究，陈景润几乎忘记了一切。为了钻研"华林"问题，有一次他连续干了 3 个通宵，第四天早晨，他仍照例来到图书馆。上午，他一连坐了 4 个小时，没有吃中午饭，只掰了一块馒头充饥，接着又看了一下午。下班铃响，他没有听见，图书馆管理员喊了 3 遍"下班了，请同志们离馆！"他似乎毫无知觉。管理员关掉电灯，将门锁上走了。很快夜幕降临，他却说："这鬼天气，刚才还阳光灿烂，怎么突然又阴了？"于是他拉开灯，又坐下读书。

短短几年，陈景润在圆内正点问题、球内正点问题、华林问题、三维除数问题等方面都取得了新成果，为向哥德巴赫猜想发起冲击奠定了坚实的基础。

要验证"猜想",最大的困难是要用几百万、几千万甚至几亿这么巨大的偶数来验证。这不仅需要数学基础理论做指导,更要有坚强的意志和毅力来演算这些异常复杂和烦琐的数字。在陈景润那间小小的宿舍里,桌子上、地面上、木箱上,都布满了计算的稿纸。这些稿纸收起来,装了好几个麻袋。他整天计算,满脑袋都是数字,精神进入一种恍惚状态。有一次他打饭回来,一边走,一边想着计算,结果不小心撞到了一棵树上。他被人看作"怪人"。他不顾一切地向"猜想"的顶峰攀登,借助无数的数字、符号、公式、推理、运算,终于破解了"猜想"的密码。他写出了厚达200多页的长篇论文,登上了"1+2"的台阶。

正当陈景润要对他的长篇论文进行简化、修改的时候,"文化大革命"开始了。他被错划为"修正主义的苗子"和不问政治的"白专典型"受到批判,甚至有人将"白痴""寄生虫""伪科学"这些侮辱性的帽子扣在陈景润的头上。他被关进了"专政队",遭受了罚跪和殴打。他晕眩休克,栽倒在地上几乎丧命。

他演算的稿纸被"造反派"弄得七零八落,他匍匐在地上,寻觅那些破碎的纸片。他找来一只铅笔头,又偷偷开始了新的演算。"造反派"到他屋里,铰掉他的电灯,剪断开关拉线,不让他看书。他买了一只煤油灯驱去黑暗,继续他的研究。他的小屋只有6平方米,没有桌子,他只能趴在床板上进行演算。窗子关不严,蚊虫飞出飞进,他忍受着蚊虫的叮咬,从不叫苦。就在这样的条件下,陈景润于1973年完成了对"1+2"的简化证明,写出了震惊学界的论文《大偶数表为一个素数及一个不超过二个素数的乘积之和》。他带着满身的病痛和血痕,一步一步地、一寸一寸地,终于爬上了数学的珠穆朗玛,摘取了"哥德巴赫猜想"这颗数学皇冠上的明珠。(参阅杨俊文《数学怪人陈景润》,载《成功之路》[上],甘肃人民出版社1984年版;《陈景润》,载解启扬编著《世界著名科学家传略》,金盾出版社2010年版。)

"当代毕昇"王选的创新梦

王选是一位有远见卓识的人。他1953年考入北京大学数学系。大学三年级分专业时,优秀学生都选了纯数学作为专业方向,而王选却选了被认为枯燥、琐碎、缺乏理论性的计算数学专业。当时,世界上第一台商业计算机在美国投入实际应用才不过 6 年。在中国，不但没有计算机，也没有像样的教材。然而王选却隐约看到了这一新兴技术无限发展的远景。

1958 年，他开始参与计算机的具体设计工作。他以疯狂的热情投入自己选定的事业。他常常是晚上 12 点睡觉，早上 6 点又起床工作。有时甚至干一个通宵，早晨回到宿舍后，已经累得、困得连脱衣服的力气都没有了，坐在床上就睡着了。1961 年，王选开夜车，没有干粮，也没有菜，就喝三碗粥加一点黄酱，算一顿夜宵。结果，他得了一场无法确诊的大病，实际上是一种过度疲劳导致的身体失调。1962 年，他不得不回到上海的家里养病。后来病情减轻，他又和北大的人一起做计算机高级语言编辑系统。

1974 年，"汉字信息处理系统"的研究项目被列入国家科学技术发展计划（"748 工程"），"汉字精密照排"是这个工程的一个子项目，它吸引了王选的目光。1975 年，王选作为一个病休多年的老病号，又开始着手汉字精密照排系统这一尖端技术的研究。

当时在欧美广泛使用的是第三代照排机，而汉字照排机只有日本搞出了第二代阴极射线管照排机，还无法投入实际应用。在国内，已有 5 家相关机构开始了这方面的研制工作，但采取的都是模拟存储方式。王选认为，"要赶永远是赶不上的，你必须要定一个目标，比它还要高一块，到了完成的时候，大概也就比它好一点。假如你现在只是按它的目标赶，赶到的时候，它又往前走了"。所以要赶超，就要走一条超前的跨越式的创新之路。于是他选定了处于最前沿的以数字化技术为核心的第 4 代激光照排系统的研制方向。

当时王选还仅仅是一个小助教。他走上这条道路不仅在技术上困难重重，而且遭到来自同行业人的冷言冷语。有人说他是"玩弄骗人的数学游戏"。还有人讽刺他说："你想搞第 4 代，我还想搞第 8 代呢！"对于这些冷嘲热讽，王选并不放在心上。你骂你的，我坚持走自己的路。

经过 5 年的奋斗，王选和他的团队首次将轮廓描述结合附加信息表述笔画点阵的方法用于商品系统，使它放大缩小不失真，从而满足了印刷质量要求；他们还设计了专用的超大规模集成芯片，使输出速度达到了 710 字/秒，同时让输出底片的高精度照排机和输出纸质清样的激光打印机合用一个控制器和字形发生器，大大降低了成本，因而在世界上获得了专利。

1979 年，输出报版样张，标志着硬件系统的成功；1980 年，用国产激光照排机系统排出了第一本样书《伍豪之剑》。随之，具有自主知识产权的"北大方正"集团宣告成立。1983 年，新华社用华光 II 型激光照排系统排印新华社新闻稿；1987 年，《经济日报》成为世界上第一家采用激光屏幕组版并整版输出的中文报纸。到 1992 年，王选和他的团队发明的汉字激光照排系统占领了国内 99% 和国外 80% 的中文电子排版系统市场，使印刷彻底告别了铅与火的时代，完成了中国印刷术的第二次革命。王选被誉为"当代毕昇"。

王选的创新不仅表现在开始的高起点上，而且表现在对产品的不断更新上。例如，核心设备光栅图像处理器 30 年内完成了 8 代，每一代都是彻底地更新技术，现在正在做第 9 代；又如排版软件，交互式组版软件做了 3 代，现在正研发第 4 代，每一代都是本质上的彻底革新。这样，北大方正始终处于技术前沿的位置。印刷技术市场始终牢牢控制在中国人的手中。

回首当年，一些人对于王选及他的事业曾骂声不断。国内某单位还曾发几百封信给用户和各部门的领导，指责王选负责的激光照排使中国的电脑排版业"比西方落后整整十年"，是"完全失败"，甚至断言，他们很快就会"垮台"。对于这些不信任的、否定的、预言他们注定要"垮台"的话，王选和他的战友们不加理会。他们坚强地顶住了国内外的巨大压力，团结拼搏，终于创造了自己的辉煌，并为祖国争得了荣誉。

2006 年 2 月 13 日，王选病逝。他对现代印刷业的卓越贡献，他的传奇一生以及由他开创的方正品牌和"方正"精神已成为一种无可替代的文化存在。有的网友写诗赞誉他："毕昇传承了我们活字印刷术/从此，用泥字和铅字，我们印刷历史/他推广了激光照排/从此，用激光，我们就可以快速地排版历史。"（参阅王选《我的人生抉择》，载《百年潮》2006 年第 2 期；刘炳路等《王选："现代毕昇"的方正人生》，载《文摘报》2006 年 2 月 16 日；韩启德《像王选同志那样做人做事》，载《人物》2006 年第 4 期；从中笑《王选的世界》，上海科学技术出版社 2002 年版。）

2. 有梦想才能强大

有梦想才能使一个人、一个民族走向强大。

1963 年 8 月 28 日，美国黑人民权运动领袖马丁·路德·金在华盛顿发表了他著名的"美国梦"的演讲。他说："让我们不要沉湎于绝望的山谷中。即使我们面临今天和明天的困难，但我们仍有一个梦想。"

今天我们中国人也有自己的梦想，这就是实现中华民族伟大复兴的中国梦。

有梦就"精神不死"，"精神不死"才能具有永不衰老的生命力与创造力。阻碍绝地开花的不是其他，而是自己心灵的枯竭和灵魂的迷失。

当然，由于主客观的各种原因，不是每一个人都能完美实现自己的梦想与理想的。最重要的不是能否到达顶峰，而是是否尽到了最大的努力；只要尽心尽力了，不幸的失败者流出的眼泪也是滚烫的！

第三条金律：相信自己

《国际歌》中唱道："从来没有什么救世主，不是神仙，不是皇帝，更不是那些英雄豪杰，全靠自己救自己。"

"全靠自己救自己"，这是一种完全彻底的自信：相信自己的力量，相信自己的未来，把命运牢牢掌握在自己的手中。

1. "变命"不"认命"

自古就有"听天由命""命中注定"的说法。然而俞敏洪认为，只能"变命"，不能"认命"，"一旦认命了，你的人生就从此结束了。"

俞敏洪说："必然之运就是通过自己的持续不断的努力，让运气变成持续不断的运气。人一辈子要追求的其实是这种持续不断的运气，而不是偶然的运气。"通过"持续不断的努力"把坏运气变为好运气，变为"持续不断的运气"，俞敏洪把这种使自己的命运慢慢转变的过程叫做"变命"。这是一种积极的人生态度。（参阅俞敏洪《奋斗：改变命运，走出困境》，载《在绝望中寻找希望》，中信出版社 2014 年版。）

俞敏洪：从失败者到成功者

俞敏洪 1962 年出生，是一个地地道道的农民的儿子。18 岁之前，他一边上学，一边帮家里干活，田里的活，家里的活，他样样能干。

1978 年和 1979 年，他两次高考失利，1980 年终于考入北京大学西语系。5 年大学生活使他陷入自卑，一直认为自己是一个失败者。高考考了 3 年才考上，是个失败者；进了大学没有一个女孩子爱上他，是个失败者；大学三年级得了肺结核，是个失败者；在北大教了 7 年书没什么成就，是个失败者；在北大 10 年没有参加过任何活动、任何社团，是个失败者；北大毕业时，学习成绩全班倒数第 5 名，是个失败者；后来被北大开除出来无处安身，更是个失败者。俞敏洪说："在 30 岁以前，我几乎从来没有尝到过成功的喜悦。"

后来，他到外语培训部教课，不断努力提高自己的执教水平，逐渐在学生的眼神中找回了一点自信。再后来，做自己的学校，在和别人打交道的过程中，不断地失败，又不断地成功，更坚定了对自己的信心。从 1993 年创办北京市新东方学校，并担任校长，到 2000 年"新东方"在全国遍地开花，2001 年成立北京新东方教育科技（集团）有限公司，2006 年带领新东方在美国纽约证交所上市，2012 年，俞敏洪被美国《财富》杂志评为 2012 年中国最具影响力的 50 位商界领袖之一，他真正成了一位世界级的成功者。

50 多年的人生经历，从失败者到成功者，俞敏洪有着最深刻的体验。他说："在绝望中寻找希望。"在面对失败和逆境的时候，要有勇气走下去；在别人讽刺你、打击你的时候，要有勇气走下去；在整个社会都看不起你的时候，依然要走下去。"当你站在失败者的累累尸骨面前，依然不愿低头；当你摔倒了一万次，在一万零一次的时候你还要倔强地爬起来——你就是冠军！"

俞敏洪说："我这个人有一个特大的优点，就是不管是自卑状态也好，成绩差也好，被人瞧不起也好，我从来不气馁，一直在默默地努力。"

"无论你处于多么卑微的状态，只要你有了梦想，并愿意为实现梦想不懈奋斗，就能过上有尊严的生活。"（参阅俞敏洪《捡足够的砖头，选好心中的房子》，载《在绝望中寻找希望》，中信出版社 2014 年版。）

金字塔不是躺在那里"说"出来的，而是甩开膀子干出来的，是一块块石头垒起来的。对于这一点，俞敏洪有着深切的体验。他牢记着父亲给他讲的捡砖头盖房子的故事。他在 30 多年中攒足了造房的"砖头",盖起了 3 座"房子":第一座,考北大——他通过 3 年的努力,终于考上了向往的北京大学;第二座,背英语单词——他在墙上贴满单词,手里拿着单词,白天背,晚上背,上课背,走路背,终于背下了两三万个英语单词,成为一名不错的英语教师;第三座,做"新东方"——他每天给学生上 6~10 小时的课,受到学生欢迎,于是参加培训的人越来越多,最后促成他成立了中国最好的英语培训机构之一——"新东方"。所以,俞敏洪说:"所有一切的东西都要通过自己的争取才能得到。"改变命运,除了自我奋斗,别无选择。

2. 自信是走向成功的决定性精神力量

你的自信有多强,你的坚持有多久,你的路就有多长。

贝多芬:"我要扼住命运的咽喉"

德国作曲家贝多芬的一生总是与不幸伴随着。17 岁那年,母亲患肺病去世撇下两个弟弟和一个出生不久的妹妹。父亲终日酗酒,因而贝多芬不得不挑起整个家庭的生活重担。在贝多芬小的时候,粗暴的父亲强迫他练习艰深的乐曲,稍有差错,便打耳光。他 20 多岁时听力渐衰,30 多岁便两耳失聪。

贝多芬作为一个音乐家清楚地知道失去听觉就意味着艺术生命的终结。他撕扯着自己的头发,诅咒上苍的不公;他没有勇气接受朋友的同情和安慰,更难忍受仇敌的鄙夷和嘲讽。他想到"生命中最灿烂的一天将随之消失",有些沮丧。他躲开城市,躲开集会,也躲开了音乐,搬到了维也纳郊外的小村海利根斯塔特,准备自杀。1802 年 10 月 6 日,他立下了"海利根斯塔特遗嘱",表达了他心中正在激烈进行的生与死的搏斗。他说:"无须再犹豫了,我已经到了了结我的生命的边缘。"

然而,最后还是音乐拯救了贝多芬。正如他自己所说:"只是艺术啊,只是艺术留住了我。哦,在我尚未把我所感觉到的使命全部完成之前,我觉得我不能离开这个世界。"

贝多芬对生活、对自己又重新充满了自信:"我要同命运搏斗,它不会征服我的。啊！继续生活下去是多么美丽呀！值得这样地活一千次！我要扼住命运的咽喉！"

贝多芬不再弹琴，转而专门从事乐曲创作。有时为了听一下曲子的音响效果，贝多芬就用一根木棍儿，一头咬在嘴里，一头插在钢琴的琴箱里，通过木棍的震颤来感受音乐。就这样，贝多芬在耳聋之后的20多年中，又为人类创作了包括《英雄》（第三交响曲）、《命运》（第五交响曲）、《田园交响乐》（第六交响曲）、《欢乐颂》（第九交响曲）等在内的200多部作品。特别是他在《英雄》中塑造的英雄形象，那是一个在死亡面前永不退缩、在千难万险中创造出伟业的硬汉。这正是贝多芬人格的自我写照。

令人惋惜的是，贝多芬听不到他自己创造的天籁之音。《欢乐颂》在维也纳首次公演，欢呼声和掌声震天动地，然而贝多芬竟毫无察觉。最后还是台上的一位女歌唱家轻轻地拉他的袖子，他才转过身来，含泪鞠躬道谢。法国作家罗曼·罗兰称赞贝多芬："世界不给他欢乐，他却创造了欢乐来给予世界。"

贝多芬作品的主题大多是英雄性的。他也描写痛苦和不幸，但作品的最后总是从痛苦到欢乐，从黑暗到光明，英雄通过斗争走向胜利。这也正反映了他的世界观和人生哲学。

1827年3月26日，贝多芬在电闪雷鸣中与世长辞。贝多芬以自己辉煌的一生实现了自己的人生信念："我要扼住命运的咽喉！"贝多芬的生命之歌鼓舞着在逆境中前行的人："人不是生来被打败的。"（参阅安庆征《音乐大师贝多芬》，载《百位中外名人成功启示录》，中国青年出版社1988年版；《贝多芬》，载吴晓静主编《聚焦中外历史名人》，中国戏剧出版社 2004 年版。）

3. 人生最大的错误之一就是自己贬低自己，自己否定自己

不怕万人阻挡，就怕自己投降。

战胜逆境，首先要战胜自己。在被不幸击中时，要使灵魂保持站立姿势。

谁也没有办法把你打倒，能打倒你的只有你自己。在任何情况下，都

要相信自己；只有相信自己，才能战胜自己并超越自己。

王宝强：强就强在"内心强大"

王宝强是河北省邢台农村一个农民的儿子。他身材中等（1.7 米），长相也不怎么好，满脸雀斑，皮肤粗糙，眼睛小，眼角还向下耷拉着。他从小没有接受过正规教育，可影视对他的影响不小。他总是磨着爸爸妈妈要去少林寺学武功，父母没有阻拦他。妈妈说："他从小气性儿就大。"

王宝强 12 岁进少林寺。冬天早晨 5 点起床，夏天 4 点起床，练长跑，相当于一个半程的马拉松。每天练功练得脚底出血，有时袜子和鞋黏在一起，脱不下来。走路时，腿上绑着装铁砂或石砂的沙袋，从 0.5 公斤到 10 公斤的都有，他都忍着走下来了。他牢记少林寺的口头禅："要练武，莫怕苦；要练功，莫放松。"后来，王宝强练功成绩出色，终于进了少林寺武僧团，外出表演，连翻 50 个跟头获得满堂彩。

王宝强一直有一个梦想：想演电影。1998 年，16 岁的王宝强到北京当"北漂族"，开始了他人生的第二次磨练。

当时，有人瞧不起他，嘲笑说："你凭什么演电影啊？凭你长得好看？"王宝强也反问自己："我有什么比他们强的地方吗？……我个子矮，长相一般，皮肤不好，除了会耍套把式，简直是一无是处。"然而每一次被否定之后，他的内心都有两种力量在撕扯：一种是"他们说得对"；另一种是"要相信你自己，你会和他们不同"。

刚到北京时，"群众演员"没活儿干，带的钱只出不进。为了省钱，他每顿饭都是馒头加一壶水。有时馒头难下咽，就跟附近大杂院里的街坊借点酱油，蘸着就吃了。有时等一天没人找，他就爬到大树上，抱着大树休息。

有一年春节，王宝强因为打碎工地上一个碗，扣发了一个月的工资，吃不上饺子，他蒙头大睡。这时，他大概想着家乡的妈妈也在蒙头哭泣吧。

等不来演戏的机会，为了生存，他就去干活，到工地搬砖头，到公司当清洁工，一天能挣 20 多块钱。为了拿到当演员的机会，他花大价钱洗照片，送给穴头，送给大大小小的导演和副导演。他们可能随手将照片扔掉了，可是他相信："第 100 张看不到，第 101 张就看到了呢！"

入道并不容易。被某公司挑选为"演员"，先交演员押金、服装道具押金 3000～10000 元。住的是郊区"演员大院"，睡通铺。每天 4 点半起床，6 点吃早饭，粥稀得照出人影，勺子里的米粒超不过 10 粒。剩下的午餐、晚餐自行解决。无戏拍时，去当劳工，每天 30 元。

干"群众演员"这碗饭也不是好吃的。有时定位定错了，剧组的人张口就骂，甚至要挨耳光。自觉难以忍受，攥紧了拳头，却又松开了。"人在屋檐下啊！"他在演替身演员时，从梯子上往下摔，两米多高的水泥地，无保护措施，摔了两次，一个星期起不来。晚上睡在床上，望着天花板，觉得眼前一片漆黑。

一次，王宝强演一个逃荒的难民，被"军官"一脚踹倒在地，连人带筐滚到了沟里。"军官"是真踹，踹了 3 次才通过。一个星期后，腰上还有青紫的鞋印。

一部电影，一部电视剧，观众得到了快乐与美的享受，而其中有多少演员的血泪啊！

为了学习表演技巧，王宝强把在剧组接触的每一个人都当成自己的贵人和老师，虚心向他们学习、请教。王宝强认真、投入地参与每一次演出。他说："演砸了，机会没了，下次就没有人找你了。"所以他永远把机会当成第一次，也是最后一次。

王宝强参演的第一部戏是冯小刚导演的《大腕》，他当群众演员，有幸被葛优摸了一下脑袋，又看了一眼。后来，他又参演、主演了《天下无贼》《士兵突击》《泰囧》《盲井》《冰封：重生之门》《hello，树先生》等，在国内外得了多次大奖。

王宝强现在是群众演员的经纪人。2012 年，他正式宣布成立自己的工作室，以后不排除做制片人。2013 年，王宝强"晕晕乎乎"走上了戛纳的红地毯。

王宝强能走上红地毯太不容易了。他喝"苦水"，吃"苦饭"，练"苦功"，干"苦活"，演"苦戏"。他是在苦水中长大的。今日的风光都来自昨日吃过的苦。一切都要从吃苦开始。

王宝强，强就强在他顽强地相信自己："当所有的人都不信任你，不相信你的时候，能够给你最大信任的就是你自己，能支持你的，也只有你自己。"这就是他笃信的"内心强大"。王宝强的内心永远燃烧着一种坚定的火焰。他靠自己"内心强大"否定了别人对他的否定。所以，每一次两种力量的撕扯都以自信的王宝强的胜利告终。第二天，当阳光再次射进他租居的小屋，他又开始了既定的实现梦想的行动。

在与逆境的拉锯战中，人更多的时候是在与自身斗争：战胜沮丧，战胜恐惧，战胜放弃，这样才能在逆境中完成华丽的转身。

林语堂说："为什么世界上95%的人都不成功？因为95%的人的脑海里只有三个字：'不可能'。"（参阅李晓婷《做人成功，一切成功》，载《南方周末》2014年4月17日；邢人俨《王宝强的质朴与智慧》，载《南方人物周刊》2014年第14期；王宝强《向前进——一个青春时代的奋斗史》，作家出版社2008年版。）

约翰·库缇斯：别对自己说"不可能"

约翰·库缇斯1969年出生在澳大利亚。他天生严重残疾，骶骨没有正常发育，出生时双腿像青蛙腿一样细小。医生曾建议约翰的父亲为残疾儿子"举行一个葬礼"，而他的父母却毅然决然把这个已判了死刑的孩子带回了家。

10岁时，约翰上学了。他被同学们当成了"怪物"，受尽嘲弄和虐待：他一次次被同学推倒在地；他被人吊在转动的风扇下无法挣脱；有的同学在他的椅子周围撒满图钉，让他的双手扎满钉子。他的两腿曾被同学用刀片割过，用打火机烧过，两个脚趾几乎被切断，最后不得不做双腿截肢手术。还有一次，几个学生把他捆起来扔到近一人高的垃圾箱里，并点燃了箱中的垃圾，他几乎窒息而死。屈辱曾使他无法忍受而想到自杀。

然而约翰不仅没有死，反而变成了一个"坚硬的家伙"。他学会对别人的侮辱置之不理，听到他们的嘲笑，他转过脸去，然后走开。他说："我学会了坚强，但不冷酷。"

约翰给自己的人生定下了目标：要做一个自食其力的人，为此，就不能惧怕挫折和失败。他鼓励自己说："不要怕失败。1000次摔倒，可以1001次站起来。摔倒多少次没有关系，重要的是，你能站起来多少次。"

约翰学着用手走路，后来又学会用滑板车。为了学滑板车，几乎使小约翰丧命。他第一次坐滑板车，要滑下一个陡坡，快到终点时，他不知道如何让滑板车停下来，在一旁的哥哥也帮不了他。结果，滑板车像一匹狂奔的野马，滑出了终点600多米，先是冲进了一条小水沟，然后又滚过了一条小路，最后栽倒在一片多刺的蔷薇丛中。有了这一次冒险的经历，后来他再坐滑板车就什么也不怕了。他坐着滑板车上学，毕业后坐着滑板车敲开上千家企业的大门找工作。后来，他又携带着滑板车上班，并且每周末坐着滑板车去攻读夜校的大学课程。为了到更远的地方去旅行，他学会了开车；因为酷爱运动，他学会了游泳、潜水，还拿到过澳大利亚残疾人网球赛的冠军和全国举重亚军。

1999年，他立志在10年内成为"历史上最伟大的演说家"（原定目标是"历史上最伟大的残疾人演说家"，后来他删去了"残疾人"3个字），然而不幸的是，也正是在这一年，他被查出患了癌症。医生预测，他最多能活一两年。但他与病魔抗争，积极配合医院的手术与治疗，身体很快康复。2000年，他癌症痊愈，再一次从地狱回到天堂。

约翰在患病期间，还到世界各地去演讲。2004年，他到中国演讲，并且是在15个省市做巡回演讲，许多听众被他的事迹深深震撼。现在约翰·库缇斯已成为国际著名的激励演讲家，全世界的听众已超过35万人。

约翰的人生格言是："没有什么不可能！"

遇到困难、挫折时，不能自轻自贱，轻易说"我不行""我完了"。

古希腊哲学家柏拉图说："最辉煌的胜利和最悲惨的失败，不是掌握在别人手中，而是掌握在自己手中。"

在任何情况下都要大声对自己说："我还行！"（参阅邢少红《约翰·库缇斯：别对自己说"不可能"》，载《人物》2004年第8期。）

第四条金律：付诸行动

付诸行动是逆境突围的关键一步。

有梦想就立即行动；不用实际行动去实现梦想，那只能妄想、空想。

一百个宣言，抵不上一个行动。

1. 世上本无天才，勤奋创造卓越

爱因斯坦：最富创造力的科学界思想大师也是最勤勉的人

爱因斯坦是可以与哥白尼、伽利略齐名的最伟大的科学家之一。他创立的相对论在物理学史上具有划时代的意义。

爱因斯坦的科学创造力除了得力于他的天赋以外，主要来自于他的勤奋。

1879 年 3 月 14 日，爱因斯坦出生于德国南部小城乌尔姆的一个普通犹太人家庭。小的时候，他的天资并不特别聪慧。直到三、四岁，他才开始说话。9 岁时，他说话仍然不太流利，父母曾担心他是个智力逊于常人的孩子。12 岁进入中学以后，他的才智才得到开发。欧几里得平面几何通过纯粹的思维和严密的逻辑推演得到具体结果，引起了这位少年的极大兴趣。从此在他心中埋下了热爱科学、探索自然奥秘的种子。

从 12 岁到 16 岁，中学时代的爱因斯坦阅读了专门介绍自然科学领域的主要成就与方法的自然科学通俗读物。17 岁，他考入苏黎世工业大学。在 4 年大学期间，他整天都是看书、学习、思考问题。在他租的那间小屋里，床上、桌上、椅子上到处都是书。他常常看书看得头晕眼花，饿了，就到附近小饭馆随便吃点东西，有时干脆三餐并作两顿。这样 4 年下来，他读完了所有可以找到的有关数学和物理方面的书籍，阅读了对他影响深远的奥地利物理学家、哲学家恩斯特·马赫的《力学史》，掌握了麦克斯韦的电磁理论，还钻研了达尔文的进化论以及康德与叔本华的哲学，从而为后来他的理论物理研究打下了坚实的基础。

1900 年，爱因斯坦大学毕业。他是这一年毕业生中唯一一个投了一大堆简历却没有找到学术工作的人。1902 年，他被瑞士伯尔尼专利局录用为见习职员。爱因斯坦的工作效率很高，一天的工作，他三四个小时就做完了，剩余时间，他就从事研究。为了不让局长发现他的"秘密"，他故意在办公桌上堆满表册，然后把抽屉拉开一条缝，偷偷地进行阅读和计算。他事先裁好许多小纸条，算完一张就从抽屉缝中塞进去。听到局长的脚步声，他便不露声色地用肚子把抽屉推进去，不留下任何能引起怀疑的蛛丝马迹。

　　爱因斯坦在研究中常常进入一种痴迷状态。1903年1月6日，爱因斯坦与米列娃结婚。当爱因斯坦带着新婚妻子要进入新房时，突然发现忘了带钥匙，新娘只好站在门外等他去取。1904年，儿子出世，爱因斯坦更紧张了。这位25岁的年轻父亲经常左手抱着孩子，右手做着计算。有时他推着婴儿车走在街上，每走几步就要站住，急忙从上衣口袋拿出纸片和铅笔，写下刚想到的观点、数字和公式。就这样，他一边尽着做父亲的责任，一边思考科学问题。一次他全神贯注思考一个问题，竟把手表当作鸡蛋放在锅里。还有一次在朋友家吃饭，边吃边讨论问题，爱因斯坦突然来了灵感，他抄起钢笔，在口袋里找纸，一时找不着，就在主人家的新桌布上列起了公式。有一次他甚至入迷到忘记自己的家庭住址，不得不打电话问研究院的工作人员自己住在什么地方。

　　艰苦的持续的研究终于结出了硕果，1905年被称作爱因斯坦的"奇迹之年"。这一年，他先后发表了《关于光的产生和转化的一个启发性观点》《分子大小的新测定方法》《运动物体的电动力学》《物体的惯性和其所具有的能量有关吗？》等论文。论文提出了光量子的概念，得出了光电效应的基本规律，为量子力学的建立奠定了基础；证明了热的分子运动论，提出了测定分子大小的新方法；创立了狭义相对论，指出物质运动与时间、空间的密不可分性，并根据狭义相对论的原理，推导出著名的质能关系式（$E=mc^2$），从而揭示出原子内部所蕴藏的巨大能量秘密。狭义相对论对牛顿的力学体系和绝对时空观进行了根本性的变革，其创立是现代物理学的一次革命。

　　1915年10月，爱因斯坦又完成了创建广义相对论的工作，1916年3月发表总结性论文《广义相对论基础》。1917年，他发表《根据广义相对论来讨论宇宙论》，提出了宇宙"有限但无界"这一著名概念。因在理论物理学方面的杰出贡献，他获得了1921年诺贝尔物理学奖。20世纪20年代至20世纪40年代，他又致力于"统一场论"的研究，1945年，他得出了一个"统一场论"新公式。爱因斯坦像一架有永久动力的发动机，在科学领域不断地提出新问题，不倦地进行新探索。

　　一位年轻人曾向爱因斯坦请教如何取得成就的经验，他写了一个公式：

A=X+Y+Z，A 代表成就大小，X 代表刻苦劳动，Y 代表科学的方法，Z 代表少说废话，快快行动。这正是对他本人 70 多年人生历程的最好概括。

爱因斯坦忘我地奋斗直到最后一息。1955 年，他已 76 岁高龄，身体又患重病。他自己也预感到生命将尽。一次，有位朋友来看望他，问他需要什么。他说："我只希望还有若干小时的时间，让我能够把一些稿子整理好。"后来，病情稍有好转，他就挣扎着起来工作。直到去世的前几天，他还在改写论文。1955 年 4 月 18 日，爱因斯坦与世长辞。

爱因斯坦说："科学不是而且永远不会是一本写完了的书，每一个重大的进展都带来了新问题，每一次发展都要揭露出新的更深的困难。"他又说："一味迷信已确立的理论是发现真理的最大敌人。"爱因斯坦为科学不懈地奋斗了一生，创造了一生。他的科学成就和伟大精神像太阳的光芒，将永远照耀着世界和宇宙。（参阅海心编译《爱因斯坦》，载《人物》1985 年第 2 期；张芸《爱因斯坦——20 世纪的伟大科学巨人》，载《人物》2005 年第 6 期；林贤治《孤独的旅客——爱因斯坦》，载《随笔》1991 年第 5 期。）

英国专栏作家马修·赛义德在他的一部名为《莫扎特、费德勒、毕加索、贝克汉姆和成功科学》的著作中反复讲一个道理："真正重要的是实践，而非天分。"他说，无数事实证明，所有高水平小提琴手的练习时间毫无例外地都超过了一万小时。莫扎特也不例外。他年满 6 岁之前的练琴时间就累计超过了 3500 小时；他在 21 岁之后创作了一大批蜚声乐坛的作品，而这时他的练琴时间已远远高于 1 万小时。

美国篮球运动员科比·布莱恩特创造了单场比赛夺得 1281 分的个人记录。当记者问他："你为什么能如此成功？"他说："你知道洛杉矶每天早晨 4 点钟是什么样子吗？每天早上 4 点，洛杉矶仍然在黑暗中，我就起床行走在黑暗的洛杉矶街道上……"科比每天在训练房中，不投中 800 个球就不停止训练，后来提高到 1000 个球。10 多年过去了，他变成了一个肌肉强健，有体能、有力量、有很高投篮命中率的运动员。成名后，他依然坚持每天 4 点起来训练。2012 年伦敦奥运会期间，他参加赛前训练。合练从凌晨 3 点半到上午 6 点。合练后，他一个人继续练。有人问他什么时候结束，他回答："投中第 800 个球。"每天训练完毕，他都是大汗淋漓，像从水里爬出来一样。

一个追求理想的人就应该勇于在"黑暗的清晨 4 点"奋力打造自己的"光明",让自己发热、燃烧、淬火,最终如一把宝剑在苏醒过来的时间里光华四射。

成功者不相信眼泪,只相信汗水。正如爱迪生的那句名言:"天才是 1%的灵感,加上 99%的汗水。"

2. 所有成功者的历史都是不懈奋斗者的历史

万里航行与达尔文生物进化论的诞生

达尔文自幼就对大自然有着浓厚的兴趣。上小学时,他不喜欢别的功课,花草和小动物却引起他格外的好奇。

1831 年,不到 22 岁的达尔文从剑桥大学毕业。他不顾父亲的强烈反对,没有进教会去当一名待遇优厚的牧师,而是参加了由英国政府组织的一次全球航行。这次以探险为目的的远航,为达尔文提供了一个考察、探索大自然奥秘的天赐良机。

1831 年 12 月 27 日,达尔文乘"贝格尔"号军舰出海,向南美洲方向航行,中间穿过大西洋,然后抵达巴西。在那里,他们对南美东、西海岸,岛屿及部分内陆做了 3 年半的测量与考察。后来又驶往东太平洋的加拉帕戈斯群岛,再横渡太平洋,越过印度洋,驶过南非的好望角,回到英国。他们共用了 4 年零 10 个月的时间完成了这次环球航行。在航行中,达尔文作为一位身体瘦弱的书生,忍受了一般人难以忍受的折磨:晕船,疾病,风暴与冰雹的袭击,狂风恶浪的肆虐,热带烈日的暴晒……。一次,当"贝格尔"号舰上所有人都因没有淡水喝而生命垂危时,达尔文勉强挣扎着同另一名水手一起,去寻找水源。为了探溯阿根廷境内圣克鲁斯河的发源地,他跟水手们一起艰难地拖船逆流而上,经历了千辛万苦。

每到达一个地方,达尔文都会对各种植物与动物品种进行细心的观察。他采集标本,挖掘化石,并一一做了详细记录。通过在不同地域的考察,他发现物种由于环境的不同而发生改变。这为后来他的物种起源新学说奠定了扎实的物质基础。达尔文说:"这次航行是我一生中极其重要的一件事,它决定了我的整个事业。"

　　回国后，达尔文整理考察期间所写的日记和采集的标本，出版了具有科学价值的《航海旅行日记》。1839 年，达尔文与爱玛结婚后，在妻子的支持帮助下，他集中精力对物种起源问题进行系统的研究与探索，写下了大量的笔记。同时，他利用各种方式，收集有关人工选种的资料。有时，他还亲自参加小麦、玉米等农作物的培育及鸽子杂交培育实验，得出"物种在人工的干预下是可以改变的"这一人工选择理论。后来，他又从细胞学、胚胎学、生物学的最新研究成果和马尔萨斯的人口论中受到启发，发现生物进化的规律：自然界的生物，普遍地具有变异的可能，当生活条件改变时，生物会在构造、机能、习惯上发生变异，并经过生存竞争保留下来，终于形成新物种。自然界的生物由于自然选择，适者生存，逐渐由低到高、由简到繁地发展进化。

　　经过近 5 年的环球航行考察和近 20 年的悉心研究，达尔文于 1856 年开始正式撰写《物种起源》一书。1859 年，《物种起源》正式出版，第一版 1250 册，当天就销售一空。《物种起源》以自然选择为中心，从变异性、遗传性、人工选择、生存竞争和适应等方面，论证了生物的进化现象，从根本上推翻了"物种神创"论和"物种不变"论，具有划时代的意义。恩格斯把它同能量守恒与转换定律、细胞学说并称为 19 世纪的三大发现。

　　《物种起源》之后，达尔文又写了《动物与植物在家养下的变异》《攀援植物》《人类的起源和性的选择》《人类和动物的表情》等著作。其中有的是他晚年病中坚持完成的。在他临终前两天，他还支撑着垂危的病体，给暂时外出的儿子正在进行的一项植物实验做了观察与记录。1882 年 4 月 19 日，达尔文逝世。终年 73 岁的达尔文实践了他的诺言："我曾不断地追随科学，并把我的一生都献给了科学。"（参阅张秉伦《达尔文》，载林加坤主编《中外年轻有为历史名人 200 个》，河南人民出版社 1985 年版；《达尔文》，载吴晓静主编《聚焦中外历史名人》，中国戏剧出版社。）

时时与死神相伴的炸药发明家诺贝尔

　　从事科学实验和发明创造往往要冒巨大风险，甚至要付出生命的代价。炸药发明家诺贝尔一生中充满了这种风险，然而他却对自己选定的事业义无反顾。

　　诺贝尔 15 岁时，在父亲开办的工厂里帮助父亲研究鱼雷和炸药，渐渐产生了浓厚的兴趣。然而，父母却认为搞炸药太危险，一再劝阻他，但诺贝尔丝毫没有动摇自己的决心。

1847年，意大利化学家索布雷罗发明了具有爆炸性质的硝化甘油，但由于无法控制它的爆炸性而中断了研究。诺贝尔从中受到启示，如果能控制硝化甘油的爆炸，就是做炸药的理想原料。

1862年，诺贝尔进行了火药导火管的爆炸实验，取得了成功。他带着满身血迹从浓烟中跳出来，兴奋地狂呼："我成功了！我成功了！"

1864年9月的一天，诺贝尔在寻找代替火药的引爆物的实验时，发生了硝化甘油大爆炸，实验室被炸毁，包括他弟弟在内的5位助手当场毙命。诺贝尔因不在场而幸免于难。这次事故使周围群众对炸药实验十分恐惧。他们向诺贝尔提出抗议，并向政府反映，强烈要求停止诺贝尔在市内的实验。

后来诺贝尔将实验室搬到斯德哥尔摩郊区继续进行实验。经过数百次失败，终于成功解决了用雷酸汞引爆硝化甘油的问题（即雷管的发明）。为了保证炸药在贮藏和运输中的安全，他们又经过一次次试验，先后制成了安全性更高的黄色炸药和爆炸威力更大的胶质炸药以及没有烟雾的无烟炸药，使炸药产品日臻完善。诺贝尔一生中获得发明专利达255项，其中有关炸药的就有129项。

诺贝尔在自己从事的科学事业上竭尽辛劳，为此他没有结婚，晚年又患了冠状动脉硬化症。1896年12月10日，诺贝尔去世，终年63岁。临终前几小时，他还写信给他的助手索尔曼，希望在病愈后与他讨论炸药问题。

遵照诺贝尔的遗嘱，他的920万美元的遗产被作为基金存入银行，每年利用利息奖给对于物理、化学、生物或医学、文学和世界和平事业有突出贡献的人。诺贝尔不仅以他的科学成就造福人类，而且以他的科学精神激励和造就着一代又一代科学家和其他领域的知识精英。（参阅邢润川《诺贝尔》，载林加坤主编《中外年轻有为历史名人200个》，河南人民出版社1985年版；《诺贝尔》，载解启扬编著《世界著名科学家传略》，金盾出版社2010年版。）

冒死消灭传染病菌的科赫

面对肺结核、霍乱、牛瘟、鼠疫等恶性传染病一次次在世界上肆虐，各国科学家焦虑万分，急于尽快找到防治这些传染病的办法。德国科学家罗伯特·科赫承担起了这一神圣而危险的使命。

1881年，当时38岁的科赫开始研究结核杆菌。培养这种杆菌需要很长时间，其间他经历了无数次的挫折与失败。为了对杆菌染色，他用各种染料进行试验，双手染上了红红绿绿的各种颜色。为了要杀死那些影响试验的零星细菌，他经常在二氧化汞中浸泡双手，以至两只手变得乌黑发亮。为了证明在所有的肺结核病例中出现同样的杆菌，他经常出入医院、屠宰场、陈尸所和死因行刑前的牢房，以取得需要的实证。在研究中他自己也极有可能成为肺结核菌的牺牲品。然而他从不退缩，坚持进行实验。他在一个用一根竹竿上挂一块布帘隔开的简陋实验室里，独自一人不知疲倦地工作，终于成功地发现了炭疽杆菌的繁殖过程和它的生命循环史；他第一个找到了分离杂菌的方法，并在培养基中培养出纯菌种；他总结出至今在细菌研究中仍然必须遵循的"科赫原则"，促进了微生物学的伟大革命。后来，他又发现了结核菌素，为人类早日诊治肺结核病带来了福音。科赫为了弄清结核菌素是否会危害人体健康和求得用药的合适剂量，他冒着极大的风险首先在自己身上进行实验。

1883年夏天，埃及爆发霍乱，科赫带着德国远征队，立即赶赴埃及的疫区——亚历山大港。法国医疗使团的领队因染上霍乱而死去，科赫不为所动，仍夜以继日地工作，仔细检查成百具的霍乱病尸，把传染物质注射给动物进行实验。后来科赫带队去霍乱的发源地印度，对霍乱进行追踪研究，发现了霍乱弧菌，弄清了霍乱传播的真相。他从改造水源入手，成功地控制了霍乱的蔓延。

1905年，科赫率考察团到东非协助治疗"昏睡病"（这种病一旦发作，就长时间的睡眠，甚至能睡死过去）。科赫找到了"昏睡病"从鳄鱼到采采蝇再到人的传染途径，于是他多次冒着生命危险捕杀鳄鱼，进行血样分析，终于弄清了"昏睡病"患者血液中锥体虫活动的情况及规律，研究出早期诊治方法及用药剂量，还提出消灭采采蝇、驱赶鳄鱼等预防措施，使"昏睡病"的死亡率减少到10%以下。

1905年，科赫由于在发现结核菌和结核菌素等方面的杰出成就而获得诺贝尔奖。科赫勇敢地与细菌搏斗了一生，1910年去世。科赫在战胜肺结核、疟疾、沙眼病毒、鼠疫、牛瘟、麻风、黑水热、红水热、霍乱以及牲畜的恶性贫血等方面都做出了卓越的贡献，被人们誉为"杆菌之父"。（参阅《追踪死神的勇士科赫》，载杨俊人编著《成功之路》，甘肃人民出版社1984年版。）

深入非洲丛林考察黑猩猩的女科学家珍妮

英国姑娘珍妮·古道尔从小就对动物有着浓厚的兴趣。有一次，珍妮为了看看母鸡究竟是怎么下蛋的，竟钻进黑暗闷热的鸡窝，目不转睛地看了5个小时。

10岁时，珍妮就立下了一个宏大的志向：到非洲去！她认为非洲是一个天然的动物园，长大了她一定要到那里去同野生动物为伍，在动物研究上开拓出新的天地。

18岁时，珍妮高中毕业，她辞去了新闻电影制片厂的工作，离开伦敦，只身进入猛兽出没的非洲丛林，对野生黑猩猩进行长达10年的考察，在动物研究史上第一次揭开了人类的近亲——黑猩猩王国的秘密。

黑猩猩生活在与文明世界完全隔绝的深山老林，而且不让人靠近它，许多学者对黑猩猩望而却步。而当时不到20岁的珍妮却勇敢地肩负起近距离考察黑猩猩这一危险的使命。她穿过遮天蔽日的树林和灌木丛，爬上险峻的山顶，搜索着黑猩猩的足迹。在500米以外，黑猩猩一旦发现她，就迅速逃跑，所以珍妮只能从望远镜里看到黑猩猩的模糊身影。有时一连好多天，连黑猩猩的影子都看不到，很多日子就这样白白消磨掉了。

非洲丛林处处充满着危险。野牛、豹子常常与她擦身而过，幸而没有被它们发现，免于一死。有一次，水中的黑色眼镜蛇甚至从她腿上爬过，当时万一被咬伤，又无解毒药，她只有死路一条。她最伤脑筋的是狒狒们的捣乱与破坏，趁珍妮不在，它们就钻进她的营帐，不仅把能吃的东西吃个一干二净，而且把桌子打翻，把被褥撕碎，然后逃之夭夭。

珍妮把这一切都置之度外，而专注于对黑猩猩的考察。她每天早上5点半准时起床，匆匆喝一杯咖啡，吃一块面包，就出发去找黑猩猩。她整日在山岭上攀爬，在森林中穿行，忘记了劳累与饥渴。太阳落山后，她才疲惫地回到营地。吃过晚饭她又着手整理观察笔记，制作植物标本，一直工作到深夜。

赤道森林雨季的到来给珍妮带来了更大的困难。灌木和野草疯长，有的高达4米，使得她再也不能坐在地上用眼睛去跟踪黑猩猩的活动了。她必须把大片草压倒或者爬到树上，才能进行观察。有时狂风暴雨吹打，使得她无法举起手中的望远镜，从而失去许多观察的良机。大雨过后，山林中又变成一个巨大的温室，闷热难耐，她不得不爬到树上，去呼吸一口清凉的空气。在漫长的雨季，珍妮简直成了"树上的居民"。

有一天，珍妮在草丛中行走，无意中落入了黑猩猩的包围之中。黑猩猩被这个陌生的入侵者激怒了，它们吼叫着，疯狂地摇动树枝，落叶几乎把她覆盖。突然一只黑猩猩从灌木中跳出，用树枝在她头上痛打。珍妮将身子紧紧地贴在地面上，等待着黑猩猩们把她撕成碎片。所幸的是，最终黑猩猩们都逃走了，她躲过了一劫。

或许是女性天生的善良与柔情感化了黑猩猩，4 年以后，黑猩猩从对珍妮怀有敌意、进行侵犯，到慢慢熟悉她、接近她，后来还居然来到珍妮的营地，像在自己家里一样安闲自在。它们从珍妮手中接过香蕉和食物，一点也不客气和害怕。珍妮终于成了黑猩猩的朋友。这就为珍妮近距离地观察与研究黑猩猩提供了绝佳的条件。渐渐地，珍妮能把它们一个个分辨出来，还为每个黑猩猩起了名字。她能判断出每个黑猩猩在家庭和家族内的地位，并且了解了黑猩猩们牢固而持久的群体关系，例如它们如何争斗称雄以及它们之间的等级关系，它们的家庭生活以及怎样养育子女，它们如何筑巢以及有效地制造和使用简单的工具，如何杀死非同类的小动物，如何互相哄骗、恫吓和侵略，又如何互相致礼、抚慰和交配。关于黑猩猩的秘密一项项被珍妮揭示出来，展示在世人和学者面前，引起了学术界的巨大轰动。

珍妮将她 10 年中在非洲原始森林中考察的成果，写成了《黑猩猩在召唤》《我的朋友——野生黑猩猩》《贡河流域野生黑猩猩的行为》《丛林中的孩子——格勒柏》等著作，填补了有关黑猩猩研究的空白。她在科学事业上那种不畏艰险、勇敢实践、坚毅不拔的探索精神，感动着所有为科学献身的人们。（参阅《珍妮揭开了黑猩猩王国的奥秘》，载杨俊文编著《成功之路》，甘肃人民出版社 1984 年版。）

3. 奋斗是沉重的、艰辛的长途跋涉，有时要付出生命的代价

将生命融入镭盐的居里夫人

玛丽·居里是一位性格倔强的女性。9 岁时，她的大姐得伤寒夭折。不

久，母亲又早早去世。家庭的不幸遭遇培养了她坚强的性格。16岁，玛丽中学毕业后，父亲没有能力供她到国外上学，她只好去当家庭教师。她自己省吃俭用，把节余下来的钱寄给正在巴黎上学的姐姐。

后来，玛丽考入巴黎大学。为了节约时间和车费，她在学校附近租了一间十分简陋的房子住下来，全身心地投入学习。她从不把时间浪费在做饭上，常常一连几个星期只吃干面包。白天除上课外，她就在实验室工作。晚上，为了节省灯油，她到图书馆学习；图书馆关门后，她回到自己的住处又继续看书到深夜。这种长期勤奋而清苦的生活，使玛丽的健康受到严重损害，患上了贫血病，有时会突然晕倒。然而她却以顽强的毅力，以优异的成绩通过了大学的考试，并取得了数学硕士学位。

后来玛丽同志同道合的科学家皮埃尔·居里结婚，两人共同投入从沥青铀矿里提炼新元素镭的实验。他们请人帮忙，弄到了一批沥青铀矿渣，打算从这些矿渣中分离提炼出镭来。

居里夫妇在一间寒冷又潮湿的破烂窝棚里，从事极为繁重的体力劳动。他们先把矿渣弄碎，加热。每次使用的矿渣有三四十公斤重，玛丽拿着一根跟她一样高的沉重的铁棍，一连几个小时不停地搅拌这些加热的矿渣，同时还要搬动很大的蒸馏罐，把沸腾着的溶液从一个罐子倒到另一个罐子中。屋子里没有通风设备，沥青刺鼻的气味常常呛得她不断咳嗽，流泪不止，一天下来总是筋疲力尽。她的胳膊、手指被滚烫的液体和化学药品烧烫得疤痕遍布。这时，居里夫人鼓励丈夫说："居里，在'坚持'的尽头就是胜利，我们再加一把劲吧！"从1898年到1901年，他们靠手工操作提炼纯镭，放进大锅里的化学药品、铀沥青和水共计有2200吨之多。

这样，经过近1400个日日夜夜的奋战，居里夫人终于在1902年1月的一天深夜，看到了蓝色的镭的闪光，从矿渣中提炼出了1/10克的镭盐。由于这一发现，居里夫妇与柏克勒尔（放射理论的提出者）共同获得了1903年诺贝尔物理学奖。

1910年，居里夫人分离金属镭成功，并分析出镭元素的各种性质，精确测出它的原子量，开启了放射科学的新纪元。为此，她于1911年获得诺贝尔化学奖。后来，居里夫人又从事X射线的研究与应用，利用镭射线治疗癌症，造福于全人类。然而，她自己却因长期受到放射性物质的损害而患了白血症，于 1934 年 7 月 4 日病逝，终年 67 岁。

居里夫人这样谈到她的人生信念："我从来不曾有过幸运，将来也永远不指望幸运……我的最高原则是：不论对任何困难，都绝不屈服！"（参阅郭润川《居里夫人》，载林加坤主编《中外年轻有为历史名人 200 个》，河南人民出版社 1985 年版；《居里夫人》，载吴晓静主编《聚焦中外历史名人》，中国戏剧出版社 2004 年版；《居里夫人》，载解启扬编著《世界著名科学家传略》，金盾出版社 2010 年版。）

消失在罗布泊沙漠深处的彭加木

彭加木（原名彭家睦），1925 年生于广东番禺县。20 世纪 50 年代初，彭加木在中国科学院华东分院，从事生物化学方面的研究。他梦想通过大量的野外考察，不断开拓生化研究的处女地，填补生化科学领域的空白。

1956 年，我国第一个 12 年科学规划在时任国家总理的周恩来直接领导下制定，提出对全国的大地、河流、海域、冰川、沙漠、森林、草原、气象、水文、矿产、生物等自然资源进行综合考察。彭加木知道这个消息后，十分振奋，立即写信给科学院院长郭沫若，表达自己的决心："我自愿到边疆去，这是夙愿。……我具有从荒野中踏出一条道路的勇气。"

彭加木如愿以偿，他随考察队来到西双版纳的原始森林。他们风餐露宿，既要忍耐酷暑，又要抵抗野兽，科学考察极为艰苦。通过考察，不仅采集了许多有重要价值的昆虫与植物标本，而且思想上也有很多收获。彭加木说："我参加资源考察，只是探了一条路。我愿一辈子做这样的铺路石、架桥木，让后来者踏在自己的背上走过去。"为此，他将自己的名字由"彭家睦"改为"彭加木"。

随后，彭加木又踏上了去新疆的考察之路。考察队在极度恶劣的环境中艰难行进。他们常常忍着干渴，在沙漠中寻找水源；有时，他们又在终年积雪的阿尔泰山原始森林中扎营，住在阴冷、潮湿的简易帐篷里。出发前，彭加木已查出心脏有病变，到阿尔泰后，由于海拔很高，水土不服，他连饭都吃不好。夜里山风呼啸，他冻得彻夜难眠。他感到胸闷气喘，难以支持，但仍旧坚持为大家站岗守夜。

从阿尔泰回来后，彭加木又隐瞒病情，随竺可桢一起到海南岛考察。

由于连续、过度的疲劳，他终于病倒了。经检查，他的心脏与食道之间长了一个比拳头还大的恶性肿瘤。但面对病魔，他却没有丝毫的恐惧。他在诗中写道："昂藏七尺志常多，改造戈壁更如何！虎出山林威失恃，岂甘俯首让沉疴？"

彭加木在病床上，忍着剧烈的疼痛，用颤抖的手，给云南、新疆、海南岛的战友写信，交流学术见解，提出工作建议，一心惦记着同伴和他所热爱的科学事业。

由于长时间的化疗，彭加木的视力减退，血管阻塞，胸骨增殖突出，医生让他回家疗养。然而他迫不及待地给领导写报告，要求立即回队工作。

1958 年 5 月，彭加木以"埋骨天山"的决心，第二次来到新疆。在茫茫沙漠中，人们难以抵挡灼热的气流，于是就扒开沙土表层，挖出一道阴凉的浅沟，匍匐在沙沟里以稍稍缓解一下难耐的炎热。为节约用水，他们用干裂的口唇，含着芨芨草解渴。彭加木大病未愈，又连续跋涉，不时昏倒在地。同志们要把他送出沙漠，他坚决不肯。1 年后，组织上强行把他调回上海。

1960 年，彭加木又查出患有网状细胞瘤（肺部恶性肿瘤）。同上次一样，彭加木以乐观精神和坚强的毅力再一次战胜了死神。

1964 年春天，彭加木拖着病体来到甘肃与新疆交界处的罗布泊进行科学考察，决心解开这片土地从水国变沙漠的兴衰变迁之谜。郭沫若称赞彭加木是科学界的雷锋，"彭加木，沉疴在体，顽强无限。驰骋边疆多壮志，敢叫戈壁变良田"，"活虎生龙，奇爱国，忠心赤胆常酣战"。

"文化大革命"中，彭加木无辜受到迫害，被扣上"黑样板""修正主义苗子"的罪名遭批斗，关押了 10 个月。粉碎"四人帮"后，他被任命为中国科学院新疆分院副院长，重新奔走于大西北的沙漠边陲。

1980 年 5 月，彭加木率领考察队再次进军罗布泊。这块被西方学者和探险家称作"有进无出"的死亡之地，让许多人望而生畏；而彭加木却要对它进行完整系统的考察，要彻底揭开它那神秘的面纱。罗布泊的气温高达摄氏 40 度以上。他们经常遭受沙漠狂风与沙尘暴的袭击，流沙、碎石扑面，使考察队寸步难行。嗓子干渴了，就嚼几根苇草解渴；光着脚在沙窝里走上一趟，就算洗了脚；抓把沙子在有汗渍的衣服上揉一揉，就算洗了衣服。彭加木和他的战友们在酷热的沙漠中苦战了一个多月，终于在 5 月底把胜利的红旗插在了罗布泊湖盆的中心。他们在这里初步探明了古代湖盆的情况，考察了这里的地貌与资源，获得了各类生物、矿物的标本和湖水、土壤、气候等方面的第一手资料。

1980 年 6 月 17 日，考察队只剩下了一桶水。返回出发地的道路还很遥远，考察队面临着死亡的威胁。这天的上午 10 点 30 分，彭加木为给考察队寻找水源，他留下了一张纸条后一个人走向沙漠深处，从此再也没有回来。战友们在荒漠中没有寻找到彭加木的身影。后来，一支专门的搜索部队进入罗布泊，搜寻了面积达 4000 平方公里的地区，也未发现彭加木的踪迹。从此彭加木在罗布泊永远消失了！

彭加木生前先后 15 次到新疆进行科学考察，3 次进入罗布泊进行探险，为新疆和罗布泊的科学考察与未来开发做出了开拓性的贡献。1981 年，上海市人民政府授予彭加木"革命烈士"的称号。（参阅叶永烈《追寻彭加木》，作家出版社 2006 年版。）

路遥：燃烧着生命向前奔跑

路遥出生在陕西榆林地区一个偏远的山村里，家境贫寒。他小时候全家只有一床破被子，缺吃少穿，父亲被迫无奈，将他过继给大伯家。1963 年，路遥小学毕业，伯父再无力供他上初中，他就只身一人到延川上初中。他靠同学们的接济读完了初中。有时交不起伙食费，甚至连 5 分钱的清水煮萝卜也吃不起，整天饿得发晕、发疯。一次，有个带白面馍上学的干部子弟对他说："你学一声狗叫，我给你一口馍。"路遥真的学了一声狗叫，于是得到了一块馍。

然而，饥饿与苦难不但没有打倒路遥，反而激发了他自强不息的奋斗精神。他刻苦学习，勤奋写作，终于迎来了他生命之花盛开的一天。20 世纪 80 年代，他的中篇小说《惊心动魄的一幕》和《人生》先后获全国中篇小说奖；尤其是《人生》的发表与改编，不仅轰动了整个文坛，而且在社会上引起强烈反响。1983 年，他又投入了长篇小说《平凡的世界》的创作。

路遥在 20 岁时就有过一个念头：在 40 岁以前写一本有分量的大书。这是他几十年在不间断的饥寒、挫折的漫长人生历程中苦苦追寻的一个目标。为此，他燃烧着生命向前奔跑。

33 岁的路遥开始为创作 3 部 6 卷共 100 万字的《平凡的世界》做准备。首先是大量读书。除了近百部古今中外的长篇小说外，他还读了政治、哲学、经济、历史、宗教、农业、商业、工业、科技等方面的书籍，连农林、财会、气象、历法、民俗、UFO（不明飞行物）等方面的小册子也包括在阅读书目之内。此外还有 1975～1985 年 10 年间的《人民日报》《光明日报》《参考消息》以及一份省报、一份地区报的全部合订本。书和资料在屋里堆起了一座又一座小山，桌上、床头、茶几、窗台、厕所都有可以随手拿到的读物。书一页一页地读，报纸一张一张地翻，边读边做笔记，手指头被纸张磨出了血，搁在纸上就如同搁在刀刃上，疼痛难忍。

然后是深入生活。乡村城镇、工矿企业、学校机关、集贸市场，国营、集体、个体，上至省委书记，下至普通百姓，似乎一个也不能少。路遥每天奔走在路上，走出这辆车，又上另一辆车；这一天在农村的饲养室，那一天则在渡口的茅草棚；这一夜无铺无盖，和衣而眠，那一夜则缎被毛毯沙发软床。这样 3 年下来已把人折腾得半死不活。

最后是写作。他先是在一个偏僻的煤矿医院写完了第一部，后来又到黄土高原腹地的一个小县城写了第二部，最后在一个宾馆里完成了第三部。

路遥一进入创作状态仿佛就忘记一切。他一般是从下午开始写作，常常是凌晨两、三点才入睡，有时延伸到四、五点，所以他的早晨往往是从中午开始的。早晨经常不吃饭，中午是馒头、米汤和咸菜，晚上吃点面条。有时写作停不下来，一天只吃一顿饭。由于长时间连续写作，他有时累得连头也抬不起来。抄稿子时像个垂危病人半躺在桌面上，斜着身子勉强用笔在写。第二部完成的当天，路遥已浑身没有一点力气，他跪在地板上把散乱的稿页和材料收拾起来。就这样，路遥度过了 6 年牢狱一般的生活。他"一直处在漫长而无期的苦役中，就像一个判了徒刑的囚犯"。

1988 年 5 月 25 日，路遥在这一天完成了 100 万字的《平凡的世界》的全部书稿。他的右手痉挛，五个手指头像鸡爪子一样张开而握不拢，笔掉在稿纸上。他到卫生间在镜子里看了看自己。那是一张完全陌生的脸。他泪流满面，放声大哭。他终于到达了自己预言的目标。正是这个目标时时刻刻在激励着他，即使戴着沉重的脚镣，也要一往直前地向目标奔跑！

这是路遥的生命之花又一次灿烂地开放。1992 年 11 月 17 日，路遥因肝功能衰竭而英年早逝，年仅 42 岁。他以生命为代价，弹拨出一曲文学的绝唱。1991 年，《平凡的世界》获得全国长篇小说最高奖——茅盾文学奖。

他的生命永远留在了《人生》和《平凡的世界》里，留在了千万读者的心中。著名作家、陕西省作协主席陈忠实在悼念路遥的《告别词》中说："就生命的历程而言，路遥是短暂的；就生命的质量而言，路遥是辉煌的。"

没有谁是躺着成功的。每一个成功者都曾经是不甘平庸的奔跑者。他们靠拼搏夺得了生命的金牌。

想做就去做吧。做了，还有 50% 成功的机会；不做，则　事无成。

跨越人生的败点，与其以泪洗面，不如尽全力做生命的最后一搏。（参阅路遥《早晨从中午开始——〈平凡的世界〉创作手记》，载《女友》1992 年第 5—10 期；刘春生《悲剧与辉煌——追念路遥》，载《人物》1994 年第 6 期；厚夫《路遥传——重新开启平凡的世界》，人民文学出版社 2015 年版。）

第五条金律：永不言弃

在任何情况下都要坚守自己的理想，永不放弃，永不言败，这样才能通过千回百转，克服千难万险，走出人生困境，创造生命辉煌。

许多事，我们曾梦想过，也奋斗过，如果能坚持到底，本来可以成功，但却轻易放弃了，结果半途而废。不要把别人对自己的放弃，变成自己对自己的放弃。一旦选准了正确的方向，就坚持干下去，走下去，最终会跨越人生的"临界点"，化危机为转机，夺得最后的成功与胜利。

1. 坚守理想不动摇

孔子在逆境中"不降其志，不辱其身"

据传，叔梁纥与颜氏女"野合而生孔子"。孔子其貌不扬（"生而首上圩顶"——头顶四周高中间低），在乡里遭受歧视。一次，鲁国季孙氏设宴招待文人学士，孔子前往参加，季孙氏的家臣阳虎毫不客气地斥责他说："季氏招待文人学士，并非招待像你这样的人！"孔子尴尬而退。

司马迁在《孔子世家》中记述："孔子贫且贱"，在鲁国曾任"委吏"（管理仓库的小官），后任司空（掌管工程的官）。

孔子满腹经纶，怀有治国安邦的大志，但在鲁国一直未得到重用。35岁时，孔子曾由鲁国去齐国。齐景公曾问政于孔子，遭景公近臣晏婴讥毁，景公也因而冷淡疏远了孔子，对孔子说："我老了，你的建议我不能用。"而且齐国大夫欲害孔子，孔子只好赶快离开。

孔子56岁时参与鲁国的政事（"由大司寇行摄相事"）。在短短几个月中，他当机立断诛杀了乱政者少正卯，使鲁国社会风气为之一变。此后孔子为施展自己的才智与抱负，离开鲁国周游列国，但屡遭阻遏，很不顺利。

在卫国，有人在卫灵公面前说坏话诬陷孔子，使卫灵公对孔子产生疑忌，于是派两个人对孔子进行监视和戒备，孔子怕获罪而离开了卫国。孔子去往陈国，过匡，又由于"状类阳虎"（鲁人阳虎），被匡人拘禁5日。

孔子到宋国，"与弟子习礼于大树下"，宋国的司马桓魋欲杀孔子，将树拔掉，孔子落荒而逃。之后孔子又到郑国，他与弟子们走散，独自站在城东门，"累累若丧家之狗"。

公元前489年，楚国欲聘已逾花甲的孔子，陈国、蔡国的谋士担心孔子用于楚而造成对陈、蔡的危害，于是派人将孔子围困，并断其粮，使其走投无路。后来，楚军来营救，才得以解围。为重用孔子，楚昭王"以书社地七百里封孔子"，却遭到楚令尹子西的坚决反对，昭王只好作罢。

辗转13年后，68岁的孔子回到鲁国。鲁哀公仍不能用孔子，孔子也不再求官，转而以主要精力整理"诗""书""易""礼""乐"等文献古籍，修撰《春秋》，并热心于办教育，"弟子盖三千焉，身通六艺者七十有二人"，直到73岁去世。

孔子为儒学的创立和中华文化的积累做出了具有世界意义的贡献。他的一生，正如他自己所言，在任何艰难困窘的境遇里，他都能做到"不降其志，不辱其身"，故最后他能成为"至圣"。（参阅司马迁《孔子世家》，载《史记》；《孔子》，载吴晓静主编《聚焦中外历史名人》，中国戏剧出版社2004年版；《孔子》，载何国山主编《中华名人百传（三）》，吉林大学出版社2009年版。）

玄奘的漫漫取经路

玄奘是唐代有名的高僧，佛教学者。他有感于传入中国的佛教派支众多，佛论纷纭，决心到佛教的发源地天竺（印度）去求法，以弄清佛教的源流与教理。

贞观三年（公元 629 年），玄奘一行人从长安出发，经瓜州、玉门进入800 里流沙（戈壁大沙漠）。风沙、炎热、缺水、少食，前进极为艰难，随行的人一个一个都离开了他。有人警告他：这样走下去等于白白送死。但玄奘不为所动，说："我立誓西行，绝不东退一步。纵然死在半路，也不后悔！"

他继续策马前行。过了大沙漠，经过今新疆的吐鲁番、焉耆、库车、阿克苏到达葱岭北隅的凌山（今天山山脉的腾格里山穆索尔岭）。这座山终年积雪，风雪交加之时常发生雪崩。玄奘同高昌王派来护送他的人们白天在崎岖的冰路上攀登，晚上在冰地上过夜，7 天 7 夜才出了山。

过了凌山，玄奘先后到了今吉尔吉斯斯坦、乌兹别克斯坦、塔吉克斯坦及阿富汗等地。经过长达近 1 年的长途跋涉，他于 630 年夏末到达北印度。到印度后，他又游历了包括今巴基斯坦在内的 10 多个国家，拜访佛教圣地，向著名法师学习小乘教，在佛寺研究佛经经论，度过了两年多的时光。

公元 634 年，玄奘终于到达释迦牟尼的诞生地和当时印度的文化中心——全印度规模最大、有 700 多年历史的摩揭陀国那烂陀寺。在那烂陀寺，百岁老法师为他讲解瑜伽论（15 个月讲完）。玄奘在那烂陀寺潜心修学5 年，几乎研读了寺中所藏的全部佛教经典。5 年后，他又先后到过东印度、南印度、西印度的大小数十个国家。后来，他又用两年时间到仗林山向胜军学习唯识抉择论。

玄奘求法取经的事迹在印度广为传播。他遍访名师，刻苦钻研，虚心求教的精神博得了印度人民的敬佩与赞誉。

公元 642 年，天竺戒日王举行教义辩论大法会。会上，玄奘提出的《制见恶论》被作为辩论的主题。主持大会的戒日王宣布：若有质疑者能发现《制见恶论》中有一个字没有道理并能将其驳倒，就将主讲人斩首。结果历时 18 天的大会，参会的有 18 个国家的国王，熟知大小乘教的僧侣 3000 多人，其他宗教徒 2000 多人，还有那烂陀寺的 1000 多僧众，没有一个人敢上台对《制见恶论》提出异议。大会自始至终都在聆听玄奘对经论的讲解。他折服了所有的与会者。从此，玄奘的名声震动了全印度。

经过漫漫 17 年的取经路，玄奘于公元 645 年带着梵本佛经 657 部返回长安。回国后，他又译出经论 75 部共 1335 卷，为佛教在中国的广泛传播立下了不朽功勋。

"有志者，事竟成。"怀抱坚定信仰，排除千难万险，始终坚韧不拔，终于成就伟业——玄奘西天取经的故事已成为中华民族的一个神话。（参阅王冠英《万里取经的玄奘》，载段景轩《中国古代名人传》，黑龙江人民出版社 1986 年版；《玄奘》，载何国山主编《中华名人百传（三）》，吉林大学出版社 2009 年版。）

爱迪生：不懈发明、创造的一生

1847 年，爱迪生出生于美国俄亥俄州的一个贫苦农民家庭。他 8 岁才上学。学校开设的读书、写字、算术三门课，他每次考试都是倒数第一。在课堂上，他还经常提出一些古怪的问题，如："星星为什么会从天上掉下来？""天为什么会下雨？"校长和老师骂他"愚蠢""低能"，是"不折不扣的糊涂蛋"，不到 3 个月便勒令他退学了。

爱迪生退学在家，母亲承担起了教育他的重任。她问爱迪生："从今以后，我教你读书，你有没有决心学好？"爱迪生被妈妈的爱心所感动，回答说："我一定好好读书，长大了要在世界上做一番事业！"从此，爱迪生一面在父亲的木工厂帮工，一面跟母亲学习识字读书。在妈妈的耐心教导下，他学习了英语、算术、化学、地理、历史等课程，知识水平迅速提高。

爱迪生不是一个死读书的孩子，他对一切都充满好奇心，而且总爱亲自去实践和体验。学了化学以后，他把自己攒下的零用钱拿去买了实验用的仪器和药品，把家里的地窖变成了实验室。

12 岁时，爱迪生到火车上当报童。他利用卖报的间隙，到图书馆去看书。15 岁时，爱迪生用卖报挣来的钱买了一架旧印刷机，开始主编和出版《先锋周报》，他自己当社长兼记者、编辑、发行人和印刷工人。这又是一次大胆的尝试。

爱迪生利用一切机会进行科学探索。他在火车上当报童的时候，竟然在火车行李车的一个角落里搞了个小实验室。一次，因火车颠簸，装有磷块的药瓶翻倒，燃起大火，惹了大祸。车长一怒之下狠狠打了爱迪生几个耳光，震破了他的右耳膜，从此他右耳失聪。

这次意外事件不仅使他丢了职业，毁了实验室，而且夺走了他的听觉，但却没有削弱他学习的热情和动摇他继续进行科学探索的决心。他返回家乡后，没有钱买书，他就当掉衣服，买书来读。没有实验场地，他就想方设法在家里搞了一个简易实验室。他在实验室里一蹲就是一整天。一次，在搞一个大感应圈实验时，他遭到电击，硝酸溅了一脸，差点儿弄瞎了眼睛。而病情稍有好转，他便又投入实验。

后来，一次偶然的机会，爱迪生冒着生命的危险在铁道上救出一个孩子，而这孩子的父亲正是车站站长。他为了感谢爱迪生的救子之恩，便把自己的电报技术教给了他。爱迪生十分珍惜这次机会，在车站的电报室里，他每天都要学习、钻研18个小时以上。经过4个月的勤学苦练，爱迪生掌握了所有电报的知识与使用技术，并研制出了自动拨号机。1866年，经人介绍，爱迪生在联邦西部电报公司当了报务员，他发明了收报机的电压表。

1869年，爱迪生来到纽约寻找工作。在劳斯金融报告公司，为公司解决了不少难题，受到公司重用，被任命为总技师长。不久，他和同事鲍普创立"鲍普·爱迪生合股公司"，研制出新型电报机和能迅速印刷黄金行情的金价印刷机，获得4万美元的技术转让费。他用这笔钱作为基金，在美国新泽西州建立了"发明工厂"，正式走上发明之路。这一年他23岁。1872年至1875年，爱迪生先后发明了二重、四重、六重电报机和英文打字机。

此后，他把主要精力转入了电灯的发明，为此他付出了整整13年的心血。他查阅了煤气灯的全部历史资料和大量的煤气工程图书资料，抄写了200本摘记簿，达4万多页。为了选择灯丝，他前后研究试验了1600多种矿物和金属的耐热材料，但都失败了。爱迪生不顾周围人的讥讽和嘲笑，继续他的试验。他常常连续工作24个小时甚至36个小时，有一次竟一连5个昼夜未合眼。实验连续进行了13个月。1879年10月21日，他试着把经过碳化的棉线装进灯泡，结果电灯亮了。虽然只亮了45个小时，但它却是世界上第一盏白炽灯，开辟了人类用电灯照明的新时代。

当有人问他，失败这么多次为什么还能坚持时，他说："我没有失败，我只是找到了 1000 多种不适合做灯泡的材料。"

为了解决灯泡的体积大、亮度低、寿命短的问题，爱迪生又开始寻找新灯丝的实验。为此他派人到亚洲、拉丁美洲寻找灯丝原料，先后试用了杉木、黄杨、月桂、亚麻等 6000 种植物纤维，一一考察了它们的性能，最后，用日本竹丝碳化后做灯丝获得了成功。后来他又改用化学纤维、钨丝做灯丝，从而使电灯得到了普遍的推广。

爱迪生发明蓄电池也经过了漫长而艰苦的历程。在整整 10 年中，他先后进行过 5 万次左右的试验。当试验失败 9 千次的时候，他的助手有些动摇，爱迪生就对他们说："我不相信大自然会这样吝啬，把制造好电池的秘密扣留住。只要我们埋头挖掘，百折不挠，迟早总能发现的。"他把搞试验的工作人员分成两班，轮流上阵，而他自己则通宵达旦，累了，就靠在椅背上打个盹儿。这样，他们又苦战了两年多，到 1904 年初，爱迪生终于用氢氧化钠溶液代替硫酸，用镍和铁代替铅，制成了一种新型镍铁碱蓄电池。为解决电池漏电的毛病，他又进行了 5 年的研究试验，终于制造出理想的蓄电池。

在爱迪生的一生中，他在实验室和工厂里度过了 60 多年。他在专利局登记过的专利项目共有 1328 项，加上放弃的专利项目共有 2000 项之多。他平均每 15 天就有一项发明。

1931 年 10 月 18 日，发明大师爱迪生逝世，终年 84 岁。在为他举行葬礼的那天晚上，全美国停电一分钟，然后再恢复照明，让人们永远记住这位给人类带来无限光明的发明家。

美国汽车大王福特说："美国之所以是世界上最繁荣的国家，这是由于美国有一个爱迪生。"

美国总统胡佛说："爱迪生从报童、电话报务员干起，最后他却以人类的指导者结束辉煌的一生……爱迪生教我们：只要不懈努力，必可达到目的。这就是他赐给我们的最宝贵的遗产！"

爱迪生在谈到他的成就时说："我的人生哲学是工作。我要揭示大自然的奥秘，并以此为人类造福，这是度过我们短暂一生的最好方式。"

跌倒了（失败了）再爬起来，爬起来比跌倒多一次就成功了。（参阅《爱迪生》，载林加坤主编《中外年轻有为历史名人 200 个》，河南人民出版社 1985 年版。）

穆旦：一只在寒夜里坚持飞翔的"萤火虫"

诗人、翻译家穆旦（查良铮）生于 1918 年。他受祖母的熏陶，从小就树立起一种信念：人活着就要争口气，走自己选择的道路。

穆旦 11 岁考入著名的南开学校，并开始以穆旦的笔名发表诗文。后来在清华、西南联大学习，1940 年毕业，留校当助教。1942 年，穆旦以"国家兴亡，匹夫有责"为己任，参加中国远征军，任随军翻译。在缅甸战场的热带雨林中，他几次濒临死亡。1953 年，穆旦夫妇克服重重阻力，辗转从美国回到向往已久的新中国，被分配到天津南开大学任教。

1955 年"肃反"运动展开，穆旦参加远征军的经历被审查。1956 年、1957 年，他发表的一些提倡百家争鸣的文章和批评现实生活中不良现象的诗歌受到批判。1959 年在"反右倾"运动中，穆旦被错划为"历史反革命"予以管制，逐出课堂，到南开大学图书馆监督劳动。他曾经说过，"不让我工作，就等于让我死。"这时，被剥夺写作与上课权利的穆旦的痛苦是难以言表的。

1962 年，穆旦被解除管制，留图书馆"监督使用"。他每天从事整理图书、抄录索引乃至打扫厕所之类繁重的工作。即使如此，他也没有忘记自己热爱的事业。他不顾一天的疲惫，在夜深人静之时，继续他的翻译工作。短短几年间，他译出了《丘特切夫诗选》和 16 万多行的巨著《唐璜》。

1966 年"文化大革命"开始后，穆旦被批斗、抄家、关"牛棚"。几年心血的结晶——《唐璜》的译稿被抄得七零八落；后来全家又被扫地出门，下放到农村劳动改造。1972 年，他回到南开大学，继续在图书馆接受监督劳动。每天回家后，他就埋头于补译遗失的《唐璜》章节，或修改其他章节，修订《拜伦抒情诗选》，翻译雪莱、艾略特等人的诗作。1976 年，他骑车不慎摔伤骨折。这时又赶上唐山大地震，在拥挤杂乱的防震棚中，穆旦忍受着病痛坚持写作。1977 年 2 月 26 日，穆旦因心脏病猝发逝世。去世的前两天，他还坚持做完《叶甫盖尼·奥涅金》的修改稿抄写工作。

穆旦在鲁迅文集《热风》的扉页上曾题写："有一分热，发一分光，就像萤火虫一般，也可以在黑暗里发一点光，不必等候炬火。"穆旦正是这样一只在黑夜里闪闪发光的萤火虫，虽不是炬火，却给人以温暖、光明和希望。（参阅王淑贵《旷远的辉煌》，载《人物》1999 年第 8 期；岳南《穆旦的悲情文学路》，载《名人传记》2014 年第 11 期；陈伯良《穆旦传》，浙江人民出版社 2004 年版。）

2. 历经磨难不绝望

王洛宾：一路坎坷一路歌

"西部歌王"王洛宾一生两次入狱，前后长达 19 年；然而他始终以微笑面对人生，直到晚年，他都活得快乐而充实。

王洛宾生于 1913 年。1930 年，他考入北京师范大学音乐系。1937 年底，王洛宾参加了由丁玲领导的西北战地服务团，他一面创作歌曲，一面大量改编民歌。

1941 年，王洛宾被当作共产党逮捕入狱。在 3 年的监狱生活中，他写了包括《出塞曲》和《囚人之歌》在内的 20 首歌曲，其中相当一部分是为难友的诗所谱写的。比如《大豆谣》，就是为中共甘肃省委负责人罗云鹏的妻子在狱中生下的小女儿莉莉创作的。莉莉是个聪明活泼的女孩儿，《大豆谣》是献给她的赞歌："蚕豆秆，低又低/结出的大豆铁身体/牢房的孩子夸大豆/世界上吃的数第一/小莉莉，笑眯眯/妈妈转身泪如雨/富家吃的巧克力/牢房的大豆也稀奇……"王洛宾说："有人总认为只有幸福之中才有美，我发现痛苦之中也有美，而且这种美更真实、更深刻。"

1959 年，王洛宾又被当作国民党，错定为"历史反革命"，再次入狱。1975 年出狱后才过上了正常人的生活。在监狱中，他的孩子有时去探望他，看见他虽戴着脚镣手铐却很乐观。狱中有个维吾尔族女看守撒阿黛，每天早晨都要提着一串钥匙，穿过监牢的长长的走廊，打开牢门让囚犯放风。这一刻，所有的囚犯都静静地趴在铁栏杆上，等待着撒阿黛开门。撒阿黛成了囚犯们生活中的一缕阳光，生命中的一线希望。于是王洛宾写了一首《撒阿黛》："我喜欢坐在大门外撒阿黛/望那远方的山崖撒阿黛/那山崖的一角撒阿黛/飘浮着美丽的白云撒阿黛/白云彩轻盈地飘过来撒阿黛/白云彩就是你撒阿黛。”这是一首囚徒写给看守的奇特的歌。每句歌词后面都有一个“撒阿黛”，这反复地咏唱和呼唤，表达着作者对真善美的追求和对生活的挚爱。王洛宾就是这样从苦难中提炼美，从痛苦中感受欢乐。王洛宾年轻时就记住了雨果的一句格言：世界上最宽阔的是天空，而比天空更宽阔的是胸怀。他说：“我曾经坐过整整 19 年的牢，要是我想不开，不豁达，那么我早就寿终正寝了。”

在王洛宾遭受厄运的岁月，他的许多歌不能署上自己的名字；他的歌被广泛传唱，然而歌的作者却在看工地、捡破烂、当小工、拉人力车。他连写歌用的五线谱都买不起！直到 1988 年，《在那遥远的地方》才第一次署上了王洛宾的名字。这时，他已是 75 岁的老人。

王洛宾在长达 60 年的艺术生涯中，搜集整理了 10 多个民族的民歌 750 首，创作歌曲近 300 首，另有 6 部歌剧作品。他创作和改编的《在那遥远的地方》《达坂城的姑娘》《掀起你的盖头来》《阿拉木罕》《半个月亮爬上来》《青春舞曲》等歌曲感染和哺育了几代人。1980 年，王洛宾被授予人民音乐家的称号。20 世纪 80 年代以后，王洛宾先后在北京、上海、深圳、乌鲁木齐、台湾、香港、纽约、悉尼等地举办过音乐会，甚至走进了联合国大厦演唱自己的作品。有人说，地球上有华人的地方就有王洛宾的歌。王洛宾的歌已经成为世界音乐经典的一个组成部分。王洛宾属于全世界。

1996 年 3 月 14 日，“中国西北民歌之父”王洛宾与世长辞。然而他的歌声会永远活着。他创作的充满青春活力的歌声将永远陪伴着我们。（参阅吴朝晖《王洛宾去了那遥远的地方》，载《工人日报》1996 年 3 月 23 日；鞠健夫《王洛宾的“内心独白”》，载《北京青年报》1999 年 3 月 12 日；言行一、王海成《王洛宾》，陕西师范大学出版社 2010 年版。）

永不绝望的景克宁

景克宁在青年时期，就广泛涉猎进步和革命书刊，有了济世救民的理想。1943 年，20 岁的景克宁因要奔赴革命圣地延安而被当时的国民党政府逮捕入狱。出狱后，他到解放区采访。在解放区，他看到了中国光明的未来。

1945 年至 1949 年，景克宁辗转于西安、天津、北平等地 10 多家报馆，撰写揭露批评反动当局的文章。在南京解放那天，他在《大江晚报》上写了一篇题目为《天亮了》的社论，兴高采烈迎接新中国的曙光。

解放后，景克宁在高等院校教授马克思主义哲学，深受学生欢迎。1957年，景克宁响应号召，为帮助党整风，在《文汇报》上发表《朕即党对吗？》的千字文，被划为"反党反社会主义的右派分子"，不仅剥夺了他讲课的权利，还派他去打扫学校厕所。在劳动改造期间，他化名创作了沪剧《钟声魔影》《周璇的一生》，并改编托尔斯泰的《复活》，结果被查出，以"对抗改造，继续放毒"为由罪加一等，将他定为"极右分子"，开除公职，并下放农场劳动改造。

1963 年，大儿子因父亲是"右派"屡受歧视，高考时，又听到"右派子女不予录取"的消息，因此绝望自缢。当时，景克宁每月只能领到 15 元生活费，用它维持着 4 个孩子的 6 口之家；妻子又患肺结核吐血，其艰难困窘不言而喻。景克宁无奈，只好将次子送给一位老朋友抚养。他还将收藏多年的 3000 余册心爱的图书全部拍卖，将书款留给家人，自己又匆忙返回农场。

"文化大革命"中，景克宁一面在西安拉车卖苦力，一面对中国当代一系列的社会问题进行思考。他和几所高等院校的师生一起，讨论起草了一篇《中国的现状和改革》的文章，准备交党中央。后来事情暴露，1970 年，景克宁以"现行反革命"罪被捕，并被判处死刑。面对铁窗和死亡，景克宁用马克思夫人燕妮最喜欢的一句格言"永不绝望"鼓励自己要坚强地活下去。在狱中，他曾以自己人格的魅力，劝阻了一位狱友自杀。"文化大革命"后，景克宁平反出狱。当记者问他是什么力量支持他度过了 8 年劳改、10 年牢狱的生活时，他只说了 4 个字："永不绝望！"

1981 年，景克宁在山西运城师专重新走上大学讲台。此后的 15 年中，他的足迹踏遍了大江南北的工厂、机关、学校、部队，做了 1900 多场关于"真、善、美"和社会主义精神文明的讲演，还出版了《美在呼唤》《青年启示录》《生命的雷电火》《真善美》《人生的论证》等 8 本著作，近 200 万字。他撰写的 30 万字的自传体回忆录《历史的阵痛——人在神魔间》也已出版。

景克宁一生追求"真、善、美"，可以说，正是"永不绝望"的信念之舟，载着他度过了千难万险，终于到达了"真、善、美"的彼岸。（参阅高伟杰《永不绝望——景克宁教授的坎坷人生》，载《人物》1998 年第 3 期。）

韩美林：铮铮铁骨痴情汉

1960 年，韩美林从中央工艺美术学院毕业。1963 年，他被派往合肥筹建安徽美术学院。当时，正是"以阶级斗争为纲"的年代，突然有人揭发他有"里通外国"之嫌（后来查明，所谓"里通外国"也不过是他在北京时曾与同班的几位外国留学生在一起听音乐、聊天而已）。由于这种莫须有的罪名，韩美林于 1964 年被下放到淮南陶瓷厂劳动，受到"群众专政"。

"文化大革命"时期，韩美林因曾为"三家村"主帅邓拓的"反党"诗配过画，还通过画田汉《关汉卿》中的窦娥来"为彭德怀翻案"而遭到"批斗"。有个"造反派"为了不让他再画"黑画"，将他右手拇指的筋用刀挑断，他脚上的 6 根骨头也被打碎。最后韩美林锒铛入狱，过起了囚犯的生活。

一次，他双手被铐，从合肥押回淮南，路过一个包子铺。押解者将韩美林的手铐解下一只，把他锁在一辆自行车上，然后他们进铺里吃包子，而韩美林却饥肠辘辘，在店外等候。这时他身旁的一位妇女正捧着 5 个包子喂孩子。孩子只吃馅，不吃皮，皮扔在地上。韩美林饥不择食，从地上拣起带着蝇屎、沙土的包子皮塞到嘴里。

在 3.6 平方米的牢房里，韩美林没有磨灭对美的热爱，坚持作画。他用那只伤残的右手偷偷练习绘画。没有纸笔，他就用筷子在膝盖上画。裤子画破了，补了再画。补裤子没有布，狱友就扯下自己衣服上的布为他补上。这样，在 4 年零 7 个月的牢狱生活中，韩美林裤子上大大小小的补丁竟有 400 多块。

1972 年，韩美林刑满出狱。他原来是一个健壮的汉子，出狱时体重却只剩 36 公斤。由于营养不良，他满嘴溃疡渗血。他强撑着回到淮南陶瓷厂，厂里宣布他"要继续接受群众监督"。他被派去从事繁重的体力劳动，在碗坯上画花，定额是每天 2000 只，画到最后，连手都抬不起来了。这样又过了 6 年，直到 1978 年，韩美林才得到平反并落实了政策，他又全身心地投入他所热爱的绘画与陶瓷艺术事业。

他先是画水墨动物画，在国内外举办画展。1980 年，他有感于作为中国人却没有资格参加"中国磁州窑系国际研讨会"而发愤从事中国陶瓷艺术的创新与研究。在 20 世纪 80 年代，他用了 7 年的时间，足迹遍及山东、河南、江苏、福建等省的 20 多家陶瓷厂，手把手帮助各厂提高工艺设计能力，革新产品品种，改进生产工艺，培养技术干部，自己则不要任何报酬，不收任何礼物。

他在安徽界首陶瓷厂同工人一起和石膏，做模胎，一起守夜烧窑。那只几乎残废了的右手每天同泥巴打交道，还操起刻刀在泥坯上刻图案。由于受摧残的双腿不能久坐，他必须经常变换姿势，有时他跪在椅子上做设计，让人看后落泪。

1987 年，"韩美林钧瓷艺术研讨会"在北京举行，会上展出了韩美林从他的 1000 余件作品中选出的陶瓷艺术精品 200 余件，特别是那 1 米多高的鸡瓶和 1.5 米高的鱼瓶，打破了中国钧瓷自古以来"钧不过尺"的神话，让人惊叹不已，在国际上为中国钧瓷赢得了声誉。

这时，他的不幸却接踵而至：继"文化大革命"中第一位妻子同他离婚后，1989 年，他的第二任妻子又离他而去；他家中的存款、古画被家人洗劫，被保姆偷窃，只给他剩下 5 块钱；他和 200 多名工人苦干 2 年零 9 个月的工钱被"朋友"据为己有……家庭破碎，财产遭劫，但韩美林并没有倒下，而是继续为人民无私地奉献自己。

进入 20 世纪 90 年代，韩美林投入大型雕塑的创作。他先后为大连老虎滩公园制作出长 42 米的花岗岩石雕《群虎》；为济南黑虎泉和金牛山风景区制作出长 10 米的铜铸老虎和长 15 米的紫铜牛；为济南动物园制作出高 18 米、长 15 米、重 37 吨的巨型雕塑《天下第一牛》。另外高 50 米的西楚霸王的雕像也已屹立于项羽自刎的乌江之畔。2005 年，韩美林被聘为 2008 年北京奥运会吉祥物"福娃"设计组的负责人。韩美林说："要做就做顶尖儿的。"由于他的画陶瓷艺术以及雕塑是传统和现代意识的完美结合，因此得到国内外专家与观众的高度赞赏。他的作品多次到国外展出，他被誉为"东方的毕加索"。

20 世纪 90 年代，"韩美林工作室"在北京成立。在成立会上，韩美林发给 28 个成员每人一盘贝多芬的《命运交响曲》录音磁带，鼓励他们掌握自己的命运，做生活中的强者。而他自己更是尝遍了人生的酸甜苦辣。当他走过 70 年坎坷人生路之后，终于对人生有了彻悟，他说，18 层地狱是锻炼汉子的最高学府。5 个包子皮成就了我今天的事业，妻离子散让我直立（于）天地，22 年的苦难，让我拥有了满分的社会大学的文凭，（这）动力来自国家、民族、朋友和自身所受的羞辱。（参阅程社瑛《艺坛怪杰的人生坎坷之路——记画家韩美林》，载《人物》1993 年第 6 期；李彦春《汉子韩美林》，载《北京青年报》1999 年 5 月 7 日。）

张贤亮：刚强使他从炼狱走上红地毯

张贤亮少年时代就被称作才子，13 岁发表诗歌。1957 年"反右斗争"时，21 岁的张贤亮因发表了描写西北高原上具有多重性格的"大风"的《大风歌》而被错划为"反党反社会主义的右派分子"。1958 年，他被遣送至宁夏南梁农场实行管制，从事体力劳动。在其后的 21 年中，张贤亮因"右派"问题或"出身"问题、"历史"问题、"政治"问题而多次被关进监狱、劳动教养和实行"群众专政"。1979 年，他的"右派"问题得到平反。

在劳改农场里，张贤亮白天被看守人员押着去干农活，晚上又被关进又闷又臭的宿舍。所谓"劳动"实际上是一种残酷的刑罚。百斤重的麻包扛到肩上，压得他直不起腰，喘不过气。徒手拔芦草，一天下来，手上留下一条条血印。更要命的是吃不饱饭。身高 1.8 米的大汉，每餐只能分到一碗稀粥，整日处于饥肠辘辘的状态。

1961 年，农场的粮食供应更为紧张。张贤亮每月粮食定量 9 斤，又被农场克扣 4 斤，平均下来每天只有一二两粮食。饥饿就像毒蛇一样每天撕咬着他。饿得实在没有办法时，他就从马厩里偷饲料充饥。为寻找食物，他从农场逃跑过 3 次。他还曾在兰州火车站当过两个月的乞丐。回队后，他被关禁闭一个星期。由于极度饥饿，他发高烧，长时间昏迷不醒，人们误以为他死了，就把他扔进了死人堆中。后来他又苏醒过来，才从死人堆中爬了出来。

张贤亮说他自己"在清水里泡过三次，在血水里浴过三次，在碱水里煮过三次"。他之所以能在难以想象的苦难中扛得住、挺过来，是因为他有一种像钢铁一样的坚硬、刚毅的性格，他虽遭劫难而不绝望。他下决心，无论如何要生存下来，要活下来，这是最重要的和第一位的。

另外，张贤亮是一个很有理性的人，即使在繁重的体力劳动和饥饿难耐的条件下，他没有怨天尤人，没有自甘沉沦，也没有浑浑噩噩、苟且偷生，而是利用能利用的一切条件坚持学习，提高自己。他认真阅读马克思的《资本论》，3卷本的《资本论》他读过不下20遍。此外，凡是翻译成中文的马列著作他几乎都阅读了。从这些著作中，张贤亮更深刻地认识了社会，明白了人生的意义与价值。在阴云密布的岁月，他却有一个光明而充实的精神世界，因此他能乐观、进取，屹立不倒。

1976年粉碎"四人帮"后，张贤亮像一只挣脱锁链、展翅飞翔的雄鹰，翱翔于文学的天空：在中国文坛上，他第一个创作出描写知识分子苦难历程的小说系列《绿化树》等，第一个创作出反映城市改革的小说《男人的风格》，第一个创作出揭示中学生早恋的小说《早安，朋友》，第一个创作出表现性爱的小说《男人的一半是女人》……他在文学上获得了巨大的成功。他被选为宁夏回族自治区的文联主席，并当选为全国政协委员。后来，张贤亮又成为中国当代作家中第一个下海经商者。20世纪80年代中期，他在宁夏荒漠上创建影视城，成立华夏西部影视公司，他出任公司董事长。在影视城，一些影视公司先后拍摄出《牧马人》《红高粱》《大话西游》等著名影视作品40余部。他因"出卖荒凉"取得良好的经济效益和社会效益而驰名中外。

张贤亮给人的启示是两个字：刚强。刚强的性格不仅使他活了下来，而且成就了他事业的辉煌。

苏轼说过："古之成大事者不惟有超世之才，亦必有坚忍不拔之志。"

不屈不挠，坚忍不拔，就是永不言弃，永不服输，就是锲而不舍，不达目的，决不罢休。（参阅张贤亮自述《我的传奇人生》，载《南方都市报》2008年10月8日；张贤亮《雪夜孤灯读奇书》，载《文摘报》2013年8月22日。）

3. 揪住不放干到底

工人姚辛：历尽艰辛编词典

20 世纪 50 年代初，当时姚辛还是一名驻守上海的解放军战士，他有机会涉猎了许多古今中外的名著，其中，30 年代左翼作家的作品引起了他的兴趣。从此，他立志研究左翼文学。

1954 年，姚辛转业到浙江嘉兴当一名中学语文教师。1956 年，他参加纪念鲁迅逝世 20 周年的活动，感触良多：鲁迅先生在中国文学史上的伟大功绩已被公认；然而许多为中国社会进步与文学发展做出过重要贡献的"左联"盟员至今却默默无闻，这是不公平的。他表示："我要为左联盟员立传，写一部关于左联的书。"这样，弘扬"左联"盟员的功绩，让他们同样名垂史册，就成为姚辛一生的志愿。

1957 年，姚辛因为给学校领导提意见而被开除团籍和教籍。他先是在工厂当临时工，后来才成为嘉兴毛纺厂的一名正式职工。他每天除了 8 小时工作，几乎所有的业余时间都花在读书与研究上了。到"文化大革命"前，他已完成了近 30 万字的鲁迅评传《荷投枪的战士》，20 多万字的《论鲁迅的〈呐喊〉与〈彷徨〉》以及《殷夫论》《叶紫论》等论文。

"文化大革命"中，姚辛被当作"漏网右派"受到批判，他多年积累起来的大量资料和已经写了 10 多万字的《左联词典》书稿全部被抄走并付之一炬！但坚强的姚辛没有被击倒，他擦干眼泪，立下誓言："我一定要完成《左联词典》！"于是，他又偷偷地开始研究、写作。

编写《左联词典》是一件开拓性的工作。左翼作家联盟盟员近 400 人，而文学史上有记载的仅五六十人。他们之中许多人的事迹、贡献被湮没，还有许多人相继去世。他意识到，还健在的盟员必须尽快找到；有关盟员的史料必须进行抢救性的挖掘、整理。为此，从 1976 年夏天开始，姚辛带着妻子与幼子，先后到北京、天津、长沙、合肥、南京、武汉、成都、重庆、西安、沈阳、长春、哈尔滨等地，遍访尚健在的"左联"盟员，行程数万公里。仅上海、北京之间，他就往返十几次。经过姚辛耐心细致地查阅资料和实地调查采访，沉埋多年而被姚辛"发掘"出来的"左联"盟员竟达 100 多人，被列入《左联词典》并有详细生平介绍的盟员已达 288 人。这是目前国内关于"左联"盟员的最详尽、最权威的记录。

由于姚辛是一个工人，所以他外出调查都是请事假，而且是自费。他把自己所有的钱都花在四处调查"左联"盟员和购买有关书籍资料上了。每月 30 元的工资要负担全家 5 口人的生活，他常常穷得揭不开锅。有时夫妇一起外出调查，每日三餐吃的是大饼，喝的是开水；住不起旅店，常常睡在车站或公园的椅子上，并因此多次被联防队当作坏人叫去训话。他长期负债度日，妻子因不堪忍受而于 1980 年离他而去。

《左联词典》编出后，《词典》的出版又遭遇到重重困难。因为没有经济效益，而且是一位名不见经传的小人物编写的书，所以没有一家出版社愿意接受这一选题。

1985 年，姚辛请假修改书稿，单位停发他的工资达一年之久。家里一再断炊，只能靠朋友和车间工友接济度日。然而姚辛不认输。他咬紧牙关，朝既定的目标继续前进。

天无绝人之路。1988 年，《光明日报》刊发了《〈左联词典〉书稿完成却无法出版》的消息，激起许多人的同情。一些出版社表示愿意出版此书。这时，他所在单位补发了他的全部工资。姚辛似乎看到了转机，看到了希望。

1990 年 3 月 2 日，《人民日报》发表了文学老前辈夏衍为《左联词典》写的序言。此时，上海新成立的"中国左翼作家联盟成立大会会址纪念馆"正式对外开放，姚辛应邀到纪念馆任资料员。

然而《左联词典》的出版再起风波。原答应出版该书的出版社提出：因为没有权威部门给此书做鉴定，加之出版社内部有不同意见，故《左联词典》不能出版了。

1993 年，某单位领导人找到姚辛，愿资助出版此书，但有两个条件：第一，资助者作为编著者之一署名；第二，不给姚辛稿费，只能给 30 本样书。每本样书按 20 元计算，总共 600 元。60 万字的书稿，38 年的心血，报酬是折合 600 元的 30 本样书，这令人又愤慨又心寒。

好事多磨。江门市城建委主任看到有关姚辛的内参，出资 5 万元支持他出书。1995 年，精装本的《左联词典》终于出版。60 岁的姚辛手捧由自己近 40 年的心血结晶而成的沉甸甸的《左联词典》，流下了热泪。

　　为了一份责任——对文学事业的责任，对国家民族的责任，姚辛付出了青春与健康、家庭与爱情。一个清贫的工人出身的中国知识分子，以自己的全部生命作代价，编写一部极具史料价值与学术价值的《左联词典》，这是多么崇高的一种学术品德和人格精神啊！（参阅叶辉《毕生追求的苦行者——〈左联词典〉的编纂者姚辛》，载《人物》1996 年第 5 期。）

吴海京：穷十年之功为《资治通鉴》写《续纪》

　　吴海京不是学历史的，但他对司马光的《资治通鉴》很是痴迷，大学没毕业他已读过了 10 遍。欣赏之余，又对该书只记载到五代而深感遗憾，于是他萌生要编写一部《资治通鉴续纪》的想法。

　　2000 年吴海京大学毕业后，他把所有的业余时间都投入到史书的阅读与史学的钻研上。在研读《宋史》《辽史》《金史》之余，他将所读内容按《资治通鉴》的风格进行梳理归纳，为编写《资治通鉴续纪》做准备。

　　《资治通鉴续纪》从宋建隆元年开始，中间跨越辽、金、元、明、清诸朝，有关史书、史料不下数百种。吴海京到各地广为搜罗，然后坐下来一部部研读、做笔记。从 2003 年春至 2009 年夏，吴海京完成了 400 余万字的初稿，然后考证、辨析，2011 年完成了第二稿。接着，他对文字进行加工、润色，完成第三稿、第四稿、第五稿。最后校对，400 余万字的书稿他一人一遍遍地校对。2012 年末，完成第七稿。至此，这部鸿篇巨制全部完成。

　　由于专注写作，无暇顾及家务，夫妻感情破裂，2012 年，妻子带着女儿离他而去。他在孤独与伤痛中坚持完成了《资治通鉴续纪》的编写。

　　书稿投寄数家出版社，均因"书太专业，没有市场""资金缺乏，出书困难"等原因而被拒绝。后来在家乡诸暨市市委宣传部和当地企业的资助下，《资治通鉴续纪》于 2013 年出版，全书 3 册 338 卷，430 万字。以一人之力完成这部巨著的编写，吴海京付出了常人难以想象的代价。

　　自己不能放弃自己。坚持到最后，在顶不住的时候，再向前跨出一步，就会有柳暗花明的新天地。人生的成败胜负，很多时候只在坚持或放弃的一念之差。（参阅严红枫等《吴海京：穷十年之功为〈资治通鉴〉写〈续记〉》，载《光明日报》2013 年 7 月 28 日。）

4. 坚持到底就是胜利

俞敏洪："坚持到底就是胜利"

俞敏洪考大学很不顺利。

1978 年他第一次报考，临时抱佛脚，边干农活边复习，白天干活，夜里在昏暗的煤油灯下看书，把眼都看近视了，结果英语差 5 分落榜。

1979 年他第二次报考，英语又差 5 分（及格分 60 分）没有过关。

俞敏洪说："我的内心一旦下定决心去做一件事情，九头牛都拉不回来。我还有一个个性，就是越是让我失败的事情，我就越要坚持把它做到底。"

1980 年他第三次报考。这次他拼了命了，每天早上 6 点起床，晚上 12 点睡觉，全部时间都用来复习功课。他这一年的分数超过了北京大学的录取分数线，终于拿到了北大的录取通知书。

俞敏洪说，当你快坚持不住的时候，你要"咬紧牙关"，这是做一件事情的临界点。"如果你能坚持下去，就会挺过临界点，进入一种新的境界。"所以他认为，"持之以恒比天分还要重要，坚持到底就是胜利"。（参阅俞敏洪《超越生命的临界点》，载《在绝望中寻找希望》，中信出版社 2014 年版。）

马云："坚持到后天"就会看到灿烂的阳光

在马云创办的海博社网页上刊有马云语录："永不放弃！"马云虽然体格瘦弱，但意志却格外顽强。

1992 年马云成立海博翻译社。开始时经营亏损，入不敷出，他就当小商贩，靠卖小工艺品和医疗器材维持翻译社的生存。3 年后，翻译社盈利，后来发展成为杭州市最大的翻译社。

1999 年阿里巴巴成立后，马云的事业得到长足发展。2000 年后，阿里巴巴开始扩张，在中国香港、英国开设了办事处，在日本、韩国、中国台湾等地成立合资公司，在美国硅谷建立研发中心。然而，随着全球金融危机爆发，很快互联网泡沫破裂，阿里巴巴立即停止扩张，收缩战线，大幅裁员，公司经历了一次大的震荡。从 2000 年到 2005 年，马云尝尽了酸甜苦辣，他坦言他是跪着走过来的。他说："我说的跪，是指你站不住了，你给我跪在那儿，不要躺下，不要倒下……""坚持到底，就是胜利！"

"跪着"坚持，绝处逆袭，于是有了后来的"淘宝网""支付宝""双11网上购物节"，有了今日的阿里巴巴。

马云认为，能否坚持到底，关系到事业的成败。他说："今天是残酷的，明天是残酷的，后天是美好的，而他却在明天晚上死去了。要坚持到后天，后天就会看到灿烂的阳光。"（参阅陈祖芬《超级顽童马云》，载《人物》2008年第11期；赵健《马云传——永不放弃》，中国画报出版社2008年版；刘世英、彭征《马云正传》，南方出版社 2014 年版；王利芬、李翔《穿布鞋的马云》，北京联合出版公司2014年版。）

英国著名首相丘吉尔以他惯有的幽默讲他的人生3条秘诀："一，绝不放弃！二，绝不放弃！绝不放弃！三，绝不放弃！绝不放弃！绝不放弃！"这是很耐人寻味的。

从"活下来"（保全自己）到"我能行"（相信自己）、"好好干"（付诸实践）、干到底（永不言弃），这就是逆境突围的完整战略。而永不言弃是逆境突围的最后一环，没有"永不言弃"，逆境突围就没有最后完成。许多人是好的起步者，却不是有始有终的完成者，令人扼腕叹息！

只要不放弃，就永远不是失败者。

第四讲　逆境突围中的智慧与策略

逆境突围不同于战场上的厮杀，一定要拼个你死我活；它更像是一场棋逢对手、势均力敌的艰苦博弈。这不仅需要勇气，更需要智慧，讲究策略和制胜的艺术。这种智慧与策略概括起来有 7 句话：学会忍耐，学会妥协，学会包容，学会合作，学会转身，讲求信用，靠实力说话。

一、学会忍耐：韬光养晦，在隐忍中求再生

"士可杀不可辱"，人的尊严神圣不可侵犯。然而生活中偏偏要面对许许多多的屈辱。一些忠良之臣或贤能之士如孙膑、司马迁、范晔、柳宗元、苏东坡等，被当道小人和嫉妒贤能者所打击、排挤，遭受酷刑、贬官等责罚，声誉也受到损害，然而他们在屈辱面前表现出超人的智慧。

面对屈辱，固然不能逆来顺受，但也不能感情用事，贸然行动；而要运用智慧，讲究策略。在面对强敌而自己尚不具备与强敌较量的条件下，或最后决战的时机尚不成熟的情况下，不必计较一时一事的得失，更不可轻举妄动，做无谓的牺牲，否则"小不忍则乱大谋"。要善于审时度势，避开锋芒，韬光养晦，为实现未来目标而暂时隐忍。

隐忍不是目的，而是策略。特别是在对手的力量还相当强大而自己还没有足够的实力的时候，要学会暂时的规避与妥协。为了将来的进攻，做必要的退缩与防守；为顾全大局，要承受屈辱甚至付出一定的牺牲。

隐忍不是心甘情愿让人践踏和任人宰割，永远在屈辱中苟且偷生；而是在困境中保存实力，准备条件，积蓄力量，去夺取最后的胜利。

有条件、有限度地忍受屈辱是无奈之下暂时地、部分地放弃人的尊严；然而这不是要永远安于这种屈辱，而是为了从根本上捍卫自己的尊严，在将来夺回自己的尊严。

"出水才看两腿泥！"

孙膑：不以"小不忍"而"乱大谋"

战国时代，孙膑与庞涓本是好朋友，他们同在王诩（鬼谷子）门下学习兵法。孙膑的成绩优于庞涓，庞涓因此对孙膑产生嫉恨之心。

后来庞涓成为魏国大将，他设一毒计，派遣使臣将孙膑骗至魏国，然后虚构孙膑有私通齐国之罪，对他施行膑刑，剜去了孙膑的两个膝盖骨，使他成为残废。但庞涓对孙膑仍不放心，就派人监视孙膑的行踪，并蓄谋杀害他。

孙膑无辜遭此厄运后，并未沮丧绝望，而是镇静面对。他伪装疯癫，逢头垢面，哭笑无常，以此迷惑庞涓。庞涓则采取各种手段对孙膑进行虐待和折磨。他将孙膑扔进猪圈里，弄得孙膑满身猪粪。孙膑故意把猪粪塞到自己嘴里咀嚼，终于骗得庞涓对他放松了戒备。后来孙膑逃到齐国，巧用奇兵，屡建战功，成为著名军师，并著有《孙膑兵法》传世。

古人曰："小不忍则乱大谋。"如果没有孙膑当初的忍辱含垢，则也无日后的军事家孙膑。（参阅吉林省残疾人联合会编《中外残疾名人传略》，华夏出版社 1992 年版；何国山主编《中华名人百传》（一），吉林大学出版社 2009 年版。）

勾践：卧薪尝胆，终成大业

公元前 494 年，越王勾践兴兵伐吴，大败而归，被吴兵困于会稽。在危机时刻，勾践采纳大夫文种和范蠡的建议，对吴国"卑词厚礼"，卑躬屈膝，遂使两国媾和，挽救了越国的灭亡。

对于战败国越国，当时媾和的条件极为苛刻：一是勾践与其大臣范蠡要作为人质到吴国做奴仆；二是把勾践之女献给吴王，同时，还要把越国的大夫之女和士之女分别献给吴国的大夫和士；三是把越国的宝器全部作为战利品献给吴国；四是越国人民必须随从吴王征战，听从吴王的调遣。为了保住自己的性命和自己的国家，越王勾践接受了这些条件。

勾践在吴国拘禁 3 年后被放回越国。回国后，勾践立志要洗雪耻辱，再造越国。首先，他公开向人民承认自己所犯的错误，决心"施民所善，去民所恶"，兴利除弊，重新赢得了人民的信任与拥戴；其次，奖励生育，增加人口，减轻人民负担，积极发展生产，做到"府仓实，民殷众"，大大增强了国力；在外交上，越国一面用每日沉溺玩乐的假象来麻痹吴国，而暗中却与楚、齐、晋等国沟通修好，组成了反吴的统一战线；在军事上，越国打造战具，整编卒伍，恢复士气，重建了自己的军队。

为表示雪耻复国的决心，勾践特意睡在柴草上，又在起坐和睡觉的地方挂着苦胆，吃饭睡觉之前都要尝一尝胆的苦味，以激励自己不忘会稽之耻和报仇复国的斗志。这就是著名的卧薪尝胆的故事。

经过多年的准备，公元前 482 年和公元前 478 年，越国发起了两次讨吴的战争，最终灭掉了吴国，吴王夫差自杀。20 年发奋图强的勾践，终于达到了雪耻复国的目的。后来越国还成为中原霸主。需要指出的是，勾践为复国运用了一些欺诈的手段，他当霸主后又反过来欺辱吴国的臣民，此等皆不可取。

10 年生聚，10 年教训。勾践灭吴的故事对后人的启示是深刻的：当自己暂时处于劣势时，要收敛锋芒，及时退守，"时不至不可强生，事不究不可强成"。要忍受屈辱，韬光养晦，这样经过长期准备，积聚力量，等待时机，再与强敌决战，战则必胜。（参阅司马迁《史论·越王勾践世家》；《勾践》，载何国山主编《中华名人百传》（一），吉林大学出版社 2009 年版。）

忍受"胯下之辱"的韩信

帮汉刘邦打天下的大将韩信，在青少年时期家中很穷，他又不会做买卖，所以经常到熟人家讨饭吃，人们都讨厌他。他在一位亭长（乡官）家吃饭，一连吃了几个月，亭长的妻子很不耐烦。一天早上，亭长的妻子早早把饭做好吃掉，等开饭的时候，韩信去她家吃饭，她不理他，也不替他做饭。韩信自己也感到很没有面子，从此就不再登她家的门了。

韩信到城边河里钓鱼，遇到大娘们正在河边洗衣服。一位大娘看到韩信饿得慌，就把自己的饭分些给他吃，这样一直过了几十天。韩信很感激那位大娘，说："我将来一定重重地报答您老人家。"大娘却数落他说："堂堂男子汉，不能养活自己！我可怜你，才分些饭给你吃，不图你什么报答。"韩信无地自容，无言以对。

在淮阴老家，连街上卖肉的少年都瞧不起他，挖苦他说："别看你个儿长得高大，喜欢挂刀戴剑，其实是个没有出息的胆小鬼！"他还当众羞辱韩信说："你不怕死，就刺我一刀；怕死，就从我的裤裆下钻过去。"韩信无奈，真的从那少年的裤裆底下爬过去了。看到他匍匐在地上的狼狈相，满街的人都笑他怯懦无能。

后来，韩信投奔项梁领导的抗秦起义军，并没有什么大作为。项梁失败后，他又改归项羽，当一名负责警卫工作的武官。他好几次向项羽献计献策，都没有被采纳。于是，他从楚逃到汉，在刘邦麾下当一名普通的接待宾客的小官。不料他犯法当斩，滕公、萧何看他气度不凡，免他一死，并向刘邦推荐他。刘邦让他做管理粮饷的官吏，并不重视他。韩信不满，借机逃跑，被萧何追回。萧何在刘邦面前再次力荐韩信："像韩信这样杰出的人才，是普天之下也找不出第二个的。大王假若只想做汉中王，当然用不着他；假若想争夺天下，除了韩信，就再也没有可以商量大计的人了。"这样，刘邦才拜韩信为大将军。

韩信就任大将军后，对刘邦说项羽其人，纵论天下大势，并向刘邦献击败项羽、夺取天下之策。韩信深得刘邦的赏识，并立刻采纳了他的建议，重新布置了各路人马，从此开始了与项羽争夺霸权的汉楚战争。之后，韩信虏魏、破代，下燕、定齐，南摧楚兵 20 万，为刘邦立下了大功。刘邦立韩信为齐王。

刘邦与韩信分兵出击楚、魏、韩、代诸国。刘邦攻打楚国首都彭城被项羽击败。正在这危机关头，韩信派兵与刘邦的残部汇合，打了一个胜仗，从而阻挡了楚军的攻势，挽救了刘邦的败局。

汉高帝五年（公元前 202 年）10 月，刘邦追击项羽于阳夏，约韩信会师固陵共击楚军，围项羽于垓下，逼项羽乌江自刎。至此，韩信助刘邦完成了霸业。这时刘邦开始怀疑韩信篡位，夺其兵权，故改立韩信为楚王，迁都下邳。

韩信回到下邳，找来过去送他饭食的洗衣大娘，赐给她千金；又找到曾给过他饭吃的亭长，但由于亭长和他的老婆做好事不彻底，所以只赏他百钱。韩信又把过去曾让他从胯下钻过去的卖肉少年找来，捐弃前嫌，封他为掌管巡城捕盗的官。

韩信"其志与众异"。一生中他蒙受过许多屈辱，但他不为一时的被羞辱而感情用事，所以最后他能干出轰轰烈烈的大事业。

有时弯下腰，是为了换一个可以昂头的机会；暂时的低头弯腰也是一种生存智慧。（参阅司马迁《史记·淮阴侯列传》；《韩信》，载何国山主编《中华名人百传》（二），吉林大学出版社 2009 年版。）

二、学会妥协：必要的妥协，是退一步进两步

双方恶斗，各不相让，往往两败俱伤；而各方割舍和让出一些局部利益，这样才能求同存异，求大同存小异，边求同边化异，最后达到共生共赢的目的。

纳尔逊·曼德拉：既斗争又妥协的伟大政治家

南非从武装斗争到和平谈判，从白人统治到黑人掌权，从仇恨到和解，斗争双方通过妥协达到共赢，这是一种理性的和明智的选择。

南非实行种族隔离制度近百年，黑人没有生存权、教育权、选举权、发言权，甚至失去起码的人身自由。黑人不能涉足白人商店、餐馆、娱乐场所，不能和白人同乘公共汽车。黑人遭遇任意的逮捕、殴打和屠杀。这种非人道的、残酷的制度不能再继续下去了。

曼德拉领导的南非非洲人国民大会为反对南非白人的种族隔离政策，在 20 世纪 40 年代至 60 年代开展了游行示威、工人罢工等反抗运动。后来，随着矛盾的激化，非国大于 1961 年建立了秘密军事组织"民族之矛"，开始武装斗争，这曾给予南非统治者很大震慑，但并未取得理想的结果。非国大本身反而遭受重大损失，许多领袖人物被捕入狱。曼德拉身陷囹圄长达 27 年之久。

在罗本岛囚室中的曼德拉冷静反思非国大所走过的"漫漫自由路"。他发现暴力抗争了二十多年，非国大没有推翻政府，种族隔离政策依然存在，"一人一票"举行全国大选的奋斗目标遥遥无期。他感到，在南非这样一个白人统治达四百多年的社会，靠武装斗争夺取政权不仅代价太大，而且难以在短期内取胜，于是他尝试通过谈判解决南非问题。在战争与革命的年代开展武装斗争，在和平与发展的年代开展谈判，要顺应这一新的历史潮流。1985 年，在罗本岛的监

狱中，曼德拉与白人当局开始秘密谈判，从而拉开了新时代的序幕。

在世界舆论的压力下，南非政府多次表示愿意释放曼德拉，条件是他同意放弃武装斗争。非国大则说服组织内的激进派，放弃武装斗争战线。这样双方有了妥协的基础。

1989 年，南非新总统德克勒克实行政治改革，放弃党禁，释放政治犯，废除紧急状态法，取消了 300 多条种族隔离法，答应让黑人参与南非政治事务，逐步实现政治平等。1990 年，曼德拉获释。

1991 年，非国大与白人政府开始第一次正式谈判。非国大提出，在"一人一票"的基础上，建立与少数党的权力分享机制。

1993 年，白人做最后的让步，同意"一人一票"，而非国大则同意白人的经济利益全部保留。同一年，双方达成协议，并通过了南非新宪法，黑人获得"一人一票"的选举权。

1994 年，南非举行总统选举，曼德拉当选南非历史上第一位黑人总统。从此，白人少数人的统治宣告结束，黑人真正成为南非的主人。

非国大和白人政府互相承认和尊重对方，互相照顾对方的利益，为此互相让步，最终实现了妥协，这一妥协为实行彻底的民族和解奠定了基础，这也是维护和巩固妥协成果的体现。妥协不仅是一种政治博弈的策略与手段，而且应成为一种处理各种矛盾的政治文化。

当 1990 年 2 月 11 日曼德拉被无条件释放获得自由时，他说："当我走出囚室，迈向通往自由的监狱大门时，我已经清楚，自己若不能把悲痛与怨恨留在身后，那么我仍在狱中。"曼德拉深刻认识到，种族隔离制度的消亡，不是征程的最后一步，只是迈步走上一条更加漫长崎岖的道路。

非国大是胜利者、执政者，但必须尊重少数人的政治权利与经济利益。白人只占 10%，但他们为南非的发展做出过贡献，为南非建设了世界一流的基础设施。他们有文化，有技术，会管理，是建设新南非的重要力量。所以，以曼德拉为首的非国大把白人看作合法居民，而不是殖民者。他们恳请白人留下。他们维护白人的富有，保证他们安居乐业。曼德拉说："自由不仅仅是摆脱锁链，而是以尊重和促进他人自由的方式生活下去。"

非国大执政之初，正当外界担心一场复仇不可避免的时候，曼德拉选择用宽容与和解征服世界。他告诉一些激进的黑人组织，现在不是把白人赶入大海，而是把你们的武器扔进大海。

1994 年 5 月 10 日，曼德拉就职总统，他特别邀请曾在罗本岛上虐待过他的三名看守参加他的就职仪式。他要向世人表明，他决心要凝聚各种力量，将白人和黑人团结起来，建设一个"彩虹之国"的新南非。

1995 年，南非颁布《促进民族团结与和解法》，成立"真相与和解委员会"。"和解委员会"一方面让在种族隔离期间受到关押、拷打、虐待的黑人倾诉自己所遭受的苦难，受害者得到平反；同时又宣布：只要那些在旧制度下犯罪的人坦白自己所有的罪行，并真诚地请求宽恕，他们将得到赦免。曼德拉在一个充满仇恨、严重分裂的国家，选择了全民和解的没有流血的"救赎"之路。

1995 年，曼德拉为南非争取到了橄榄球世界杯的主办权。以白人为主力的南非"跳羚队"在约翰内斯堡参加决赛时，曼德拉身着"跳羚队"球衣球帽出现，白人观众开始呼喊："纳尔逊！纳尔逊！"

曼德拉意识到，自己不仅是属于非国大的，而且是属于全南非的。他说："在那漫长而孤独的岁月中，我对自己的人民获得自由的渴望变成了一种对所有人，包括白人和黑人都获得自由的渴望。"

曼德拉所以在南非取得完胜，一是天时（民族独立运动席卷世界，1963 年马丁·路德·金领导"自由进军"运动为美国黑人争取人权，1964 年美国国会通过种族平等的《民权法案》）；二是地利（非洲大陆觉醒，民族解放斗争风起云涌，国际上对南非的经济制裁和舆论压力使南非当局陷入困境）；三是人和。

所谓人和，主要是参与和平与和解进程的两个主要人物——非国大领导人曼德拉和南非新总统德克勒克都是有仁爱之心的人。

曼德拉出身于酋长家庭，后来又当过律师，所以他知书达理，文质彬彬，有一种绅士风度；德克勒克是一位正直、理性、温和的政治家，他能审时度势，知善而进。所以，二人能携手合作，完成终结南非种族隔离制度，开创南非新纪元的伟业。1993 年，曼德拉与德克勒克一起获得诺贝尔和平奖。

1997 年 12 月，曼德拉辞去非国大主席一职，并表示不再参加 1999 年的总统竞选。1999 年卸任总统后，他致力于社会公益事业，从不干政。他一再提醒自己，不要从反对专制和暴政的斗士，沦为迷恋权力的专制者。

2009 年，联合国做出决议，定每年的 7 月 18 日（曼德拉的生日）为"国际纳尔逊·曼德拉日"。联合国秘书长潘基文称赞曼德拉是"全球公民"的典范。他说："曼德拉的一生，他的力量，以及他的宽容，是世人学习的榜样。"（参阅保罗·泰勒《圣人与歌吟者——曼德拉的神话》，载《参考消息》1994 年 3 月 18 日至 3 月 25 日；张远《曼德拉：一生奉献的斗士》，载《今晚报》2013 年 12 月 6 日；周琼瑗、高诗朦《最著名的囚徒》，载《博客天下》2013 年 7 月 15 日。）

三、学会包容：少树敌，多交友，化敌为友

"一个朋友太少，一个敌人太多"，这应该是逆境突围中应遵循的重要理念和取胜之道。

金大中的包容与"阳光政策"

用"历尽坎坷"这个成语来概括金大中的一生是最恰当不过的。

1954 年，30 岁的金大中第一次参加议员选举就遭受了失败。1959 年，他再度竞选议员，再度落败。1960 年，他的第一位夫人去世，精神上又受到沉重打击。

1961 年 5 月，金大中竞选议员成功，然而当选刚三天后的 5 月 16 日，就发生了军事政变，朴正熙解散国会，金大中被剥夺议员资格。

1963 年，金大中终于当选为国会议员，开始进入政治舞台中央。从 1971 年起，金大中开始竞选总统，失败后遭到政敌朴正熙的残酷打击。1973 年 8 月，韩国情报部门的特工在东京一家饭店绑架了流亡日本的金大中，把他押回国内软禁。

1979 年 10 月，朴正熙遇刺。1980 年，新军部的军人上台，指控金大中幕后操纵了学生运动，将金大中判处死刑。后来在国际舆论压力下，当局把死刑减为无期徒刑，后又改为有期徒刑 20 年。1982 年，金大中获释，被迫流亡美国，直到 1985 年才得以回国。

1987 年，民主化运动分裂，金大中与金泳三分道扬镳。金大中自创和

平民主党，参加 1992 年的总统竞选，结果输给了对手金泳三。1995 年，金大中重返政坛，1997 年，他竞选总统成功。这只政坛"不死鸟"终于飞进了青瓦台总统府。1998 年 2 月，金大中宣誓就职第 15 届韩国总统，从真正意义上宣告了韩国军事独裁政权的结束和民主政治的开始。

金大中执政后，对昔日的政敌不仅不进行报复，反而宽大、宽容，化解仇恨，握手言和。

在金大中就职总统的典礼上，几位前总统悉数被列为特邀嘉宾。

前总统朴正熙曾对金大中残酷打击，然而，金大中对这位政敌却并未全面否定，对他的经济政绩仍予以客观评价。

全斗焕曾以"阴谋内乱罪"判处金大中死刑，而金大中则特赦了因腐败而被判刑的前总统全斗焕和卢泰愚。

更重要的是，金大中执政后，他对朝鲜推行"阳光政策"，主张包容与和解，缓和了南北的紧张关系。2000 年 5 月，金大中亲自前往朝鲜，与朝鲜最高领导人金正日举行朝鲜半岛近半个世纪以来的第一次首脑会晤，金大中因此获得诺贝尔和平奖。

2009 年 8 月 18 日，金大中因病去世，全国为之悲痛。生前，金大中不同意修复他家乡的旧居，所以至今他的旧居处仍是一片空地，长满野草。空地边上竖着一块木牌，上面写着"此地是金大中总统的出生地"。这是人们对这位慈祥老人的永久怀念。

既要分清敌友，更要有本事少树敌，多交友，运用智慧和策略，化敌为伴，化敌为友，这样才能最终破解围追堵截，实现逆境的胜利突围。（参阅姬新龙、班威《政坛"不死鸟"，半岛洒"阳光"》，载《每日新报》2009年 8 月 19 日；陈君《别忘金大中的宽容》，载《今晚报》2009 年 8 月 19 日。）

四、学会合作：要有齐心协力的"合伙人"

"新东方"的三个合伙人

1991 年，"新东方"还是一个普通的民办教育机构；2001 年，新东方教育科技集团成立，每年培训 200 多万学生；2006 年，"新东方"在美国纽约证交所上市，并成为最好的上市公司之一。这一切成就都源于三个合伙人：俞敏洪、徐小平、王强。三个都是北大人，又有共同的理想和超常的默契，所以他们成功了。

在合伙中，他们本着"真诚、关怀、倾听、谅解"的八字箴言，妥善地处理好了利益、权力、人情的复杂关系，使企业得以顺利发展。

首先，主要负责人不以领导者的身份去指挥他人，而是以请教者和学生的身份，即用一种谦卑的态度去接近与团结他人。这样的人才"有能力把一帮人聚集起来一起把一件事做好"。

其次是明确分工，每人承包一块，各负其责，又互相配合；那些容不下身边任何一个人的人，最后只能被裁减和驱逐。

第二是不靠人情，而是以规则、制度管理内部，这样才能避免人情与利益的无休止纠缠。

第四是分享，不能独占。"当我们只知道独占时，我们已经失去了整个世界。"

一个团结的、有效率的、合伙持久的企业团队就是这样建立起来的。他们为事业吵吵闹闹，又为友谊而抱头痛哭。他们不是酒肉朋友，而是莫逆之交。平日里如兄如弟，关键时刻能拔刀相助。他们有"桃园三结义"的传统美德，又有科学严谨的契约精神。这是现代的"中国合伙人"。（参阅《从〈三国演义〉到"中国合伙人"》，载《在绝望中寻找希望》，中信出版社 2014 年版。）

阿里巴巴的强大团队

干大事必须要有一批人，单枪匹马干不了大事。要成就一番事业，必须有一个理想的团队（合伙人）。

马云的阿里巴巴从开始的五人小组发展为一个庞大的在许多国家与地区有分部的国际大公司，就是靠它有一个强大凝聚力和高效率的团队。

1999 年阿里巴巴成立。在成立大会上，马云对自己手下的成员说："从现在起，我们要做一件伟大的事情，我们的 B2B 将为互联网服务模式带来一次革命！"这是阿里巴巴的一次总动员，也是一次宣誓。伟大的理想激励也约束着阿里巴巴这 18 个创业者，团结一心，努力拼搏。

自筹资金 50 万，每个人都倾囊捐助。没有像样的办公楼，他们就将公司设在马云在当大学教师时买的一间 150 平方米的住宅里，地上到处都铺开床铺。每天工作 17～18 个小时，没有一个人叫苦。50 万元资金很快用完了，连员工的工资都发不出来了，没有一声埋怨。就这样，18 个人都坚持下来了。

马云在公司成立之初，把 18 人都作为创始人（许多是他的学生），他将很大一部分股权让给了创业团队。马云的胸怀是开放的，与人分享的，所以人们都真心佩服他。在马云的领导下，团队相当有凝聚力，被人称为"梦之队"。

这个"梦之队"不断吸引人来加盟。阿里巴巴成立的第二年，马云拉来雅虎搜索引擎的发明人吴炯做首席技术官，他将电子商务与搜索中的竞价排名相结合，帮助阿里巴巴找到了"信息不对称"变现的最佳商业模式。

瑞典一家公司风险投资部亚洲部总裁蔡崇信，放弃百万美元的年薪加入了月薪 500 元人民币的阿里巴巴。蔡崇信精通法律和财务，熟知国际惯例，他使阿里巴巴开始真正的规范化运作，并为阿里巴巴与国际化大公司的合作提供了方便。

马云说："合伙人制度就是让一群有头脑的人来控制企业，让企业保持创造力。"（参阅王利芬、李翔《穿布鞋的马云》，北京联合出版公司 2014 年版。）

五、学会转身：适时转身、迂回，不要一条道走到黑

柳宗元：失之东隅，得之桑榆

柳宗元，唐代大文学家、哲学家。柳宗元聪颖过人，少年得志。他后来从政，加入了王叔文的政治集团。公元 805 年，王叔文改革失败，柳宗元受牵连遭贬逐，到永州（今湖南零陵）做司马。他名为官吏，实为罪犯，先是携老母寄居寺庙，后来又不断被迫迁居。他刚开始有些失魂落魄，头也不梳，脸也不洗，浑身泥垢，十分狼狈。9 年后，他又奉命到更为边远的广西柳州做刺史，4 年后病死在任上。

政坛上的失意，对于本是文人和知识分子的柳宗元来讲是坏事更是好事。在被贬谪的 10 多年中，他有充分的时间研读古代文化典籍，在哲学、文化、历史等领域进行冷静的思考和深入探讨，从而写出了一系列哲学论文与政论，如《天说》《天对》《封建论》《断刑论》《非国语》等。这些论著由于表达了朴素的唯物主义思想和进步的社会历史观而在中国哲学史、思想史上占有重要的地位。

也正是政治上受挫的这一时期，使柳宗元有更多的机会去接近底层人民，进一步了解人民的疾苦，对社会有了更深的认识，使他在文学上取得了辉煌的成就。他创作的寓言（《三戒》等）、人物传（《梓人传》《种树郭橐驼传》《蝜蝂传》《捕蛇者说》等）、山水游记（《永州八记》等）、骚赋（《吊屈原文》《惩咎》《闵生》《梦归》等）等，许多作品已成为中国文学的经典。另外，他与韩愈一起倡导古文运动和他对唐中晚期文学新人的培养方面也建树了不可磨灭的功绩。

柳宗元仅活了 46 岁。他"材不为世用，道不行于时"，且"卒死于穷裔"；然而在逆境中他没有就此颓丧沉沦，而是在新的环境中发挥自己的优长，读书写作，终于成为唐宋八大家之一。此所谓失之东隅，得之桑榆也。（参阅郭良玉《文学家柳宗元》，载段景轩《中国古代名人传》，黑龙江人民出版社 1986 年版；《柳宗元》载何国山主编《中华名人百传》，吉林大学出版社 2009 年版。）

苏东坡：仕途受挫，文学突围

宋代大文学家、书画家苏东坡，青少年时期即显示出出众的才华，他"奋厉有当世志"，"学通经史，属文日数千言"。他著作浩繁，其诗、词、赋、碑传、游记以及进策、史论等，在中国思想界、文学界、史学界均有重要和广泛的影响。

然而苏东坡却一生坎坷。他踏入仕途之后，由于同当时的政见不合而屡遭贬抑。苏东坡的性格表里澄澈，刚直不阿，讲究风节操守，忠奸善恶、黑白分明，不圆滑、不盲从、不徇私，故常遭小人嫉恨，不论新党、旧党，他都不讨好。他从政 40 年，历尽了曲折与沉浮。其中，对他打击最大的就是"乌台诗案"。他的人生磨难也是从此开始的。

宋初设置谏官，规谏朝政得失，举荐百官任用，权力极大。实际上，谏官是皇帝监视各级官员的耳目喉舌，而充任谏官的，又多是凶狠奸诈，不学无术的势利之徒。许多祸乱来自谏官。

元丰二年（公元 1079 年），当时的谏官舒亶、何正臣、李定、王圭几个人，出于对苏东坡才能的嫉妒，联合起来向苏东坡发难。先是舒亶、何正臣上书神宗皇帝，揭发苏东坡到湖州上任后给皇帝的感谢信中"有讥切时事之言"，"指斥乘舆""包藏祸心"，而且造谣说：对于苏的反上言行，在民间已"争相传诵"，达到"忠义之士，无不愤惋"的程度。李定更是妒火中烧，对苏东坡极尽贬损之能事，说他"初无学术，滥得时名"，"所为文辞，虽不中理，亦是鼓动流俗"。才能平庸的老朽之人王圭则阴险地指控"苏东坡对皇上确有二心"。后来，李宜之、沈括也加入了围攻苏东坡的行列。这样就形成了一种对苏东坡极为不利的舆论。连本来对苏东坡极为欣赏、信任的神宗皇帝也心生疑惑，下旨让李定等人去查个清楚。

1079 年 7 月 28 日，苏东坡在湖州被朝廷派来的差官逮捕。一群小人竟然扳倒了一位伟人。"小人牵着大师，大师牵着历史。小人顺手把绳索重重一抖，于是大师和历史全都成了罪孽的化身。"（参阅余秋雨《苏东坡突围》，载《山居笔记》，文汇出版社 2002 年版。）

接着是审问、拷打、逼供。苏东坡难以忍受，他想到了死。后来皇帝发了慈悲之心，将苏东坡释放，贬谪黄州。

在黄州，苏东坡"深自闭塞，扁舟草履，放浪山水间，与樵渔杂处"，几乎为亲友所遗忘。然而苏东坡却能豁然自处。他表示："吾侪虽老且穷，而道理贯心肝，忠义填骨髓，直须谈笑于死生之际。……虽怀坎壈（困顿、不得志）于时，遇事有可尊主泽民者，便忘躯为之，祸福得丧，付于造物。"

厄运使苏东坡对历史的变幻、人世的善恶、人生的成败、个人的命运有了更为清醒的认识。他在逆境中变得更成熟了。正如余秋雨所说，苏东坡"成熟于一场灾难之后，成熟于灭寂后的再生，成熟于穷乡僻壤，成熟于几乎没有人在他身边的时刻"。也正是这位成熟后的苏东坡创作出了《赤壁怀古》及前后《赤壁赋》等不朽篇章，实现了他人生中的一次成功突围。他像冲出三峡的滔滔江水，向大海奔腾而去，却把一群卑劣的小人甩在了身后！（参阅《苏轼》，载何国山主编《中华名人百传》，吉林大学出版社

2009 年版。）

王蒙的两次成功转身

　　1957 年，王蒙因小说《组织部新来的青年人》而被错划为"反党反社会主义的右派分子"，下放北京郊区劳动改造。1962 年，他被调到北京师范学校中文系现代文学教研室当教师。1963 年，王蒙做出了一个大胆的、在当时文艺界绝无仅有的决定：主动要求去边疆。这个要求被批准。于是，王蒙全家于 1963 年底迁到乌鲁木齐。1965 年，王蒙又从乌鲁木齐下到伊犁地区的巴彦岱公社当农民，兼任生产大队副队长，一干就是 6 年。王蒙在谈到这样一个使家人和他人都感到意外的举动的原因时说：一是为了换个环境，二是不想教书而想搞创作，三是改造思想。现在看来他走这一步是面对逆境的一种明智选择。对于王蒙这样一位具有坚定的政治信仰与人生理想的"少年布尔什维克"来说，在厄运突然而至的情况下，他一不会绝望自杀，二不会堕落沉沦，三不会苟且偷生。他要躲开北京这个"台风"中心，脱离学校这个沉闷的环境，到一个更广阔、更自由、更宽松的地方去，以保存并发展自己。后来的生活证明，王蒙的这条新路是走对了。

　　从 1963 年至 1979 年王蒙在新疆的这 16 年，他沉到了社会生活的最底层，同农牧民生活劳动在一起，在劳动人民的呵护和滋养下，他没有受到一系列政治运动的伤害，也没有受到"文化大革命"的冲击。在这个时期，王蒙一面回顾自己所走过的人生之路，痛苦思索；一面深入生活，积累素材，为日后的重返文坛准备了充分的条件。正如他自己所说："故国八千里（指从北京到新疆的距离），风云三十年（指新中国成立后的 1949～1979 年这 30 年），我如今的起点在这里……我无时不在想着、忆着、哭着、笑着这八千里和三十年，我的小说的支点正是在这里。"

　　王蒙说，他在新疆的 16 年既没有发疯也没有自杀，是得益于自己的"不可救药的乐观主义"。他把苦难当作了良机："逆境时，被晾到一边时，'不可接触'时，'不准革命'时，正是不受干扰地求学的良机、沉思的良机、总结经验教训的良机，是严格地清醒地审视自己、反省自身、解剖自身的良机，是补充自己、壮大自身，使自身成长、使自身更新的良机，是学大知识、获大本领、得大彻大悟的最好契机。"他还说："善于在一切逆境中学习，通过学习发展和壮大自己，憧憬着准备着未来，为最后的不仅是精神而且是全面的胜利打下基础。这样的学习同时也是对于制造苦难、制造不义、嫉贤妒能、动不动欲置人于死地的坏人的最好回答。"

王蒙承认自己"非常政治"，但他又明确表示："我非常文学。"他说："我从来没有去追求过、真正感兴趣过、哪怕是一星半点的'仕途'。"1989年9月，王蒙辞去了文化部长的职务，全身心地投入到文学创作与学术研究中去。这是他一生中又一次的明智选择。辞职后至今的20多年来，王蒙在积极参与国内、国际的文学、文化及学术交流活动的同时，陆续创作出版了《恋爱的季节》《失态的季节》《踌躇的季节》《狂欢的季节》《青狐》《尴尬风流》《明年我将衰老》等小说；自述、自传著作《王蒙自述：我的人生哲学》《王蒙八十自述》《一辈子的活法》及"我的自传"《半生多事》《大块文章》《九命七羊》等；学术著作《红楼启示录》《王蒙的红楼梦》《老子的帮助》《庄子的享受》《庄子的奔腾》《庄子的快活》等；时政论著《中国天机》等。这些作品、著作都在文学界及思想文化界产生过很大反响。中国少了一个文化部长，然而却多了一位有世界影响的文坛巨匠和思想大家。

当一条生活道路走不通时，要及时改换另一条道路，换另一种走法、另一种活法，迂回一下再往前走，不要一条道走到黑。这正是王蒙的生活智慧。

"条条道路通罗马"，"天无绝人之路"。东边堵了，我走西边；此路不通，就再换一条路；直着走不了，就转个弯子继续走。要学会适时转身、迂回，不要一条道走到黑。（参阅王蒙《王蒙自述：我的人生哲学》，人民文学出版社2003年版；王蒙《王蒙自传（第一部）：半生多事》，花城出版社2006年版。）

六、讲求信用：坚守立人、立业之本

做人从诚信开始，"新东方"CEO俞敏洪在谈到人的五种素质时，将诚恳与诚信排在首位。

太平轮：欠债一定要还清

1949 年 1 月 27 日，由中联公司租用的客轮太平轮在舟山群岛的白节山附近与货船建元轮相撞，船上 932 人遇难。遇难者家属向中联公司索赔，而公司无力支付赔偿，面临破产。当时，公司的几个合伙人纷纷出走台湾和香港，只剩下了周庆云一人在支撑公司的破烂摊子。

面对着遇难者家属的愤怒与逼债，周庆云只好自己一个人出来应付局面。他将家里存有的四五根"大黄鱼"（10 两黄金的专称）和 70 到 80 根"小黄鱼"（1 两黄金的专称）以及全家人身上的金银首饰统统卖掉，又卖掉了他的张园住宅和汽车，所得的钱除支付保姆和司机的工资外，全部用来赔偿了遇难者家属。

到 1949 年 5 月 27 日上海解放时，赔偿只履行了七八成。这时，周庆云已失去全部生活来源，靠借钱度日。周无力归还，时间久了，再也没人愿意借钱给他。为一家人的生活，周庆云的妻子一直在偷偷卖血。她拿到几十元的营养费后，会给家人改善一下伙食，谎说钱是从亲戚家借来的。

1957 年，几个遇难者家属打听到周庆云的住址，找上门来索要未兑现的赔偿。无奈，他将家中新添的唯一一件家具五斗橱变卖，同时，与厂的公方代表商量，提前支取了 3 个月的工资，凑了 500 元给了这几个家属。

1959 年 1 月，周庆云突发脑溢血病逝。1975 年，他的妻子也去世了。妻子去世前对孩子们说："希望你们一定要把债还清。"孩子们答应了。

此后，子女们每月领到工资，就照着父母的借款账单，满上海跑，给人家还钱。有的人根本不记得借钱的事，说不需要还了，但他们总是坚持让对方收下。每还掉一笔债，他们都请对方写一张收据。6 年后，欠款全部还清。1982 年清明节，兄妹几人将账本和所有收据在父母坟前焚化。

本来债务是公司的，然而公司破产，合伙人如鸟兽散，周庆云却一个人出来担当；即使卖了自己的住宅、汽车、金条、首饰，甚至穷得卖血，也要还清债务；自己还不完，让子女接着还。周庆云和他全家 33 年（1/3 世纪）的辛酸与血泪，只是为了一个"信"字，为了兑现一个承诺。这是一颗普通人都应该有而实际上却奇缺的良心，这是一颗伟大的中国人的良心！

人无信不立

"小龙女"龚海燕，2003 年她买服务器要花上万元，而手中只有做家教时积攒下的几百元钱。"小龙女"跟一个叫"渔夫"的网站借钱，连生活费和服务费一共 8 万元。当时"渔夫"负责人在杭州开了一家软件公司，每年赚几十万。他要了"小龙女"的银行卡号，转天把 8 万元汇到了"小龙女"的账号上。之后他把这件事忘了。

后来"小龙女"龚海燕经营的"世纪佳缘婚恋网站"，有了大的发展，不断有新的投资商投给"小龙女"，而"小龙女"坚持要求投资商把"渔夫"的 8 万元折算成股份。2011 年 5 月 11 日，"世纪佳缘"在纳斯达克上市，"小龙女"找到"渔夫"，邀请他当敲钟嘉宾。"渔夫"说："没事儿，当时 8 万块钱就是想送你的。""小龙女"还了当年的 8 万元，按照当时"世纪佳缘"的 IPO 价格，8 万元变为 8000 万元。诚信，这是创业精神中最主要的基因，这是一张取之不尽、用之不竭的人生信用卡。

做企业以诚信立足。20 世纪 80 年代，王健林的万达集团在沈阳万达广场建了一条城市步行街，曾许诺说：步行街的商户都会有较高的回报率。可事实上，仅有 3%～5% 的商户有回报率，而且绝大部分商户回报率很低，有的颗粒无收。为此，商户与万达集团打起了官司。万达集团为挽回商户的损失，先后采用在步行街增加电扶梯、小商品经营改批发等措施，折腾了三四年均以失败告终。最后万达集团决定炸掉大楼，彻底解决，原先出售楼房时收取的商户的钱全部还给商户。卖出时 6.1 亿元，返还时 10 亿元，万达亏损 4 个亿。

领钱的时候很多人都流下了眼泪，他们说："万达确实是一个负责任的企业。"有几十户业主的钱不领了，说："我就把钱放在这儿。你们不是还要开发另一个项目吗？直接买你另外那个项目。"

10 个亿的现金赔偿，再加上炸掉、拆平步行街的工程成本共 15～16 个亿。万达集团损失的是金钱，获得的是客户的信用、信任，这是几十亿、几百亿元都难买到的企业发展的根基。（参阅王健林《再坚持一会儿》，载《开讲啦》（一），浙江大学出版社 2014 年版；汪再兴、杨林、费旻旻《政商丛林》，知识出版社 2014 年版。）

七、实力说话：用实力洗刷耻辱，才能最终实现人格尊严

有大志者，不计较一时一事的得失，而是高瞻远瞩，为实现自己的梦想，维护自己的尊严默默奋斗，打造自己的事业瑰宝。

司马迁含垢写《史记》

公元前 99 年，司马迁 46 岁，正是他继承父职，任太史令并开始撰写《史记》不久，突遭"李陵之祸"。汉朝名将李陵，率兵与匈奴激战，因寡不敌众，战败降敌，朝中有人趁机攻击李陵。司马迁与李陵虽无深交，但敬佩其战功与品德，在汉武帝面前为李陵辩护，并指出李陵投降匈奴，本非所愿，有援兵不至的客观原因。当时负责支援李陵的是汉武帝爱妃的长兄李广利。而司马迁竟敢指责国戚李广利，引起汉武帝勃然大怒，当即将司马迁治罪下狱。一年后，传闻李陵在匈奴被委以重任，武帝下令抄斩其家，同时将司马迁定为"诬罔主上"死罪。按照汉朝的刑法，要想不死，或用 50 万钱赎罪，或实行宫刑（阉割生殖器）。司马迁家境贫寒，无钱赎罪，只得接受宫刑。古人把宫刑视为殄灭不育之刑，不仅为"乡党戮笑"，而且"污辱先人"，无颜上"父母之丘墓"，乃奇耻大辱。

面对所蒙受的奇耻大辱，司马迁一度曾想自杀。但他从许多仁人志士的事迹中受到启发和鼓励。他在《报任安书》中写道："西伯拘而演《周易》；仲尼厄而作《春秋》；屈原放逐，乃赋《离骚》；左丘失明，厥有《国语》；孙子膑脚，《兵法》修列；不韦迁蜀，世传《吕览》；韩非囚秦，《说难》《孤愤》。《诗》三百篇，大底贤圣发愤之所为作也。"因此，司马迁想学习先贤，为人生大目标，暂且"隐忍苟活"，集中精力写好《史记》，"藏之名山，传之其人，通邑大都，则仆偿前辱之责，虽万被戮，岂有悔哉！"

从此，司马迁"就极刑而无愠色"，埋头于《史记》的创作。经过数年的奋斗，终于撰写出了"究天人之际，通今古之变，成一家之言"的空前巨著《史记》。《史记》所载上下三千年历史，内含本纪、世家、列传、世表、年表等共 130 篇，526500 字，是中国第一部百科全书式的通史著作，被鲁迅称作"史家之绝唱，无韵之离骚"。在《史记》中，饱含着司马迁的

屈辱与眼泪，然而他的生命价值也得到了最充分的实现。（参阅司马迁《报任少卿书》，载曹道衡编选《汉魏六朝文精选》，江苏古籍出版社 1994 年版；《司马迁——垂范千古的一代宗师》，载吉林省残疾人联合会编《中外残疾名人传略》，华厦出版社 1992 年版；《司马迁》，载何国山主编《中华名人百传》（四），吉林大学出版社 2009 年版。）

范晔发愤著《后汉书》

范晔是南北朝时期宋朝人，《后汉书》的作者。范晔是妾所生的庶子，而且是生在厕所里，前额被砖头磕伤，故绰号叫"砖"。范晔长相丑陋，"不满七尺，肥黑，秃眉须"，在家人中受到歧视。嫡兄范晏嫉妒他，骂他说："此儿近利，终破我家。"他父亲也不喜欢他，把他过继给兄嫂。

范晔在眼泪与屈辱中度过了幼年与少年时期。他发奋读书，以排解压抑在胸中的痛苦。他的学业进步很快，成绩斐然，"博涉经史，善为文章，能隶书，晓音律"，还能谱写新曲，弹一手好琵琶。

范晔性格倔强，不趋炎附势，因此受到了朝臣的嫉恨和排挤，被贬为宣城太守。范晔到宣城，摆脱了京畿的烦嚣与皇城中的倾轧，反而有更多的精力与时间从事写作。通过 10 余年的努力，范晔撰写出了 80 卷的《后汉书》。范晔的《后汉书》吸收了众多史书的优长，创"党锢""宦者""文苑""独行""方术""逸民""列女"等 7 个新类传，自成一家。他既重史实，更重史论，通今古之变，正一代得失。《后汉书》一出，其他类似的著作逐渐销声匿迹。人们把《史记》《汉书》《三国志》《后汉书》并称"四史"，永载史册。

后来范晔被人利用，拥彭城王刘义康（皇帝刘义隆之兄）为帝，反对皇帝，被人出卖，事败后被捕入狱，后被杀，死时才 48 岁。

孙犁对范晔的一生颇有感慨。他在《读〈宋书·范晔传〉》中说："文士有官才，和他们的文才，常常成反比。"有的文士做官，"偶然一试，感受到官场的矛盾、烦扰、痛苦，知难而退，重操旧业，仍不失为文士；有的人却深深陷入，不能自拔，蹉跎一生，宦文两失"。（参阅曹文柱《〈后汉书〉作者范晔》，载何兹全主编《中外年轻有为历史名人200个》，河南人民出版社 1985 年版。）

米开朗基罗：靠超人才华捍卫了自己的人格与尊严

米开朗基罗是一位千古一人的艺术巨匠。然而在他的伟大与荣耀的背后却是不尽的屈辱与苦难。

米开朗基罗具有像他雕塑用的石头那样坚硬与刚强的性格。他在厄运面前从不低头，而是默默地奋斗，用创作的一件件惊世骇俗的作品，用让所有的人都为之惊叹、为之折服的艺术实力，改变屈辱与苦难的命运。

米开朗基罗 1475 年出生于意大利的卡普莱斯小镇。6 岁时母亲去世。父亲性格暴戾，米开朗基罗经常遭到父亲的打骂。爱的缺失反而培育了米开朗基罗倔强、执着的个性。

米开朗基罗从小喜爱画画。13 岁时，他违背父亲的意愿到基兰达约的画室去学习绘画。在画室，他的老师基兰达约嫉妒自己的学生米开朗基罗的才智超过他，所以常常刁难他，打击他。这件事使米开朗基罗对周围人更缺乏信任感，使他的心灵更加封闭和孤傲，做什么事都不肯让别人参与，常常是独立而为。

后来他跟随老雕塑家伯尔托尔多·迪乔瓦尼学习雕塑，从此走上从事雕塑艺术的道路。1499 年，他为罗马的圣彼得大教堂创作了雕塑《哀悼基督》，震惊了整个罗马城。人们不相信这一作品是出自一位 24 岁的年轻人之手。为此，米开朗基罗不得不在圣母衣带上刻下自己的名字，以正视听。

1502 年，米开朗基罗在佛罗伦萨完成了《大卫》的雕像，这个英雄形象与米开朗基罗的名字一起永载艺术史册。

1505 年，罗马教皇尤利乌斯二世要米开朗基罗为他修建一座举世无双的陵墓。工程刚刚开始就遇到建筑师布拉曼特和画家拉斐尔的掣肘。这两个人既是同乡，又是密友。他们对于米开朗基罗独享教皇的恩宠心怀嫉妒，于是向教皇进谗言，使教皇逐渐冷淡疏远了米开朗基罗，不仅停止了给米开朗基罗拨款，而且改变了计划，暂缓修建陵墓而改为修造圣彼得大教堂，并任命布拉曼特担任总建筑师，拉斐尔则为梵蒂冈绘制壁画。

正在采石场为建筑陵墓选购石料的米开朗基罗听到这一消息十分恼火。他一次次地找教皇，但教皇始终不见他，最后竟将他逐出梵蒂冈宫。

遭受如此的奇耻大辱，米开朗基罗不能遏制自己的愤怒，就给教皇写了一张便条："圣父：我今天早上由于你的命令而被逐出宫廷，我因此通知你：自今日起，如果你再需要我的话，你只能到罗马以外的地方去寻找了。"从此，他拂袖而去。

为挽留米开朗基罗，教皇尤利乌斯二世派骑兵去追赶他，让他接到命令"立刻回转罗马，否则将严厉处分"。而米开朗基罗则让奉命来追他的人转告教皇："只有教皇履行他的诺言，我才可以回去；否则尤利乌斯二世永远别指望再见到我。"

后来，在建筑师鸠利亚诺的调停下，教皇答应继续执行双方协议，继续拨款修建陵墓。米开朗基罗表示他将按计划修建一座"举世无双的陵墓"，二人的冲突终于得到解决。双方在"罗马以外"的波伦亚城见了面，握手言和。教皇还一肚子不高兴，对米开朗基罗说："你应当到罗马去晋见我们的，却偏偏要我们来这里找你！"米开朗基罗反唇相讥："我不回去是因为陛下曾经大大伤害了我，我在罗马不应当受到复活节周里的那种待遇！"

米开朗基罗深知，他这次与教皇的冲突"完全是布拉曼特与拉斐尔嫉妒的结果，他们设法要压倒我"。这就注定了，他同这两个同行之间新的较量将不可避免。

为了补偿因陵墓工程搁浅而给米开朗基罗造成的损失，教皇给米开朗基罗一个新的任务——在西斯廷教堂的天顶上绘制装饰画。这是一项十分艰巨的工程：天顶装饰画不仅面积大（近 500 平方米）；制作困难（必须仰面作画），而且对于米开朗基罗来讲，绘画是他的一个弱项，不像雕塑那样驾轻就熟。所以有人据此认为，这个任务又是布拉曼特和拉斐尔出的一个鬼主意，目的是让米开朗基罗出丑。

米开朗基罗曾向教皇表示，自己没有绘制大型天顶画的经验，很难完成这一任务。他提议，让绘画大师拉斐尔代替他。然而教皇坚持非让他完成不可。他只好接受挑战，迎难而上。

1508 年至 1512 年米开朗基罗专心致志于西斯廷教堂天顶画的创作。他不仅在原设计的基础上将壁画的面积扩大至 500 平方米，而且对壁画构图进行了全新的安排。他不是按教皇的要求只画 12 名使徒，而是由连续性的 9 幅宗教画，完整地表现了《圣经》中有关开天辟地直到洪水方舟的故事，分别名为《神分光暗》《创造日、月、草木》《神分水陆》《创造亚当》《创造夏娃》《诱惑与逐出乐园》《诺亚献祭》《洪水》《诺亚醉酒》。主题画四周还有 12 位先知、摩西、大卫等的故事以及各种青少年形象，人像共计 343 个，大部分比真人还大。天顶画构图宏伟，色彩斑斓，气象万千。米开朗基罗用了 4 年半的时间才完成了这幅壁画。可以想象，为制作这样一幅庞大而复杂的天顶画他所付出的辛劳与代价。

这是一场殊死的搏斗。米开朗基罗不要任何助手，一切都由自己来干。他每天爬上 20 米高的脚手架，然后仰着脖子，托着调色板在光线灰暗的教堂大厅中，一笔一笔、一寸一寸地画着。由于调制的颜料不合适，有些画刚画完就发霉，于是他涂掉从头再来。他饿了，就啃几口带来的干面包，接着再干。有一次他从架子上摔下来，摔坏了脚。几天后，他又一瘸一拐地爬上脚手架。有时忙起来，几个月只穿一条短裤，当脱去裤子时连皮都掉下来了。他一周 7 天，一天 18 个小时站在脚手架上，保持着仰卧的姿势，由于常年仰卧在架子上绘画，造成他身体变形，眼睛向上斜视。他曾在诗中描写自己的形象"胡须翘上天，颈背下陷"，"胸骨突出，后背缩短"，"厚厚的颜料倒在脸上，恰似五彩的锦缎"。就这样，他一个人在清冷的教堂里度过了 1600 多个日日夜夜，终于完成了这幅空前绝后的艺术杰作。连同行宿敌拉斐尔也不得不承认："米开朗基罗是用同上帝一样杰出的天赋创造出这个艺术世界的。"

此后，米开朗基罗又完成了雕塑《摩西像》、大型壁画《末日审判》等经典作品，并设计和主持了圣彼得大教堂的建筑工程。1564 年 2 月 18 日，米开朗基罗在自己的工作室里去世。逝世前几天，89 岁高龄的他还拿着锤子和雕刻刀，精心制作《基督受难像》。

米开朗基罗一生受难，但他面对统治者的专横、阴谋者的暗算，从不屈服。他以自己坚不可摧的意志和无与伦比的艺术才能，确立了在世界艺术史上的至高无上的地位；同时，以别人无可取代的艺术实力，在所有羞辱过他的人面前，捍卫了自己的人格与尊严。（参阅侯军《米开朗琪罗的苦难人生》，载《人物》2001 年第 11、12 期。）

有了实力，人们会睁大眼睛，重新打量你；在事实面前，那些嫉妒与暗算者也无话可讲。

　　无数被羞辱者的成功史证明：最终和根本的解决问题的方法还是靠实力说话。

　　逆境突围中的智慧与策略，就是要根据不断变化的现实，不断变换自己的想法与活法；为了最终实现自己的梦想，可以尝试走不同的路，不要"一条道走到黑"。

下　编

人生的道路不仅是漫长的，而且路上有许多两岔、三岔、多岔路口，每个路口都需要行者做出选择。我们一生中要面对许多次选择。选择不同，命运各异。

对待命运大致有四种态度：一是安命（安于已有的命运，一切听天由命）；二是认命（面临厄运自暴自弃，一蹶不振，甚至"破罐子破摔"）；三是怨命（埋怨自己命运不济，牢骚满腹又无所作为）；四是变命（力争主宰自己的命运，并想方设法去改变命运）。

下列各讲所"面对"的就是我们生活中经常会遇到的人生岔路口。我们可以从一些成功者的身上学习他们的精神与智慧，从而做出自己的抉择。

第五讲　面对出身贫寒、地位卑微：贫贱不能移

有许多人，他们原本出身于贫民，是小职员、学徒工、放牛娃、推销员、印刷工人、杂货铺店员，有的甚至没有上过什么学。但后来，他们通过刻苦学习，自学成才，成为发明家、科学家、文学家、企业家。

还有的人，他们一生贫困，但并不沮丧，而是"穷且益坚，不坠青云之志"，通过奋斗，改变了命运，最终实现了自己的人生理想。

罗曼·罗兰在《约翰·克里斯朵夫》中写道："真正的英雄绝不是永没有卑下的情操，只是永不被卑下的情操所屈服。"出身寒门，仍可走向高贵与伟大；贫贱忧戚，恰恰能"玉汝于成"。这正是生活的辩证法。

一、出身卑贱者易达

孟子说："人之有德、慧、术、知者，恒存乎疢疾。独孤臣、孽子，其操心也危，其虑患也深，故达。"意思是说，那些遭疏远、被孤立的臣子，家族中由妾所生的子女，他们卑微的地位和所处的恶劣环境，反而激发了他们应对灾祸、挑战厄运的潜在能力，造就了更完美的人格；倒是那些宠

臣、嫡子，往往是荣华一时，不得善终。

法拉第：从卑微走向伟大

1791 年，法拉第出生在伦敦一个铁匠的家里。爸爸为了维持一家 6 口的生活，起早贪黑地劳动，却不能使全家吃上一顿饱饭。

由于贫穷，家里没有钱送法拉第上学念书。他小小年纪，就在伦敦街头递送报纸。他一面送报，一面看报，从报纸上学习到许多新鲜的知识。

法拉第 13 岁时，被送到一家钉书铺当徒工。在钉书铺里，他不仅学会了书籍装订技术，而且趁机阅读了装订的各种书籍，其中，科学技术方面的书籍引起了他特别的好奇。他还用微薄的徒工收入买了一些简单的实验仪器，利用废旧物品进行化学和物理实验。这更激发了他进行科学探索的兴趣。

没有钱进学校，法拉第就自学。他利用在钉书铺工作的业余时间去听专家学者的科学讲座。一次，他托朋友买票听了著名科学家戴维的学术演讲。他还参加了青年科学组织"伦敦市哲学会"，学到了物理、化学、天文、地质、气象等方面的基础知识和科学实验的方法，为以后的科学研究工作打下了基础。7 年的学徒生活成了法拉第最好的学校。

学徒生活结束后，法拉第给英国皇家学会会长约·班克斯写信，报告自己的经历和爱好，希望能到皇家学院工作。但他得到的却是嘲讽和奚落。随后，他又给自己崇敬的科学家戴维写信，表达他献身科学的强烈愿望。随信，他还将听戴维学术演讲时做的笔记给戴维寄去。戴维读到他热情洋溢的信，特别是看到了法拉第整理的学术演讲笔记，4 个小时的演讲，他竟整理了 386 页！许多一提而过的内容，他也都设法补充上了，而且有关的实验都配上了精美的插图。戴维被深深感动了。在戴维的推荐下，1813 年3 月，英国皇家学院决定把法拉第录用为实验室助手。实验室助手要干许多诸如洗瓶子、擦桌子、清扫地板等杂活。对于这些，法拉第一点也不嫌弃，都认真地去干。他觉得，皇家学院为他的发展提供了绝好的条件，他可以自由出入皇家学院的讲演厅听各种讲座，可以借阅学院图书馆的大量藏书丰富自己的知识。所以，尽管待遇菲薄，工作辛苦，地位低下，法拉第都毫不介意。他积极协助和参与戴维的各种实验。他不仅动手，而且动脑，细心观察实验的全过程，还不断地提出各种问题。当戴维离开实验室以后，他自己又动手重做一遍。

1813 年 10 月，法拉第随戴维夫妇遍访欧洲。他的公开身份是仆役，从生活上伺候戴维夫妇。戴维夫人出身英国贵族，法拉第经常受到她的歧视与侮辱，有时甚至不让他与主人同桌用餐。为了不失去这次难得的学习机会，法拉第对别人加于他的侮辱百般忍耐。在这次学术旅行中，法拉第结识了许多著名科学家，参加了各种学术交流活动，了解了欧洲各国科学发展的状况，并使用各国的先进设备做了许多实验。在访问过程中，他还学习了法语、意大利语。一次欧洲之旅等于上了一次大学。

1815 年 4 月，法拉第回国以后，全力以赴地进行科学研究，连续发表了多篇有创见的科学论文。他研究合金钢取得了开拓性的成就；他制成了两种碳的氯化物并液化了氯气；他第一次从石油中分离出苯；他制成了光学玻璃，等等。这些成果使法拉第成为了一位知名的科学家。

1820 年，丹麦物理学家奥斯特公布了"电流磁效"的新发现，引起了法拉第浓厚的兴趣。他设想："既然电可以产生磁，那么反过来，磁能否产生电呢？"从 1821 年开始，他从事电磁学的研究。10 年过去了，他历经了一次次的失败，研究毫无结果。1831 年的 10 月 17 日，法拉第进行一次新的实验：他将一块条形磁铁插入缠绕着铜丝的空心纸圆筒，电流计上的指针突然发生了偏转，这证明，磁能够转化为电了！于是，震惊和改变世界的伟大发现产生了！

法拉第将实验的成果总结成定律，这就是著名的"电磁感应定律"。根据这一定律，他制造了世界第一台发电机与电动机，从而使建立火力发电站与水力发电站成为可能。此后，电灯、电话、电报、电影、广播以及各种电器设备陆续发明创造出来，彻底改变了人类的生活。

1824 年，法拉第正式当选为皇家学会会员，1825 年，他升任皇家学会实验室总监，1829 年，他晋升为教授。由于他在科学上的杰出贡献，他得到了各种荣誉，头衔达 97 个之多。几乎欧洲的每所大学和研究机构都授予过他学位证书。他还获得许多金质奖章。

法拉第的事迹再一次向那些为出身卑微而苦恼、沮丧的人做出证明：人完全可以从卑微走向伟大，而改变出身和命运的正是你自己。（参阅宣兆鹏、戴开元《法拉第》，载杨俊文编著《成功之路》，甘肃人民出版社 1984 年版；郑乃尧《打开电磁感应的大门——记自学成才的科学巨匠法拉第》，载《人物》1985 年第 6 期。）

富兰克林：从印刷工到大科学家和作家

富兰克林兄弟姐妹共 10 人，他是最小的一个。由于家境贫寒，几个哥哥从小就做了学徒。富兰克林只读三四年书就辍学了。父亲让他在蜡烛作坊里帮助剪烛芯，擦印模，干些杂活。当时才 11 岁的富兰克林对书产生了浓厚的兴趣。父亲看他那么爱书，就把他安排到大儿子詹姆斯开的印刷厂里当学徒和报童。詹姆斯完全把这个同父异母的小弟弟当成了廉价的劳动力，天天要他排字、背纸、送书，很少让他休息。而且规定：学徒 9 年，只管吃饭，不发工资。詹姆斯脾气粗暴，常常动手打富兰克林。为了生活，富兰克林忍受了这一切。

虐待没有消磨富兰克林学习的热情。为了省下钱来买书，他从哥哥那里要来伙食费，自己做饭。到深夜，劳累了一天的富兰克林又在烛光下开始阅读那些刚装订好的新书。印刷厂的书不够读，他就和其他印刷厂的小学徒互相借书读。由于互相借来的书大都是刚装订完的新书，因此读时不能弄脏，而且要求当夜读完，第二天一早还回来，否则被厂主查出来就要挨打受罚。所以，为了读一本好书，富兰克林常常彻夜不眠。有时星期日也用来读书。他说："读书是我唯一的娱乐。"

1723 年，17 岁的富兰克林独自到纽约、费城等地谋生。一次路遇雷雨闪电，他突发奇想，要揭开雷电之谜。他购买雷电方面的书籍，又向一些专家学者请教，但均无令人满意的结果。于是他开始独立探索。每当雷电到来，他就细心观察，做笔记，积累有关的知识。1746 年，他听到美国学者斯宾士的讲演，指出摩擦生电现象的存在，这给他很大启发。他经过多次实验，首创用正、负符号表明两种电荷，提出了著名的电荷守恒原理。1751 年，他的论著合集《电学的实验和研究》在伦敦出版，一时成了畅销书，后来又译成法文在巴黎出版，想不到却引起了争议。巴黎皇家学院的罗勒院长发现书中有些论点与自己的观点针锋相对，就写文章对富兰克林进行人身攻击。富兰克林没有同他进行论战，而是继续自己的实验。

为了进行危险性很大的电的实验，富兰克林将生死置之度外。一次，他通过在雷电中放风筝，证明了闪电就是电。这一科学论断引起了全世界科学界的震动。英国皇家学会给富兰克林送来了金质奖章，并邀请他当皇家学会会员。后来他又研制成功了避雷针，造福于人类。（参阅《富兰克林接引雷电下九天》，载杨俊文编著《成功之路》（下），甘肃人民出版社 1986 年版；《富兰克林》，载解启扬编著《世界著名科学家传略》，金盾出版社 2010 年版。）

自学成才的大发明家瓦特

由于家庭很穷，瓦特自小又体弱多病，不能到正规学校里读书，于是他就刻苦自学。他 6 岁开始自学几何。15 岁前，他自学了小学与中学的全部课程。除文化知识外，瓦特还在父亲的作坊里干活。他聚精会神地观察老师傅们制造模型、修理罗盘和望远镜。父亲发现了儿子的兴趣，为了鼓励儿子，父亲专门为他弄了一间小屋，准备了各种工具和材料，让他自己动手去制造模型，修理一些航海机械。瓦特很喜欢干这种工匠的活儿。小屋简直成了他的乐园。

17 岁那年，瓦特的母亲去世，父亲的事业也遭到挫折。为了分担家里的困难，瓦特先是到格拉斯哥的一家钟表店学手艺。后来他又跋涉千里，到伦敦谋生，跟有名的机械师摩尔根当学徒。他边学习，边实践，弄懂了许多机械原理，掌握了许多修理技术。有一次，他仅用半个月的时间就做了一架航海中定方位用的十分复杂精密的象限仪、经纬仪，当时他还不到 20 岁。

瓦特的高超手艺被格拉斯哥大学的布莱克教授看中。1757 年，布莱克聘请瓦特到学校修理教学仪器。瓦特利用在大学工作的好条件，读了许多书籍和资料，理论水平和工作能力都有很大提高。

1764 年，格拉斯哥大学的一台纽可门蒸汽机坏了，瓦特利用这次修理机会，把机器拆开，一个零件一个零件地研究，了解蒸汽机的构造，发现了纽可门这种原始蒸汽机的许多缺点。为了解决蒸汽机的加速和连续动作的问题，从 1765 年开始，他展开了艰苦的研究与实验。没有地方，他就租了一间地下室；没有设备，就利用原来的机器；没有资金，就四处借债。他和几个助手夜以继日地待在地下室里工作。无数次失败，使他负债累累。这样，经过了 3 年多的学习、计算、思考、实验，他终于在 1768 年制造出了单动作蒸汽机，不仅功率大大提高，而且耗煤量比纽可门蒸汽机减少了 3/4。又经过 10 多年的努力，1782 年瓦特又发明了双动作蒸汽机。后来他又不断改进，制造出了效率高、体积小，可以带动种种机械的新型蒸汽机。这种蒸汽机作为一种发动机在纺织、采矿、冶金、印刷、农业、交通等各个领域，得到了广泛应用。1807 年，第一艘蒸汽轮船投入航行。1814 年，第一台蒸汽机车投入使用。到 19 世纪三四十年代，蒸汽机在世界上许多国家得到普遍推广，人类实现了由热能向机械能的转化，从此进入了"蒸汽时代"。瓦特被誉为"蒸汽大王"。（参阅戴开元《瓦特》，载林加坤主编《中外年轻有为历史名人 200 个》，河南人民出版社 1985 年版；《瓦特》，载解启扬编著《世界著名科学家传略》，金盾出版社 2010 年版。）

与贫穷相伴一生的作家乔伊斯

1882 年，乔伊斯生在爱尔兰都柏林一个穷业务员的家庭。他一生不走运，终生与贫穷和厄运相伴。

在家乡爱尔兰时，乔伊斯找不到生活的出路，靠投稿度日。他投给《每日快讯》的稿子经常被退回来，想当《爱尔兰时报》的通讯员也被拒绝。1902 年，他赴巴黎学医，生活拮据。1903 年，乔伊斯从巴黎给母亲写信："上星期一你汇来的 3 先令 4 便士太好了，那时我已饿了 42 个小时肚皮啦。拿到钱，我就去饱餐了一顿。"

后来乔伊斯离开爱尔兰，流亡于欧洲大陆。他穷困潦倒，多次由于付不起房租而被房主赶出来。有一次搬家，由于欠了房租，他自己的家具什物全给扣下了。

乔伊斯的许多作品如《都柏林人》《青年艺术家的肖像》《尤利西斯》等，都是在生活极其艰窘的状态下创作完成的。他的著作的出版也极不顺利。他的诗集《室内乐集》由于不能达到合同规定的 300 本而不能抽取版税。他的传世之作《尤利西斯》1920 年刚发表时，不仅没有拿到丰厚的报酬，而且由于书中有所谓"淫秽"的描写而受到"风化保护协会"的谴责，遭海关查禁、扣留和当众焚毁。直到 1933 年底，该书才得以平反，允许在欧美（包括作者的祖国爱尔兰）正式出版发行。

这种种厄运都没有影响乔伊斯的创作热情。晚年的乔伊斯在双目几乎失明的情况下，经过十几年的辛勤劳作，1939 年又写出了他自己极为欣赏的长篇小说《为芬尼根守灵》。为这部小说，他呕心沥血，反复修改，有的章节易稿多达十余次，字字句句都再三斟酌。这是他逝世前两年为人类奉献的又一部巨著。（参阅萧乾《贫贱不移乔伊斯》，载《解放日报》1994 年 11 月 17 日。）

二、人穷志不短，草根也能长成大树

中村修二：从"小人物"到诺贝尔奖得主

中村修二 1979 年就职于日本日亚化学工业公司。当时他作为一名谁也瞧不起的"小人物"，被派去制造红色发光二极管（LED）。但是，这种技术已经面世多年，没有什么销路。中村在公司的日子很不好过，被嘲笑为"白吃饭的"。上级每次见他都会说："你怎么还没有辞职？"中村气得发抖。

1988 年，中村找公司老板，要求开发蓝色 LED，并前往美国留学一年。中村此前没有发表过一篇论文，这使他完全没有被当作研究人员看待。同事们在工作时不与他交流，对他的请教不予理睬，连开会也没有人通知他。整整一年，"没有一点好的回忆"。

回到日本后，新上任的社长要求他停止 LED 研究，改做电子文件。他瞒着公司，继续研究，终于取得关键性进展。他的论文在欧美的研究人员中引起巨大反响。但由于他不是大公司和大学的研究人员，他的成果根本得不到承认。

1993 年，当耀眼的蓝光从日亚的地下室发出来时，世界震惊了。中村修二被称为"蓝光之父"。

发明刚刚问世，日亚便以公司的名义申请了专利，并开始大量生产出售蓝色发光二极管，原来默默无闻的小公司摇身一变成为世界最大的 LED 公司。发明人中村修二只获得了两万日元（合 185 美元）的奖金。中村觉得这不是奖励而是羞辱。他愤而离开了日亚。临走时，日亚怀疑他"泄露了企业秘密"而把他告上法庭。这让他气上加气。后来他在谈到自己这一段经历时说："愤怒是我全部的动因，如果没有憋着一肚子气，就不会成功……没有怒气，就不会有今天的我。"

怒气转化为志气，有了志气才能去奋力拼搏，去争气，实现自己的梦想。1999 年，中村从日亚离职，2000 年，前往美国加州大学圣塔芭芭拉分校任教。2004 年，中村向东京地方法院提起诉讼，要求日亚就蓝色 LED 技术支付 200 亿日元（合 1.9 亿美元）补偿金。最后中村胜诉，获 8.4 亿日元（合 780 万美元）的补偿。

蓝色 LED 是一种更持久和更高效的替代光源，靠太阳能即能使用，对于全球 15 亿尚未能受益于电网的人口来说，这种新型光源带来了更高的生活品质。蓝色 LED 之光照亮了 21 世纪。2014 年，中村与赤崎勇、天野浩一起，因创新蓝色 LED 技术而获得诺贝尔物理学奖。从一名普通的技术员到诺奖获得者，这是卑微小人物的又一次胜利。而"愤怒"是他成功的"全部动因"。（参阅陈墨《中村修二，"草根物理学家"》，载《中国青年报》2014 年 10 月 15 日。）

熊朝忠：从矿工到拳王

熊朝忠出身贫苦，小小年纪就钻进了黑暗的矿洞，靠推矿石维持全家的生活。

每天进洞后，他先是用铁锤把矿石砸碎，然后将矿石搬进矿车，再从几百米深的矿井将矿车推到矿口。推矿车要爬坡，一车矿石 500 公斤，推起来不能走神，更不能停歇，否则就会被重于自身十几倍的矿车带到井底碾死。这样一锤一锤地砸矿石，一块一块地搬矿石，一车一车地推矿石，练出了他超常的臂力。

熊朝忠喜爱拳击。没有器材，他就和伙伴们自制器材，在两块大石头上分别凿两个洞，用木棒一穿，就成了杠铃；布袋装满土，挂在梁上，就成了沙袋。下工后，熊朝忠成百上千次地练习举重，成百上千次地操练击打，经常练得满身汗水，筋疲力尽。为了走上拳击场，为了改变自己穷苦的命运，他必须有超常的体力，超常的耐受力，超常的意志力，这样才有成功的可能。

当过警察的表哥在用茅草搭建的棚子里带他练拳；弟弟为筹集他的学费，冒死到那些报废的矿井里去捡矿石；乡亲们在村边上为熊朝忠搭起木头擂台供他进行比赛。他身上寄托着亲人和乡亲们的殷切期望。他必须赢！

经过了 17 胜、1 平、4 负的 22 场比赛，熊朝忠信心十足地走上了国际擂台。

2012 年 6 月 16 日，世界拳王、墨西哥的奥斯瓦尔多·瑞向熊朝忠发起挑战。刚刚第二回合，熊朝忠一拳打在对方的手肘上，他的右手大拇指骨折、错位，疼痛难忍，然而他咬牙又坚持打了 10 个回合，只靠左拳出击，终于凭点数获胜，夺得了 WBC 世界拳王银腰带，创造了中国职业拳击历史上的辉煌一页。

从矿工到拳王，熊朝忠应验了一句话：拼，才可能有好运。

作家王海翎说："一个人只要不甘平庸，又有一些天资，就是石头压着你，也会从旁边冒出来。"熊朝忠就是在巨石下"冒出来"的一棵松树。它枝繁叶茂，表达着对"巨石"的嘲笑。（参阅张子森《用骨折的右拳防守，熊朝忠获得拳王银腰带》，载《人物》2012 年第 8 期；莫小米《拳王出世》，2012 年 9 月 30 日。）

一个印度女佣的"非常人生"

2006 年的印度文坛升起了一颗耀眼的文学明星，她不是专业作家，而是一位有三个孩子的母亲、女佣巴贝·哈尔德。她的自传体作品《非常人生》成为 2006 年在印度全国广受欢迎与好评的一本畅销书。

哈尔德 4 岁遭生母遗弃，而粗暴的父亲又经常殴打她，继母换了一个又一个，这使她从小缺乏亲人的关爱。家庭贫穷，她上学也时断时续。哈尔德的童年没有阳光，没有温暖，没有欢乐。

哈尔德 12 岁就被强迫嫁给了一个年龄比她大两倍的男人。她 13 岁就成为母亲，接着又有两个孩子出世，柔嫩的肩膀挑起了生活的重担。丈夫虐待她，一不高兴就打她，有一次竟用石头砸破了她的头。

哈尔德不堪忍受，决定结束自己的婚姻。25 岁时，哈尔德成了单身妈妈,她带着三个孩子坐火车来到首都新德里。她把 12 岁的大儿子送出去做家庭童工,自己则去当女佣。她的雇主毫无人性,强迫她在干活时将两个孩子整天锁在阁楼上。

后来哈尔德到退休的人类学教授普拉博德·库马尔家里干活。库马尔很同情哈尔德的遭遇。有一次他看到哈尔德打扫书架时浏览他的藏书,由此发现了她对文学的潜在兴趣,于是就给了她一本小学生用的笔记本和一支钢笔,鼓励她写作。

从此,哈尔德开始了新的人生。在一间佣人住的房子里,哈尔德结束了一天的工作并照顾孩子入睡后,马上投入写作。她写的是有关自己的真实故事:无爱的家庭、苦难的童年,以及她度过的 32 年风雨人生。字字句句都是她积郁多年的情感的宣泄,也是一次自我的回顾与塑造。

库马尔教授阅读并帮她修改了初稿,他还将原文编排成图书的形式,复印后寄给出版界的朋友,书以《非常人生》为名很快出版了。这本书不仅是哈尔德生活的真实记录和她心灵的真情表白,而且描绘了印度数百万贫困女性的生活状况,表达了因传统和教育的原因通常被迫保持沉默的弱势群体的心声,它深深打动了千百万读者,获得了巨大的成功。《印度教徒报》评论说,"这不是一本读过之后可以抛到一边的书。它提出了我国数百万佣人的命运以及她们遭受虐待的问题","这的确是一个勇敢面对逆境的故事"。(参阅阿梅莉亚·金特尔曼《印度女佣的非常人生》,载《参考消息》2006 年 8 月 2 日;周戎《哈尔德:震撼印度文坛的女仆作家》,载《太原日报》2006 年 10 月 16 日。)

三、是金子总会发光

华罗庚:从杂货铺店员到"第一流的数学家"

华罗庚家贫,初中毕业后无钱继续读书,只好在家帮助父亲经营小杂货铺。这时他对数学产生了兴趣。他买不起书,手头只有一本代数、一本几何和一本仅存 50 页的微积分,他便到处借书抄录。夜里,他在油灯下不停地抄书、演算;白天在柜台也手不释卷。他常常因怠慢顾客而受到父亲的训斥。

华罗庚 19 岁时，家乡的金坛中学校长看上了他的才干，让他在中学当会计兼庶务员，同时教一些数学课，这正是华罗庚所喜爱的工作。

然而人有旦夕祸福。1929 年，金坛瘟疫流行，华罗庚染上了伤寒，被医生下了"死亡判决书"。父亲和华罗庚的妻子焦急万分，几乎倾家荡产为他治病。后来，他的左腿受伤寒病菌侵袭，胯关节骨黏膜粘连，变形弯曲，不到 20 岁的华罗庚就成了瘸子。

为了缓解家庭经济上的困窘，他拖着瘦骨嶙峋的身子，拄着拐杖，重新回到学校上班。有人竟向教育局告状，说任用没有学历的华罗庚做教员是个错误。无奈，华罗庚只好不做教员，留下做会计。他并不在意这种歧视性的决定，仍然像往常一样，白天工作，晚上忍着残腿钻心的疼痛，从事数学的研究。身边没有老师，也没有同学进行商讨，全凭着刻苦自学。他把自己费尽心血写成的第一篇数学论文寄往上海，得到的却是一张挖苦的纸条：此文算式，外国名家早已释疑，何必劳神。他没有气馁，又寄出第二篇，也被退了回来。1930 年，他写的论文《苏家驹之代数的五次方程式解法不能成立的理由》终于在上海的《科学》杂志发表。清华大学数学系主任熊庆来读到这篇文章，十分欣赏作者的才华。当他得知华罗庚是一个初中毕业的小店学徒，更为之惊叹，便邀他到清华工作和深造。

1932 年，华罗庚来到清华大学，当上了数学系的助理员。华罗庚在工作之余，就大量读书。夜间是他读书的最好时间，他每天只睡五六个小时。一年后，他攻下了数学系的全部课程，还自学了英、法、德文。到 1936 年，他在欧、美、日各国数学杂志上发表了十几篇有关数论方面的论文。有一次，他在一个外文杂志上同时发表了 3 篇论文，在清华创了纪录。

1936 年夏，华罗庚到英国剑桥大学留学。在剑桥的两年中，他就数学中的尖端性课题，如华林问题、塔内问题、奇数的哥德巴赫猜想问题等，撰写了 18 篇论文，解决了许多悬而未决的难题。在塔内问题研究中，他发明的一个定理被称为"华氏定理"。他发表的《论高斯的完整的三角合估计问题》成功地解决了数学之王高斯提出的问题，轰动了欧洲数学界，被当作"剑桥的光荣"。

1938 年，华罗庚回到正处于抗日战争的祖国，他被聘为昆明西南联大教授。昆明经常遭到日本飞机的轰炸，他居无定所。他住的两间摇摇晃晃的小厢楼，既是卧室，又是饭厅，也是书房。楼下的院子里有马槽、猪圈，终日马嘶猪叫且臭气熏天。物价飞涨，入不敷出，他不得不忍痛卖掉残腿难离的自行车和心爱的打字机。白天，他拖着病腿去上课；晚上，在昏黄的油灯下读书钻研。有时为了求证一个问题，他常常深夜从床上爬起来，顺手拿起床头的报纸，在四周的空白处进行演算和论证。在他的屋里，桌上、床上、地上，到处都堆满了演算稿纸。在西南联大期间，华罗庚先后写出 20 多篇论文。1941 年，他完成了第一部数论名著《堆垒素数论》。

1946 年秋天，华罗庚应邀访问美国普林斯顿大学。1950 年 2 月，华罗庚回国。他在《致留美学生的公开信》中用诗一样的语言写道："为了抉择真理，我们应当回去；为了国家民族，我们应当回去；为了为人民服务，我们应当回去；就是为了个人出路，也应当早日回去。"爱国之情，感人肺腑。

回国后的 30 多年中，他担任过清华大学数学系主任、中国科学院数学所所长、中国数学学会理事长、中国科学院副院长等职，为新中国的数学学科培养了一大批人才，奠定了发展的基础，并建立了"中国数学学派"。

20 世纪六七十年代，华罗庚为了探索数学理论研究与生产实践相结合的道路，他筛出了以改进工艺的数学方法为内容的"优选法"和以处理生产组织和管理问题为内容的"统筹法"，并亲自到工厂、农村去推广。20 多年中，他的足迹遍布全国 27 个省市的上百个县市，上千个工矿、农村，总行程达 100 多万公里，创造了难以用数字统计的巨大物质财富和经济效益。

在 50 余年的学术生涯中，他共发表学术论文 200 篇，出版学术专著 10 部。他成为美国科学院外籍院士中第一个中国人，在国际上被公认为"绝对第一流的数学家"。

1985 年 6 月华罗庚应邀去日本访问、讲学。6 月 12 日，在一次讲座中他突发大面积心肌梗塞去世。华罗庚用一首诗概括他的人生体验："勤能补拙是良训，一分辛苦一分才。"（参阅《华罗庚，"绝对第一流的数学家"》，载吉林省残疾人联合会编《中外残疾名人传略》，华夏出版社 1992 年版；《著名数学家华罗庚》，载何兹全主编《中外年轻有为历史名人 200 个》，河南人民出版社 1985 年版。）

李嘉诚：由推销员成为世界华人首富

福布斯发布的 2014 年度全球富豪排行榜，李嘉诚以 333 亿美元净资产成为全球华人首富。他已连续 15 年获得世界华人首富的桂冠。

李嘉诚并非一夜暴富，一步登天，而是通过艰苦奋斗一步步走过来的。

1939 年，李嘉诚一家为逃避战祸，背井离乡，来到完全陌生的香港。当时才 10 岁的李嘉诚，曾多次露宿车站，靠卖香烟、糖果维持生计。

由于贫病交加，李嘉诚的父亲 30 多岁早逝，全家生活陷入困境。14 岁的李嘉诚刚读完初中二年级，不得不中途辍学，担起了供养母亲和弟妹的重担。一家茶楼的老板同情他们孤儿寡母，让李嘉诚当上了煲茶的跑堂。作为一个打工仔，他每天从早到晚工作 10 多个小时，一天下来累计要跑百十里路。回到家，已是晚上 10 点多，他又继续学习未完成的功课。虽然很累，但他咬牙坚持了下来。没有学历、人脉、资金，想出人头地，唯有靠自学和苦读。

后来，他到一家钟表店当学徒。由于勤奋机灵，他很快由学徒升为推销员。他每天走街串巷，推销塑胶表带。"人家做 8 个小时，我就做 16 个小时。"白天拉订单，晚上还主动到工厂盯着生产线，从而保证了顾客能准时拿到他的订货。短短几年，他成为厂里的顶尖推销员。20 岁，他升为塑胶厂的总经理。

两年后，他用自己当经理积累下来的 5 万港元，创办了自己的"长江塑胶厂"，生产玩具、梳子、肥皂盒等小产品。工厂逐年扩大。然而 10 年后，由于过度扩张，产品积压，资金周转失灵，工厂面临破产。这时，善于学习的李嘉诚从《塑胶杂志》上发现一条意大利开发塑胶花的消息。他马上想到当时正值第二次世界大战后的和平时期，将来装饰美化用的塑胶花一定会有很大市场。于是他很快飞到意大利，到一个生产塑胶花的工厂，既做临时工，又当推销员，其间，又偷偷学了塑胶花的生产技术。回港后，他立即改装工厂的生产线，生产出了市场需求的塑胶花。一时，购货订单雪片般飞来，李嘉诚很快在塑胶花市场上独占鳌头，成为了"塑胶花大王"。

投产塑胶花的成功为李嘉诚积累了大量资金，使他有能力向香港房地产行业进军。他看准香港这个弹丸之地，土地资源紧缺，房地产业前途无限。20 世纪六七十年代金融动荡，石油危机，地价滑落，他趁机入市，置地建房，成为香港房地产的大鳄。

20 世纪 80 年代，由于他几十年建立起来的讲义重信、以和为贵的商业形象，香港汇丰银行主动将和记黄埔的股权卖给李嘉诚，从而使李嘉诚的经营领域从房地产扩展到码头、能源、零售、通信等业。由此，他的事业又得到了长足发展。

李嘉诚从一个打工仔开始，一次次奋斗创业，一次次摆脱困境，最后一步步登上金银宝塔之巅，其中有许多值得借鉴的人生经验。

李嘉诚说："要做男子汉，失意不能灰心，得意不能忘形。"又说："顶天立地的男子汉，第一能吃苦，第二会吃苦。"

李嘉诚深谙经商与做人的道理，他说："未学经商，先学做人"，"小商做事，中商做市，大商做人"。（参阅汤默、王里平《李嘉诚：最富华人，天之骄子》，载《香港大富豪发迹史》，中国工人出版社 1992 年版；李忠海《李嘉诚传：峥嵘》，国际文化出版公司 2014 年版；姜游游《李嘉诚》，哈尔滨出版社 2015 年版。）

马云：从"倒霉蛋"到电子商务的霸主

马云，1964 年生。50 年后的 2014 年，他作为阿里巴巴集团的董事会主席，带领阿里巴巴团队到美国纽约证券交易所上市，大获成功。2014 年，他以 265 亿美元成为中国（除港、澳、台地区）的首富。

马云不是"一夜暴富"的幸运儿，而是通过数十年的奋斗摘取桂冠的拼搏者。

马云身材瘦小，其貌不扬。18 岁时，他从蹬三轮的临时工升格为收发信件的助理（仍为临时工）。两次高考失败，数学只得了 19 分。高考复习班怕影响升学率，不要他；应征入伍，因身高体重不合格被淘汰；考警校被拒绝；和伙伴们一起去肯德基快餐店面试当服务生，20 多人全录取了，只剩下他一个。当时，他成了一个最失败的"倒霉蛋"。

1984 年，马云终于考上杭州师范学院。他靠出色的英语，当上了学生会主席。他一天一个点子，搞排球赛，组织辩论会，初显他的创新与管理才能。

1988 年，马云大学毕业分配到杭州电子工业学院教外语。1992 年，他与同事一起成立海博翻译社，成员 5 人，注册资金 3000 元，刚开始时，收入不足千元。

为了活下去，他们将办公室一分为二，一半是翻译社，一半用来卖鲜花礼品。为了多赚一些钱，马云常常背着麻袋坐火车去义乌批发进货，然后又背着小工艺品，在杭州的大街小巷穿梭售卖。为了挣钱，马云还做过一年多的药品和医疗器材的销售员，跑遍了杭州各家中小医院及个体诊所。

1995 年，海博翻译社开始盈利，并成为杭州最大的翻译社。然而，永不满足的马云立志要花 10 年工夫创办一家自己的公司。

1995 年，马云到美国第一次接触互联网。回国一周后，他与妻子张英商定创办互联网公司。1995 年 5 月 9 日，中国第一家商业网站"中国黄页"诞生。开始他很不顺利，只凭几张打印的照片推销业务，被一些商家当成了骗子，境况"惨不忍睹"。

后来马云的公司在与杭州电信合作，与外贸部、高盛公司、软银集团等的合作中逐步成熟、壮大。1999 年，马云在杭州成立阿里巴巴，开始电子商务的运作，并一步步做大、做强，从杭州走向全国，又从中国走向世界。

经过近 20 年的努力，马云从一名临时工，一个屡屡失败的"倒霉蛋"，终于成为世界上最大的电子商务集团的 CEO。他以自己的成功史书写了一部从卑微到伟大的当代神话。（参阅赵健《马云传——永不放弃》，中国画报出版社 2008 年版；王利芬、李翔《穿布鞋的马云》，北京联合出版公司 2014 年版。）

李玉刚："做一朵迎风盛开的花"

李玉刚是吉林省一个农民的儿子。很小的时候，他的几个亲人相继去世。母亲精神上也出了问题，但他很坚强，带领着家里几个孩子苦苦挣扎。

李玉刚上完小学和初中后，没有条件再上高中和大学了，他就出去打工挣钱。一开始他在餐馆里刷盘子刷碗，晚上没有住处，就睡在医院长廊的凳子上。睡梦中，他常常被医院过道里喊大米粥的声音唤醒。他当时没有钱，只能跑上去，厚着脸皮说："能赊一碗大米粥吗？"旁边一个老奶奶说："你在这里蹲好几天了，我都认识你了。"然后她给他一碗大米粥。这碗大米粥使他感受到人情的温暖。这不仅是一碗能够让他填饱肚子的大米粥，也是他第二天接着去找工作的一种精神力量。

后来，李玉刚到一家歌舞餐厅打工，工作之一就是天天背醉酒的客人。那时候，他特别瘦小，而喝醉酒的客人身体都特别重。晚上十二点、一点下班了，他要从包房里把醉醺醺的客人背出去，一直送到出租车上。有时，客人会把秽物吐他满身，他满腔怒火，但还得忍，还得坚持背，这样才能挣一份能生活下去的工钱。

有一次，李玉刚给一位客人倒水，水是开水。正倒时，他被台上的演唱吸引住了，忘了正在倒水，结果，水漫到了客人的手上。直到客人打了他一个大嘴巴，他才惊醒过来，马上向客人道歉，连说了三声"对不起！对不起！对不起！"

李玉刚说："这一巴掌真的扇醒了我，我感觉我不应该是这个样子的。"他认为他应该有另一种人生。从此，他虽然继续为客人服务，给客人倒酒、倒茶，但他想着，他应该像演员那样站在舞台上，手拿麦克风唱歌。于是他开始向歌手们学习，一首歌一首歌地学，一个演员一个演员地学，梅兰芳、李谷一、邓丽君、吴倩莲、林忆莲……他都学了一遍。

1999 年的一天，李玉刚在一个歌厅跑龙套的时候，他和一个女歌手在一起，垫场唱了一首歌。两人手牵着手，当时光线比较暗，李玉刚先唱了："泥巴裹满裤腿，汗水湿透一背，我不知道你是谁，我却知道你为了谁。"一个人唱了男女声，没想到一炮打响，一夜走红。他一次得了 600 元的小费！他认为自己能挣钱了，自己有价值了，自己有尊严了，特别开心！

此后，他上了央视的"星光大道"，上了"春晚"，从草根成了国家一级演员，并且在澳大利亚的悉尼歌剧院举办了个人演唱会。他说："我也希望在世界的舞台上，真正地能够有李玉刚这样一个席位。"2015 年，李玉刚要带着自导自演的诗意舞台剧《昭君出塞》到世界各地巡演，把中国文化介绍给世界人民。

在李玉刚的心中，一直燃烧着一股奔腾的火焰，他要"做一朵迎风盛开的花"。经过卑微生活的洗礼，经过顽强不懈的奋斗，这朵花终于迎风盛开了！（参阅李玉刚在 CCTV-1 "开讲啦"节目中的演讲稿《做一朵迎风盛开的花》。）

正如白岩松所说："人的一生中，命运总会来敲你的门。重要的是，你是否听得到，是否已经准备好。"

四、认清自我优势，任何一个人都有过人之处

保姆摄影家薇薇安

薇薇安 1926 年生于纽约，她在芝加哥当了一名平凡的保姆，一干就是 40 年。她有个爱好，就是在工作之余常拿着一架照相机四处行走，拍摄那些环绕在她身边的生活瞬间。她到过美国许多城市，还去亚洲、欧洲、非洲等许多国家长途旅行，这样日复一日，年复一年，她攒下的底片数目达 10 万余张。

2009 年 4 月 21 日，薇薇安在一家疗养院去世，她所遗留下来的未冲洗底片流散到芝加哥某处的跳蚤市场，被一名叫约翰的年轻人购得。他将部分底片冲洗出来，惊奇地发现这些照片不同寻常：它们不仅对 20 世纪 50 年代到 70 年代芝加哥街头进行了最真实的还原，非常详细地记录了芝加哥甚至美国发展的历史，还透露着一种朴实真诚的美。约翰为薇薇安建立了博客，公布了更多照片，引来好评如潮，认为她的作品再现了"上世纪五六十年代成功富裕的美国人边上的人：孩子、黑人女仆、商店门廊上卑躬屈膝的乞丐"，具有极强的艺术魅力，赞誉她为"杰出的美国街头摄影师"。2009 年岁末，芝加哥文化馆举办了一场薇薇安的个人摄影展。摄影展"犹如一部摄影史书"，引起轰动。

保姆也能成为摄影家。每个人都有过人之处！（参阅布拉格《活在世上都有过人之处》，载《今晚报》2011 年 11 月 4 日。）

罗琳的"创伤后成长"

乔安妮（即《哈利·波特》的作者 J. K. 罗琳）到而立之年仍然未"立"，自认为是一个不折不扣的失败者。

乔安妮生下女儿仅几个月就结束了短暂的婚姻。她离开了伤心之地葡萄牙，带着女儿前往爱丁堡去投亲靠友。她没有工作，仅靠国家补贴抚养

女儿，同时还承受着使父母深感失望的负罪感。他们希望她取得高职学位，以支付按揭和获得足够的养老金，而乔安妮却学了古典文学。她曾一度患上抑郁症，甚至想过自杀。

幸而她没有自杀，而是坚持活下来了。人生低谷中的贫困、孤独和失落最终没有压垮她，反而为她重塑自我打下了坚实的基础。失败使她绝路重生，认清了真正的自我。她发现并发挥了自己具有丰富想象力的优势，开始将全部精力投入到一项重要事业中：写作。5年后，乔安妮凭借"哈利·波特"系列畅销书摇身变成亿万富翁、小说家 J. K.罗琳。陷入逆境 14年后，她在 2008 年以年收入 3 亿美元登上收入最高作家榜首，并且成为全球最具影响力的 50 人之一。

后来，罗琳在哈佛大学所做的一场题为《失败的意外好处》的演讲中谈到自己的这段人生经历时说：如果在其他方面小有成就，她永远都不会下决心发展自己的真正才能。

罗琳经历了一次"创伤后的成长"。事实证明，那些将失败抛诸脑后的人，不但在精神上更加坚强，他们的生命力更旺盛，人际关系得到改善，并且更能同情和理解他人疾苦。美国弗吉尼亚大学的乔纳森·海特教授认为："失败使人不断成长。"（参阅《摆脱逆境，磨难能使我们更加幸福》，载《参考消息》2009 年 10 月 21 日。）

徐宝贵：从农家子弟到古文字学家

徐宝贵，原是吉林省梅河口市红梅镇的一个青年农民，只有小学文化程度。通过 30 年的奋斗，他竟成了一名国内外知名的古文字学家。他走过了一条坎坷而艰辛的成才之路。

15 岁辍学的徐宝贵从通过《四角号码字典》认字开始，一个一个地学习汉字。一次，他查《康熙字典》，解读了"秦始皇二十六年统一度量衡的诏版"中 40 个古文字的小篆书，引起了他对文字学的浓厚兴趣。从此，他广泛阅读并到处搜求、函购有关中国古文字的书籍，简直到了疯狂的地步，竟被人怀疑他是精神有问题。他还经常遭到一些人的嘲笑。面对这一切，徐宝贵却暗暗发誓："此生非要学出个样儿不可！"

徐宝贵的家中没有像样的家具和电器，他用从牙缝里挤出的钱和挪用女儿托他买花布的钱，都买了书。屋里有四个大书架，里面收藏着他 30 年间学习、研究用的 2000 册专业图书，还有许多搜集、整理的石鼓文拓片、摹刻本、摹写本以及历代学者对石鼓文的考证资料、卡片等。

作为一个文字学家，徐宝贵认汉字数惊人。一部《汉语大字典》收字 5 万 4 千个，而徐宝贵从音、形、义上读解的汉字竟达 4 万个（这还不包括只有少数学者认识的大量古文字）。

从 1988 年开始，徐宝贵的研究成果陆续发表和出版。1988 年，他的论文处女作《战国古玺文考释五则》在《松辽学刊》刊出；他对《汉语大字典》36 处疑点的批评文章《〈汉语大字典〉讹误举例》收入国务院古籍整理出版规划小组编印的《古籍整理出版简报》；他的《石鼓文诗句"四介既简"试解》在香港中文大学的《中国文化研究所学报》上发表，《战国玺印文字考释》在中国古文字学研究会举办的国际学术研讨会上宣读，并被"台湾历史语言研究所"的《中国文字》采用。《石鼓文年代考辨》载入北京大学中国传统文化研究中心主办的《国学研究》。这是一年一卷的大型学术刊物，所载文章的作者多为知名度很高的专家学者，而农民徐宝贵也名列其中，令学术界为之震惊。

1991 年，徐宝贵在吉林大学给姚孝遂教授当助手，他不计较 200 元的月薪，不仅协助姚教授完成了甲骨学系统工程"甲骨文字诂林"的科研项目，而且撰写了《战国玺印文字考释七篇》，发表在《考古与文物》上。

1993 年，徐宝贵在北京大学古文献研究所古文字研究室打工期间，完成了"先秦盟书""先秦玺印文字""先秦石刻及其他""殷墟甲骨文"等本该是专家承担的课题。

1995 年，在北大打工的徐宝贵还应清华大学思想文化研究所之邀，为该所研究生讲授"古文字学"，受到师生的一致好评。他们认为他所讲的内容"具有学科前沿性"，所编教材"具有独创性"。

最近，由徐宝贵主持的国家研究课题、百万字专著《石鼓文研究与集释》也已完成。

徐宝贵的研究成果得到了学术界前辈和著名学者孙晓野、李家浩、李学勤、裘锡圭、张光裕、李孝定等人的高度评价。徐宝贵已成为国内为数不多的古文字学家之一。

徐宝贵从事古文字学研究 20 多年，他的生活处境、工作条件一直十分艰难。由于他是农民，所以他在城市不能解决户口问题；又由于他没有学历，所以他不能被用人单位正式录用。他只能到处靠"打工"为生，"工资"或二三百元，或七八百元，除去房租水电，所剩无几。而且他长期与家人分居，难以为继。无奈之下，他又从北京回到东北老家。经过许多周折，1998 年 3月，徐宝贵破例作为专业教师正式调入四平师范学院，并被破格聘为副教授，还解决了住房问题，又申报了科研项目，终于有了一个好的归宿。

徐宝贵从一个只有小学文化水平的普通农民，最终跨进了古文字学的殿堂。这是一个奇迹，同时也引起我们对这一奇迹的思索。

世上没有两片相同的树叶。如果一个人的个性、才能有自己的独特优势，同样能令人刮目相看。如果你是一个苹果，那么就试着去做一个更好的苹果，别把自己和橘子、桃李相比。（参阅马世瑞《徐宝贵：从黑土地跨进古文字学殿堂的农民》，载《人物》1999 年第 1 期。）

五、要耐得住在歧视的冷眼下成长

安徒生：从"丑小鸭"到"白天鹅"

1805 年，安徒生出生在丹麦小镇奥登塞的一个穷苦家庭。父亲是一个鞋匠。安徒生 11 岁时，父亲就去世了。母亲靠帮人洗衣服养全家。繁重的劳动使母亲的身体日益憔悴和衰老。安徒生经常来到奥登塞河边，看母亲赤着双脚，站在冰冷的水里洗衣服。寒风撩起她破烂的衣角，冰水浸裂了她的皮肤。冻得实在受不住时，她就跑上岸来喝一口米酒，又赶快下河劳作。安徒生望着母亲瘦弱的身体，眼里涌出泪水。

母亲在艰难中仍然想尽办法把安徒生送进学校，但由于贫穷，他的学习时断时续。在学校里，因为安徒生穿得破烂，长得也不漂亮，经常受到同学的欺侮。他没有钱买书，只得到邻居那里借书看。

安徒生一心想当演员。14 岁那年，他只身来到哥本哈根，寻求梦想的实现。然而他却四处碰壁：学舞蹈，被婉言谢绝；想当演员，被人嘲笑；去给一个木匠当学徒，又被解雇。最后，就连饭也吃不上了。后来，他被音乐学校的一位教授收留下来，学习唱歌。但在入学的第二年，安徒生因天冷买不起衣服，冻得感冒咳嗽，嗓音变得嘶哑，不得不离开学校。

安徒生又开始从事创作，写了一个剧本《阿芙索尔》。皇家歌剧院看他有写剧的才能，就资助他到一所中学去学文化，想把他培养成一个"剧本写作匠"。不料安徒生在这个学校里却受到嘲弄与虐待，他不能忍受，只好另租了一间房子，专门从事写作。他陆续发表了一些诗歌和游记，引起人们的瞩目。而有些贵族出身的人却嘲笑他是个"穷鞋匠的儿子"，控告他不懂"文法"和"修辞"。他对这些无聊的攻击不予理会，继续出国游历、写作。1835 年，他在意大利写出的长篇小说《即兴诗人》在欧洲文坛上引起热烈反响，名声大震。

1835 年以后，安徒生转入童话创作。当时在丹麦，童话作品没有什么地位，童话作者被人瞧不起。一些朋友劝他不要"去写那些稚气的故事"，干没有出息的人才干的事。而安徒生想到自己辛酸的童年和千千万万仍生活在苦海里的孩子，下定决心要从事童话创作。他说："为争取未来的一代，我绝不顾个人的成败得失。"

从 1835 年至 1875 年逝世，安徒生陆续创作发表了《皇帝的新装》《海的女儿》《豌豆上的公主》《夜莺》《白雪皇后》《卖火柴的小女孩》《大克劳斯和小克劳斯》《丑小鸭》等童话作品 168 篇。这些作品已成为文学经典在全世界流传。安徒生被人们誉为"童话之王"。

一只笨头呆脑的"丑小鸭"，鸡鸭们啄他，喂鸭人踢它，孩子们捉弄他，然而它并不自暴自弃。它逃到树林里，照常游水，练习飞翔。终于有一天，它飞上了蓝天，成为人人仰慕、赞美的白天鹅。"丑小鸭"的经历正是安徒生一生的生动写照。

苦难的童年、苦难的人生没有摧毁安徒生的自信和意志，反而激励他实现了自己的梦想。（参阅《"世界童话之王"安徒生》，载林加坤主编《中外年轻有为历史名人 200 个》，河南人民出版社 1985 年版；利比·珀维斯《拒绝歌唱快乐的丹麦夜莺》，载《参考消息》2005 年 3 月 30 日。）

从凄风苦雨中走出的作家契诃夫

1860 年，契诃夫出生在俄国罗斯托夫一个贫苦农家。祖父是赎身的农奴，父亲开杂货铺。由于家大人多，收入微薄，生活极为艰难。后来杂货铺倒闭，连吃饭都成了问题。刚跨进中学校门的契诃夫不得不放弃读书的机会，到一个职业班去学裁缝。

契诃夫14岁那年，家中盖房欠债，无力归还。父亲为躲债，撇下一家人逃到莫斯科。后来他的母亲和几个弟弟妹妹也去了莫斯科，留下他一人在家里读书。他没钱缴纳学费，就靠课余时间去给别人家的孩子补习功课挣几个钱。他经常穿着破破烂烂的衣服，连一双套鞋也没有。听课的时候，由于怕同学们看到他那双又脏又破的长靴子而嘲笑他，他特意把脚藏在桌子底下。

契诃夫从19世纪80年代开始创作并发表作品。他青少年时代的苦难经历，使他熟悉了下层人民的生活，所以他在后来的作品中更多地表现了下层人民的生活及他们的命运。他的小说《小公务员之死》《变色龙》《普里希别叶夫中士》《万卡》《苦恼》《草原》《套中人》，剧本《海鸥》《万尼亚舅舅》《三姐妹》《樱桃园》等，大多是通过描写日常生活和平凡的人物，从中揭示社会生活的重要方面，得到文学界很高的评价。

1890年，契诃夫决定到流放犯人的库页岛去体验生活。那时，西伯利亚铁路还没有修成，途中要换乘马车。身患重病的契诃夫气喘不止，车子的颠簸，常常使他咳嗽得喘不过气来。有些地方连马车也不通，他只好徒步走过泥泞的道路，渡过湍急的河流。他忍着风吹雨打，历尽千辛万苦，行程数千公里，终于到达了库页岛。在岛上，他考察了3个月，接触到从事繁重的苦役、过着非人生活的囚犯。他同他们深入交谈，用卡片登记了1万多个流放犯和移民的生活状况，整理出《库页岛》《在流放中》《第6病室》等现实主义杰作。

契诃夫一生身处逆境，顽强奋斗，在20多年的文学生涯中，写出了100多部小说和剧本。由于长期的贫困与劳累，契诃夫30多岁就身染肺病，整天咳嗽吐血。1897年，契诃夫病情恶化，但他在医院里仍坚持写作。1903年秋天，契诃夫抓住生命的最后时光赶写剧本《樱桃园》。他忍着肺病晚期的痛苦折磨，于1904年的夏天，终于写完了《樱桃园》。1904年7月15日夜，契诃夫病逝。停止呼吸时，他手中还紧紧地捏着一沓稿纸。这一年，他才44岁。（参阅巴金《简洁与天才孪生——巴金谈契诃夫》，东方出版社2009年版。）

黄怒波：在苦难中"站直了不趴下"

黄怒波小的时候，父亲被错划成"反革命"自杀了，他跟着母亲过苦日子。黎明，母亲去拉土，在锅里留下两个洋芋，被二哥抢先吃得一丝不剩。寒冬腊月，他手脚冻裂，鼻涕抹在袖子上，又黑又亮；因为经常尿炕，屁股总是被打肿。"反革命分子"的子女猪狗不如，上小学时，班里丢了东西，他被当作"当然的贼"。有时别人打他，他反抗打了别人，回家后又会被妈妈打一顿。

对于童年，黄怒波最痛苦的记忆是饥饿。做饭店厨子的邻居常把一袋骨头倒在地上，他像狗一样去抢骨头，吃里面的骨髓。他过的是狗一样的童年！

家里没有灯，他就坐在路灯下看书。路灯下的蚊子落满一身，他却能坚持读书直到深夜。妈妈担心他看书看傻了，不让他看书，他又爬到屋外的房顶上看书。这都为他后来去闯世界积累了智慧资本。

他经常坐在黄河边，看着波浪不停地拍打堤岸，决定把自己的名字从黄玉平改为黄怒波，一辈子"都要像黄河的水一样，永远不怕挫折"。

更了不起的是，黄怒波从北大毕业后，分配到中宣部，但他没有走公务员、科长、处长、局长、部长的从政之路，而是下海经商了，从事房地产业，成了顶尖企业家，成为福布斯富豪榜上的地产大亨。他不仅没有屈从于命运，而且主动去创造自己的命运！

黄怒波对逆境有自己的看法，他说："苦难或者痛苦，正是我们成长的一个必然的部分。不要回避苦难和挫折，经历它们，正是因为我们有追求。"你在苦难中站直了不趴下，"你就打开了一扇通向未来的幸福之门"。（参阅《苦难是一种财富》，载《开讲啦》（二），浙江大学出版社 2014 年版。）

潘石屹：像石头一样坚强屹立

潘石屹，1963 年生人，取名"石屹"，喻意要像石头一样坚强屹立。没想到，三十年后，他近"而立"之年时，竟真地屹立起来了。后来，他成为京城赫赫有名的房地产界大鳄。

潘石屹生在甘肃天水，而"天水"无水，只有"无尽贫穷，无尽干旱，无尽饥饿"，一年只有七八个月的粮食够吃。加上父亲被错划为"右派"，母亲常年卧病在床，家里生活更为艰窘，甚至不得不把一个妹妹送给他人抚养。

贫穷使他小时候就有自己的梦想：小学时，他想当医生，好给妈妈治病；中学时，他想做厨师，这样可以天天待在厨房里，能吃饱饭。

小学他是在村中一间破庙里度过的。一次他因没有铅笔被老师赶出了教室，在门口站着。后来被下地干活的妈妈看到了，问他为什么被赶出来了。他对妈妈讲："我的铅笔用完了。"妈妈看到他手中有一段捏不住的铅笔头，伤心而又无奈。家里没有钱买盐，哪有钱买铅笔？学校的另一位老师同情他们母子俩，借给他们一毛钱，妈妈跑到村上的供销社买了三支铅笔，又用供销社的削铅笔刀，削好了一支给儿子，嘱咐他说："有了这么多的铅笔，今后要好好学习。"潘石屹点点头回到了教室。这次被羞辱的经历在他心中化为了奋发的动力。

1977年，父亲平反，他们一家从农村搬到清水县城。当时，14岁的潘石屹和爸爸用床单做担架，抬着瘫痪的妈妈。他一只手抬着担架，另一只手拖着丢了鞋的弟弟，像难民似的，引起城里人的观看。

后来，潘石屹考上了兰州的培黎学校上中学。城里的孩子是看不起农村孩子的。第一次与同学见面，潘石屹说了一句乡音很重的话，立即引得全班哄堂大笑。在学校，他整天低着头走路，从来不看天。那是一段埋头读书的日子。苍天不负有心人。两年后，潘石屹在全年级600多个学生中，以第二名的成绩考进河北省的石油管道学院。三年大专毕业后，他分到廊坊石油部管道局。由于他的聪明和对数字天生的敏感，博得领导的赏识，被确定为准备提拔重用的"第三梯队"。

刚参加工作时，每月工资46元。他把工资一分为三，把其余两份寄给两个上大学的妹妹。经济上的捉襟见肘，使他对金钱有了渴望。这时，正在深圳创业的一位老师告诉他，在"改革开放"先走一步的深圳有很多发财致富的机会。于是，他变卖了自己所有的家当，毅然辞职，揣着仅剩的80元钱去了深圳。由于没有边境通行证，他只好花了50元请人带路，不得不从铁丝网下面的一个洞偷偷爬进深圳特区。两年后，他又抓住一个机会，去了海南。

1991 年，海南的经济遭受了第一次低潮，许多淘金者纷纷回到内地，而潘石屹却一直坚持了下来。1992 年，邓小平南方讲话，海南经济又恢复活力，房地产作为第一产业发展起来。潘石屹又抓住这一难得的机会，成立了海南农业高科技联合开发总公司，开始"炒房"。他终于淘到了"第一桶金"，200 万元。后来，他又到北京发展，事业越做越大。20 年后，他成为声震全国的房地产霸主。（参阅韩牧、魏玲《潘石屹的十年》，载《人物》2012 年第 10 期。）

别人看不起你，你不能看不起自己；不要介意别人的目光，走自己的路！

出身贫苦的世界著名男高音歌唱家帕瓦罗蒂曾被推荐上一所贵族学校。学校里的一些贵族学生嘲讽帕瓦罗蒂，说："他家太穷，根本不配进贵族学校！"而校长爱才，鼓励帕瓦罗蒂说："怎么生，是父母说了算；怎么活，是自己说了算。只要灵魂高贵，就可以从卑微走向成功，甚至走向伟大。"

只要灵魂高贵，乞丐也令人仰视。

六、自己当伯乐，把自己推向前台

蔡洪平：再小的花也要怒放

1956 年，蔡洪平出生在安徽亳州一个农民家庭，从出生起，便经历着贫困与饥寒。她小小年纪就开始为家里挑水担柴，为父母分忧。

蔡洪平天生就有一副清甜、透亮的好嗓子，不管是放牛还是割草，她都喜欢唱上一段。有时，她站在河边，对着清凌凌的河水飙高音，优美的歌声传向远方……

蔡洪平一直有一个梦想：好好读书，长大了去考音乐学院。中学毕业后，她报考音乐学院，却屡试不中。第三次落榜后，她将自己关在家里，整天整夜地练唱，最后竟然完全失声！

后来，她结婚生子，成为一个平凡的农妇。20 世纪 90 年代初，她和丈夫、女儿来到上海，摆地摊卖服装，到菜市场卖菜，挣扎在社会的最底层。她为心情不好的顾客唱歌，也为自己唱歌。在最艰难的时候，她流着眼泪，哑着嗓子一次又一次唱歌给自己听。

有一次，上体育课的女儿跑了没有两步，鞋底彻底开裂。在同学们诧异的目光中，她赤脚跑到公用电话亭，用借来的五角钱，拨通了妈妈服装摊上的电话，说自己的鞋底掉了，让妈妈马上给她买双新鞋。女儿的鞋是两年前买的，早已磨得不成样子，然而家中经济状况实在糟糕，的确拿不出买新鞋的钱。现在女儿打了赤脚，无论如何要为女儿买双新鞋！于是蔡洪平揣着仅有的 50 元饭钱，为女儿买了一双新鞋送到学校。在从学校回来的路上，蔡洪平为女儿也为自己流下了痛心的泪！

2005 年 8 月，世界三大男高音到上海开演唱会。蔡洪平第一次通过电视听到帕瓦罗蒂的歌剧《今夜无人入眠》，她被震撼了。她暗下决心："我一定要把这个声音学到手！"

对于一个已经年过半百，而且连 26 个英文字母都认不全的卖菜大娘来说，想学意大利语的《今夜无人入眠》无异于痴人说梦。为了学会这首歌，她请女儿帮忙找人"音译"这首歌的歌词，然后按照那些中文读音一个单词一个单词地学，最后学出的竟曲不像曲、调不成调。2007 年 5 月的一天，蔡洪平在厨房做饭，看到准备下锅的一堆菜，突然灵感爆发，她把菜名记下来试唱，歌名定为《送你葱》。当晚，她在餐桌前向丈夫和女儿演唱了这首"菜场版"的《今夜无人入眠》，获得一致好评。这之后，菜场便成了她放歌的舞台。她的《送你葱》成了她所在的菜市场一道亮丽的风景线。但凡碰到有顾客心情不佳，或者自己心情不太好，她就献歌一曲，博对方一笑，也让自己开心。

2010 年 3 月，有几位顾客买菜。为了多做点生意，她为顾客唱了一首英文歌，掌声和叫好声一片。她又兴致勃勃地唱了一首，换来了当天首笔"大宗生意"。令她没有想到的是，这几位顾客又是"拍客"，将她唱歌的精彩场面与优美声音传到了网上，使她迅速走红，几天之内，点击量高达 600 万次，成为了国内短片上传时间最短却最火爆的一个。网友们直呼蔡洪平为"卖场第一歌后"，并建议她上选秀节目，做中国版的"苏珊大妈"。

趁网上这股热闹劲儿，蔡洪平报名参加了青海的"花儿朵朵"选秀节目，最后冲进了全国 20 强，成为安徽赛区唯一的优胜者。

2011 年 4 月，"中国达人秀"第二季开场，蔡洪平再次走进了赛场，一路过关斩将，最终杀入了总决赛。这时，她做出了一个惊人的决定，要在总决赛上演唱意大利版的《今夜无人入眠》。消息一出，许多人劝她放弃："离比赛只剩下几天了，现学根本来不及，您还是放弃演唱原文吧！"可她却固执地回答："不试试怎么知道？再说'苏珊大妈'要来呢，她可是国际友人啊。"

为了在几天之内学会意大利原文《今夜无人入眠》，蔡洪平随身带着一个小本了，上面写满了这首歌译音的中文词，走路、吃饭、睡觉，嘴里总是念念有词。

2011 年 7 月 10 日晚，能容纳 8 万人的上海体育馆座无虚席。蔡洪平用尽全身力气唱响了《今夜无人入眠》，当最高音出现时，整个体育场为之沸腾了！她拿下了"中国达人秀"的亚军。顶级音乐公司同她签下了合同，她的首张单曲也已发行。以她为主角的一部励志电影也即将开拍。她正式走上了音乐之路。

面对自己的成功，蔡洪平体会到："生活是一种经历，也许会有很多的挫折和磨难，但我一直愿意给大家带来欢乐和笑声。"

走过千般坎坷，吃过万般辛苦，55 岁的蔡洪平终于圆了自己的音乐梦。她从一位普通的农妇成为"中国版的苏珊大妈"，就是因为她有一种不甘平庸的性格。

许多时候，自己就是伯乐。当命运对你不公，当你被别人忽视的时候，你应该主动地把自己推到前台。（参阅心予《菜花妈妈：55 年的追梦路》，载《文学报》2011 年 12 月 19 日。）

七、简陋的舞台也可以演出精彩的人生

柴可夫斯基：悲怆人生孕育出"悲怆"名曲

1862 年，22 岁的柴可夫斯基做出一个最重要的选择：他违背父亲让他

学法律的意愿，毅然报考了圣彼得堡音乐学院。那时，母亲已病逝，父亲也已退休，靠着微薄养老金养活着三个孩子。柴可夫斯基已不可能得到家里的任何资助。为了解决吃饭问题，他只得在完成繁重的学习任务之余，给一些学生教钢琴课，以维持生计。他常常饿着肚子去上课。他的衣服破烂不堪，有时得靠着好心的老师送来的旧衣裤，才能换洗。但是他越是贫穷，越是奋发。老师布置作业让他作 10 首练习曲，他却作了 100 首、200 首！4 年后，柴可夫斯基以优异的成绩毕业。他根据德国大诗人席勒的《欢乐颂》创作的大合唱，荣获了银质奖章。

大学毕业后，柴可夫斯基虽然担任了莫斯科音乐学院的教师，每周要上 26 节作曲课，但收入却少得可怜。在一次隆重的音乐会上，他没有合适的衣服，只能从朋友那里借了一件旧熊皮大衣。他没有自己的住室，只能寄居在他的老师鲁宾斯坦的家里。那个房子里连一张供他写东西的桌子都没有。为了创作，他就跑到郊外或者公园里，背靠大树，屈起双腿当桌子，谱写他的乐章。

过度的疲劳严重损害了他的健康。有一次，他正在专心写作，忽然眼前一阵发黑，昏了过去。后来他患了肺病，医生劝他休息，他恳求医生理解他。他说："我必须赶、赶、赶，一直向前赶。我害怕我会连我的音乐一起死去。对于我，作曲是我灵魂的一种自白。"

柴可夫斯基抱病在田野、树下，在狭小和吵嚷的小房子里，完成了一系列重要的作品：第一交响乐《冬日的梦》、《第二交响乐》《第三交响乐》、交响诗《命运》等，并开始了舞剧《天鹅湖》的创作。

后来，柴可夫斯基得到了同样精通音乐的梅克夫人的赞助，并安排他去德国柏林、瑞士、奥地利维也纳和意大利进行长时间的旅行疗养。这期间，柴可夫斯基的乐思如泉水喷涌，创作了数十首弥撒曲、儿童曲、奏鸣曲和小提琴曲，完成了献给梅克夫人的《我的交响乐》（《第四交响乐》）和歌剧《叶甫盖尼·奥尼金》的前半部。

为了摆脱繁重的教堂任务和接待应酬等世人的干扰，柴可夫斯基离开了音乐学院和莫斯科，来到迈伊丹诺伏小村，终日埋头于创作。一些传世的作品如《马什巴》《女巫》《黑桃皇后》《胡桃夹子》《睡美人》《第五交响乐》《第六交响乐》都是在这里完成的。《第六交响乐》又称《悲怆交响乐》，沉郁而又悲壮，是柴可夫斯基同贫穷、苦难和命运搏斗了一生的心灵倾诉，是他伟大灵魂的一种自白。（参阅《悲怆的音乐家柴可夫斯基》，载林加坤主编《中外年轻有为历史名人200个》，河南人民出版社1985年版。）

阿炳：乞讨者的音乐之路

阿炳（华彦钧）生下来就是个苦孩子。1893年他不满周岁，生母就去世了。父亲把他送到老家江苏无锡东亭乡弟媳处抚养。15岁时，父亲又把他从老家带回无锡雷尊殿道观当小道士。

阿炳从少年时代就显示了出众的音乐天赋。他父亲发现后，就对他进行严格训练。冬天让他用冰块摩擦双手，苦练弹琵琶的指功；夏天，让他把双脚浸在冷水里拉二胡，以提神醒脑；为了吹好笛了，特意在笛尾挂上秤砣。这样，他鼓、笛、琵琶、胡琴样样精通。据传，他演奏的琵琶套曲《龙船》能够弹出7种龙舟的声与态。人们称他为"小天师"。

成年后，不幸一个接一个向他袭来。1912年，阿炳的父亲在贫病交加中去世。不久，他自己又患了眼疾。更大的打击是，由于他演唱通俗的民歌小调，被认为是触犯了道规，因而被赶出了庙门。民间的吹鼓手组织也排斥他，使他的生活陷入困境，即使卖掉了父亲留下的两间房子也难以维持生计。无奈之下，他栖身于无锡图书馆路30号的一间阁楼上。35岁那年，阿炳双目失明，他一度陷入绝望，曾有过自杀的念头。这时，一些好心人来劝慰他，鼓励他活下去，并提醒他，可以用自己的乐器卖艺谋生。阿炳觉得，靠自己手中的技艺自食其力，既不骗人，又不求人，这是个好主意。于是他开始了走街串巷的卖艺生活。

阿炳40岁时，一个善良的女人董彩娣走进了他的生活。他们组成了家庭。白天，彩娣搀扶着阿炳沿街卖唱；晚上，回到家里，又照料阿炳的生活。两人相依为命。

在人生的凄风苦雨中，阿炳从来没有放弃对音乐的痴迷追求。他最喜爱自己创作的《惠山二泉》（后来更名为《二泉映月》）。这首曲子从1927年酝酿，到1939年正式问世，经历了12年。他反复地修改，终成精品。《二泉映月》中那婉转、优美的旋律，给在人生旅途上艰难跋涉的人们以精神慰藉；它那悲苦凄凉的曲调，如泣如诉，又把一位盲人在黑暗中艰苦求索的不屈性格表达得淋漓尽致。欣赏《二泉映月》，如啜饮音乐的圣泉，聆听天籁之音。世界著名指挥家小泽征尔说："此等二胡曲应当跪下来听。"

命运一次又一次将阿炳推入苦难的黑暗的深渊。但他始终坚守着自己安身立命的根基——音乐，并最终等来了胜利的曙光。1949 年 10 月，无锡解放。当时已病入膏肓的阿炳的音乐才华被专家们发现。1950 年 9 月，在音乐大师杨荫柳的主持下，将阿炳创作的总计 300 余首乐曲中的代表性作品二胡曲《二泉映月》《听松》《寒春风曲》，琵琶曲《大浪淘沙》《昭君出塞》《龙船》等录音整理后与广大听众见面，引起了轰动。中国乐坛荣幸地留下了一曲曲传世的绝响。

1950 年 12 月 4 日，民间艺人瞎子阿炳在住了 30 年的破落的阁楼上去世，终年 57 岁。（参阅《阿炳：杰出的民间音乐家》，载吉林省残疾人联合会编《中外残疾名人传略》，华夏出版社 1992 年版；庞培《阿炳，阿炳》，载《南方周末》2000 年 12 月 7 日。）

《黄河大合唱》：用苦难谱写出的不朽乐章

1905 年，冼星海诞生在广东海边一个贫苦渔民的破船上。父亲在他降生前已离开人世。母亲给人当佣工，母子就靠这可怜的收入维持生活。

星海从 13 岁起，一面做工，一面读书。后来，他考入广州岭南大学文科。由于家里没有钱交学费，他就当摇铃的校役，兼做夜校教师，半工半读。有了空余时间，他便自学音乐知识，拉提琴，吹洋箫（单簧管），度过了清苦的岁月。

1928 年，冼星海考入上海音乐学院。后来由于参加学潮被校方开除，一时陷入困境。于是他决定远渡重洋，去巴黎深造。为凑经费，星海卖掉了自己心爱的提琴，又在朋友的帮助下，在轮船上找到了一个做苦工的差事，终于踏上了去巴黎的航程。

一到巴黎，首先要解决的是吃饭问题。他在巴黎街头流浪了 3 个星期找不到工作，多次饿晕在马路上。有一次警察把他当作死人准备送进陈尸所。然而星海非常坚强，他利用一切可以利用的机会去当抄谱员、餐馆跑堂、理发店杂役、码头临时工、修指工、仆人、侍者、看门人、浴池杂工等，他什么都干。有时他像流浪汉那样，到饭馆去拉提琴行乞，受尽了嘲弄、侮辱甚至毒打。白天，他的肉体和精神创伤累累；晚上，不论如何疲累，他都坚持学习，不忘记到异国他乡学习音乐的人生目标。

后来，经朋友介绍，冼星海认识了世界著名小提琴家奥别多菲尔。老师了解他的音乐才能和好学精神，表示可以不收他的学费。但是他的学习时间太少。他每天早晨5点就去餐馆上班，一直干到晚上才离开。有时不得已，他只好利用端菜倒茶的空隙，在烟雾腾腾的厨房里学习。如果被老板娘发现，会招来一顿臭骂。一次，他在餐馆一直工作到晚上8点，又累又饿，头晕目眩，在端菜上楼时，连人带菜一齐摔在地上。第二天，他就被餐馆开除了。

因为没有钱，他住在七层楼顶上的一个小房间里。屋子很矮，人直不起腰，练琴时，他只好把天窗打开，将身子伸出屋顶，对着天空拉琴。到了冬天，房子里不生火，连棉被也没有，寒风从破窗中吹进小屋，星海只能裹着一件破大衣躺在床上。冼星海有一段回忆写道："我写自以为比较成功的作品《风》的时候，正是生活逼得走投无路的时候。那时，我住在七层楼上的一间小房子里，这间房子的门窗都破了。巴黎的冬天本来比中国冷，那夜又刮大风，我没有棉被，睡也睡不成，只得点灯写作，点着了又吹灭。我伤心极了，我打着颤，听寒风打着墙壁，穿过门窗猛烈嘶吼。我的心也跟着猛烈撼动。一切人生的、祖国的苦、辣、辛、酸、不幸，都汹涌起来，我不能自已，借风抒怀，写成了这个作品。"

经过艰苦的努力，星海终于以优异的成绩考入巴黎音乐学院。他的作品《风》获得学院的荣誉奖。当人问他有什么需要时，他只说了两个字："饭票。"

1935年春，冼星海从巴黎音乐学院高级作曲班毕业。回国后，他一方面参加抗日救亡运动，一方面用音乐为祖国服务。1938年，他从"国统区"来到抗日根据地延安，任鲁迅艺术学院音乐系主任，先后创作了《黄河大合唱》《游击军歌》《到敌人后方去》《在太行山上》等歌曲，极大地鼓舞了正在与日本侵略者进行殊死搏斗的全国军民。尤其是《黄河大合唱》，那黄河上的船夫"拼着性命，和惊涛骇浪搏战的情景"，不仅深刻表现着中华民族在千年苦难中坚强不屈的精神，而且可看到冼星海在血泪中顽强奋斗的身影。（参阅《人民音乐家冼星海》，载林加坤主编《中外年轻有为历史名人200个》，河南人民出版社1985年版。）

八、自卑比狂妄更糟糕

自卑的代价

俞敏洪在回忆大学生活时说：在大学四年里，我为什么没有谈恋爱呢？我首先就把自己给看扁了。我当时想，我要去追一个女生，这个女生就会对我说：你这头猪，居然敢追我？真是癞蛤蟆想吃天鹅肉。要真出现这样的情况，我除了上吊和挖个地洞跳进去，还能干什么呢？所以，这种害怕阻挡了我本应该在大学发生的各种美好。现在想来，就算被女生拒绝了，那又怎样呢？

那种把自己看得太高的人，我们会说他狂妄，但是一个自卑的人，一定比一个狂妄的人更加糟糕！因为狂妄的人也许还能抓住生活中本不属于他的机会，但是自卑的人会失去本应属于他的机会。因为自卑，所以会害怕，害怕失败，害怕别人的眼光，你会觉得周围的人全是抱着讽刺、打击你的眼神在看你，因此你不敢去做。当你失去勇气的时候，这个世界上所有的门都被关上了。

俞敏洪认为：一个人优秀，并不是因为你考上了北大就优秀了，也不会因为你长得更好看而优秀。一个人真正优秀的特质，来自于内心想要变得更加优秀的那种强烈渴望，以及对生命的追求所迸发出的火热激情！所以，我们应该认真地想一下，我内心现在拥有什么样的恐惧，我是不是太在意别人的眼光。因为这些恐惧以及在意，我的生命质量是不是受到影响，不敢迈出前行的脚步。

自卑不仅使人"不敢迈出前行的脚步"，"更糟糕"的是，有的人因自卑而走上报复杀人的道路。

云南大学的马加爵因受到同学的讥讽嘲笑而积怨，一怒之下连杀了四位同窗好友，被判死刑。四川的曾世杰又是一例。曾世杰是四川大学江安校区2008级学生，上大学后，同学嘲笑他一件衣服穿了几个星期，太脏，相貌长得也难看，劝他去整容。他的自尊心受到严重挫伤，常常一个人坐在寝室里发呆，也常常藏在被窝里掉泪。抑郁严重时，一天只吃一顿饭，晚上才敢出去走一走，遇到人不敢抬头。长期的压抑终于大爆发，2010 年 12 月 29 日，曾世杰为报复嘲笑他的同学而持刀杀人，造成一死两伤，被判死刑。

在人生漫长的旅途中，也许我们曾遭遇挫折，摔过跟斗，甚至被人吐过口水。但是，你的价值永远都不会因被别人吐了口水而降低，因此永远不要对自己失去信心。（参阅俞敏洪《不论世界如何对你，都不要看轻自己》，载《在绝望中寻找希望》，中信出版社 2014 年版。）

叶辉：走出自卑上坦途

叶辉 1954 年出生于一个大学教师家庭。1957 年，父亲被错划为"右派"，全家五口被迫离开杭州，到农村接受监督劳动。

农民生活极为贫困，全家以红薯叶、野菜、米糠为食，在死亡线上挣扎。患肺结核病的父亲饿得晕了过去，却把能吃的都给孩子们吃。母亲也患上了肺结核病，无钱治疗，卧病在床，等待死亡。

叶辉上小学的时候，因为是"右派崽子"，同学们都同他划清界限，他们用白眼、唾沫、咒骂、殴打来对待他，甚至有人还向他头上撒尿。一次他去开会，会场上响起震耳欲聋的口号声："地富反坏右分子及其子女滚出会场！"他只好像狗一样"夹着尾巴"逃走。在这种情况下，叶辉被迫辍学，跟着做工匠的哥哥挑着工具箱云游四方，走上了社会大学。

受父亲的影响，叶辉喜爱读书，《牛虻》《马丁·伊登》《钢铁是怎样炼成的》《战争与和平》《高老头》《悲惨世界》《红岩》《青春之歌》等中外名著，陪伴他度过了荒凉寂寞的农村岁月。牛虻坚韧、刚强的性格，保尔·柯察金不虚度年华的永远进取的精神都对他人格的形成产生了巨大的影响。这些书也成为他后来做记者的丰厚的文学与文化积淀。

6 年云游四方的生活使叶辉接触了社会底层的各种人，他在饱受世态炎凉、感受生活严酷的同时，也对社会有了切实的体验，对生活在社会底层的平民有了深厚的感情。这些也成为他后来做记者的思想与感情生发的根基。

1978 年，叶辉回到杭州参加高考。由于长期辍学，功底太差，他两次高考均告失败。1980 年，叶辉被杭州大学中文系录取为自费生，他终于在 26 岁时上了大学！

三年后，叶辉大学专科毕业。他这个曾被历史遗忘、被时代抛弃、被社会严重扭曲的人，竟被《光明日报》社看中，挑选他当了记者。

叶辉刚到报社工作时很自卑，认为自己性格木讷，平时连话都不怎么说的人，现在竟成了一名要天天同各种人打交道的记者，似乎难以胜任。

1984年2月12日，叶辉第一次参加光明日报全国记者会。他坐在角落里，听着名记者们口若悬河的精彩演讲，如坠云雾中。他们能说能写，敢说敢做，见多识广，目光敏锐，主持正义，不畏强权，确实是"无冕之王"；而自己哪有这种水平！所以感到"压力重重，坐卧不安"。

在初当记者的大半年中，他曾当过"逃兵"，也出过丑：一次骑自行车准备去采访，却中途逃回；有时面对采访对象，竟涨红了脸；采访提问时常常结结巴巴，甚至不知问什么。

第一次采写一次会议，别的记者来往穿梭，忙忙碌碌，而他却蜷缩在角落里，不知道干什么。第二天回到社里，交上自己费了好大劲才写成的一篇稿子，后来经一位编辑删删改改，在报纸上发表了。他在一版下面的角落里找到了这篇稿子，一篇报道竟删改成了一则简讯。会议开了一周，同行们的稿件最多的发了10多篇，而他的战绩仅是一则百十来字的简讯！自卑、惶恐，造成了这一次采写的完全失败！

这时，叶辉开始怀疑自己能否胜任新闻工作，甚至想到改行。同时，又有另外一个声音提醒他："不能这样败下阵来！我不能就这样自甘认输！"脑子里"一个自卑的我"和"一个自尊的我"，在剧烈地斗争。交锋的结果是"自尊的我"占了上风："别人都干得好，为什么你不行？"

于是他开始翻阅新闻书籍，开始分析光明日报的特色，开始注意搜集新闻线索，开始逼着自己与人打交道。每次采访前，他做好充分准备（掌握有关背景资料，列出要问的问题等），然后进行深入采访，逐渐有了成效。

后来，社里又派他跟随有经验的老记者出去采访，先后到过上海、内蒙古、四川、深圳、广东、广西等地。他的新闻嗅觉开始敏感起来，采访的经验越来越丰富，写出的文章也越来越成熟和有分量了。

叶辉是一个平民记者。卑贱的出身、卑微的地位和长期在社会底层受歧视的经历，都使他对生活在社会底层的人充满情感。他通过新闻作品为知识分子鸣冤叫屈，为蒙冤受害者奔走呼号。他为嘉兴毛纺厂工人姚辛历尽了 30 年辛苦编写《左联词典》的事迹唱赞歌，并力助《左联词典》的出版。姚辛感谢这位"绝顶的好人"，使他"梦想成真"。

浙江省临海市科技工作者李华松，他的数十项专利在国际、国内得过多项大奖，但由于他坐过牢，所以不能评为优秀科技人员。为此，市委书记拍案而起："难道要用衡量政治家的标准来衡量科技人员？难道一个历史上曾有过污点的人做出了重大贡献就不能得到表彰？"叶辉就此写了一篇特稿在报纸头条刊出。这篇报道成为李华松命运的转折点。他的错案得到平反，他作为浙江省科技界代表参加全国优秀专利工作者表彰大会，并被任命为一个研究所的所长。

1991 年 1 月 15 日，叶辉踏着红地毯走进人民大会堂，参加全国优秀新闻工作者表彰会。1992 年 3 月 6 日，光明日报社举办"叶辉新闻作品研讨会"。1993 年，叶辉被授予国务院颁发的"政府特殊津贴证书"……叶辉从"三等公民"成为全国名记者，走向了自己的辉煌。

叶辉说："逆境是最好的老师，它可以教会你怎样做人；苦难是金钱难买的人生经验，它是你终生受用的财富。"（参阅叶辉《走向光明》，载《人物》1998 年第 9 期。）

九、读书是摆脱卑贱的必由之路

范仲淹：勤学好读成大业

北宋政治家、文学家、军事家范仲淹，公元 989 年生于江苏吴县。父亲去世很早，母亲带他改嫁到一个姓朱的人家，经常受朱家兄弟的凌辱。他愤而离家出走，独自谋生。

从童年起，范仲淹就勤学好读。10 岁时，他住在长山醴泉寺的僧房里，由于穷，经常没有饭吃，于是，他把仅有的一点粮食煮成一锅稀粥，待冷凝后，用刀切成两块，早晚各取一块，就着咸菜充饥。他就这样坚持苦读，不舍昼夜。这个"断齑划粥"的故事被后世传为佳话。

他在长山学习了 3 年后，又不远千里到南都学舍（即应天府，今河南商丘）寻访良师益友。学舍有位同学是南都留守的儿子，看范仲淹每天只吃点稀粥，仍早起晚睡，埋头苦读，十分感动。他在其父的支持下，给范仲淹送来饭菜，范却不吃，同学不悦。范仲淹向他解释道："我已养成多年吃粥的习惯，如果突然吃一些好东西，就怕以后吃不得苦了。"

范仲淹在南都学舍比在醴泉寺还要清苦。起初，每天喝两顿粥。后来，钱越来越少，他连粥也吃不上了。有时，直到太阳偏西，才胡乱找点东西吃。他在南都学了 5 年，"未尝解衣就枕"。瞌睡了，他就坐在那里打个盹儿，醒来后继续学习。冬天，刺骨的寒风吹进房舍，手脚都冻麻木了，他就在屋里跑上几圈。后半夜实在太疲倦了，他就用冷水泡泡脸，让大脑清醒一下再捧书研读。

经过多年的刻苦学习，范仲淹 26 岁便中了进士。他做官后，兴利除弊，减轻赋税，深受人民的欢迎。后来他当了参知政事（副宰相），仍不吃有两样荤菜的饭，还常把钱周济穷人。

范仲淹在文学上成就卓著。他的《岳阳楼记》更是传诵千古的佳作。"先天下之忧而忧，后天下之乐而乐"的名句抒发了"以天下为己任"的远大抱负和广阔的胸怀，已成为中国历代政治家和知识分子的座右铭。（参阅《范仲淹"断齑划粥"》，载段景轩《中国古代名人传》，黑龙江人民出版社 1986 年版；《范仲淹》，载何国山主编《中华名人百传》，吉林大学出版社 2009 年版。）

小学二年级学历的世界文豪高尔基

1868 年，高尔基出生在俄国伏尔加河畔一个木匠家庭。他三岁失去父亲后，跟母亲到外祖父家生活。由于外祖父的染坊破产，高尔基刚上两年小学就离开了学校，从此走上了一条完全靠自学成才的道路。

高尔基热爱书籍。不论他在轮船上当"小洗碗工"，在面包房和杂货店当伙计，还是在鞋店和绘图师家里当学徒，他都抓住一切空闲时间读书。高尔基回忆当时读书的情景时说："……我没钱买蜡，便偷偷地把烛盘里的蜡油收起来，装到一只沙丁鱼罐头盒里，用棉丝做灯芯"，"大一点儿的书，把书页一翻动，那昏黄的火头就摇晃不定，油烟熏我的眼睛"。

高尔基在生活条件极差的情况下，有时借月光读书，有时靠铜锅的反光读书，有时爬到神龛下，借着长明灯的光读书。有时他读书还要挨打。

在绘图师家当学徒时，主人禁止他读书，如发现他看书，不仅书要没收，而且还要受到惩罚。为了读书，高尔基不知挨了主人多少次打。一次，女主人抢起一根柴棍殴打高尔基，事后，医生从他身上钳出 42 根木刺。

高尔基如饥似渴地读书，他说："我扑在书籍上，就像饥饿的人扑在面包上。"他当面包工人时，利用零星木料在揉面台子上架起一个临时书架，一面揉面，一面看书。高尔基爱书甚至胜于生命。有一次，码头上的杂货仓库着火，高尔基突然想到里面有他珍贵的书籍，于是便不顾一切闯进火海，爬上烈火包围的顶楼，把书从窗口扔出来，他几乎被烧死。

高尔基不仅读书，而且积极投身社会实践，特别是他多灾多难的遭遇，颠沛流离的生活，使他在"社会人学"中真正了解了人民，懂得了人生，走向了革命。在 19 世纪八九十年代，他曾两次到俄国各地游历，深入工厂、乡村、码头、学校，广泛了解人民的疾苦，探查社会的黑暗。19 世纪末至 20 世纪初，高尔基逐渐接受了马克思主义，主动参与革命活动，他最终成为一位百科全书式的伟大作家。他的卷帙浩繁的作品如剧本《小市民》《底层》，小说《母亲》《阿尔塔莫诺夫家的事业》《克里姆·萨姆金的一生》等，均是世界文库中的经典作品。他的自传体三部曲《童年》《在人间》《我的大学》则生动记述了他从一个无知少年到一个世界文豪所走过的成才之路，启示着后人。

1936 年，高尔基患病，在他逝世的前两个月仍念念不忘写作，他担心他的心脏等不到他的小说写完就停止跳动。为了在临终前把小说《萨姆金的一生》写完，在当时大量输氧的情况下，高尔基一直没有放下手中的笔。

高尔基原名叫阿列克塞·马克西莫维奇·彼什科夫，高尔基是他的笔名。"高尔基"在俄文中是"痛苦"的意思。正是那终生难忘的贫穷和苦难激发了他的奋斗精神和创作欲望，最终玉成了这位文豪。（参阅李建伟《爱书如命的高尔基》，载林加坤主编《中外年轻有为历史名人 200 个》，河南人民出版社 1985 年版；《世界文豪高尔基》，载杨俊文编著《成功之路》，甘肃人民出版社 1984 年版。）

北大保安、清华厨师的求学之路

甘相伟，1982 年出生于一个湖北山区的农家。5 岁时，父亲去世，他一度辍学打工。2005 年，他从专科毕业。2007 年，他到北京大学当保安。面对北大学子，他心里很不平静："他们走进了学术的殿堂，而我却在站岗。"他默默鼓励自己：要充分利用北大的资源不断充实、提高和完善自己，总有一天会实现自己的价值。

甘相伟开始主动学习，利用休息时间听讲座、读书。一年后，他通过成人高考考上了北大中文系，成为一名穿着保安服的学生。2011 年，他成为"中国教育 2011 年度十大影响人物"。2012 年，他的 10 万字随笔《站着上北大》出版。时任北大校长的周其凤院士在该书的序言中称赞他是"最大限度利用北大资源武装提高自己的学生"。

张立勇是清华大学 15 食堂的厨师，他来自江西的一个小山村。上高二时，因学费没交清，老师叫他回家"自习"。这话深深刺伤了 18 岁的张立勇。回到家里，父亲带着他到一户人家借学费，竟遭到大声训斥："穷得要死，还读什么书！"张立勇一气之下，做出了辍学打工的决定。

张立勇在清华大学当了厨师。他打电话告诉父亲说："到了清华，我不仅要挣钱，更重要的是还要继续学习，挣知识。"他爸在电话中说："爸没用，一辈子被人瞧不起。"张立勇截住他的话说："爸，你看我的！"

在清华园里，每天早上，成群的学生由北面的学生区往南面的教学区走，而张立勇则是逆流而行，他不是去教室上课，而是到食堂上班。同样的年龄，同一条道路，却是两种截然不同的方向与人生。张立勇暗下决心："各位天之骄子，我一定会与你们殊途同归！"

张立勇把决心变为行动。他从英语下手，买来一堆英语书，又买了一台收音机，开始自学。他每天三点钟起床，学 1 小时英语再去上班。有时他在卖饭窗口一站就是八九个小时。晚上 7 点半下班后再自学 5 个小时。夜里同事们在宿舍大声喧哗，他只好去路灯下读书。实在困得睁不开眼时，他就喝一大口开水，将舌头烫得钻心疼，果然就把瞌睡赶走了。

1999 年，张立勇通过了全国大学英语四级考试。2000 年，过了六级。2001 年，在令无数学子心惊胆战的托福考试中，本来考 500 分就过关，他竟拿下了 630 分，被清华学生誉为"清华英语神厨"。

2009 年，张立勇出任中国青少年责任与成长大讲堂组委会主席，并获"中国十大杰出学习青年"的国家级荣誉。

张立勇说："爸爸妈妈为自己弯了大半辈子的腰，弯得太久，太累了。今天，我做了他们的儿子，要让他们直起腰来，得到他们应有的尊严与骄傲！"（参阅张晓荣《甘相伟：从北大保安到北大学子》，载《中华读书报》2013 年 4 月 17 日；王恒绩《卑微父亲笑中的泪》，载《今晚报》2011 年 5 月 11 日。）

出身贫寒的人，在知识、财产、人脉等方面没有更多的优势和资源，所以他们的一生将付出比一般人更大的代价。他们注定要蹚过一条或多条苦水之河，甚至是血泪之河。

1926 年 12 月 12 日，鲁迅在北京平民学校演讲中说："你们都是工人农民的子女，你们因为穷苦，所以失学，所以需要到这样的学校来读书。但是你们穷的是金钱，而不是聪明与智慧。你们平民子弟一样是聪明的，一样是有智慧的。你们能够下决心，你们能够奋斗，一定会成功，一定有前途。"甘相伟和张立勇正是这种成功的范例。"我是贫困生，但我不会贫困一生。"

第六讲 面对强权与邪恶：威武不能屈

时代潮流滚滚向前，顺之者昌，逆之者亡。然而伴随时代的主潮，也常有社会逆流回旋其间，诸如欧洲中世纪的神权主义、封建专制主义；17～18世纪欧洲资产阶级革命之后在法、英、德等国出现的复辟浪潮；20世纪前苏联出现的个人崇拜、政治清洗；中国发生的极"左"思潮与"文化大革命"，等等。这些都是反人性、反民主、反进步的社会逆流。在逆流横行之下，革命派、改革派、民主派遭到打击与迫害，甚至在一定时期、一定范围之内造成暂时的历史逆转与倒退。然而大江东去，总的历史潮流是不可阻挡的。人民在一次次战胜逆流后又阔步前进了。

每个时代都有一批带领人民群众推动历史前进的思想启蒙者与革命政治家，他们为真理战斗，为人民献身。尽管他们所处的时代不同，却有着共同的思想与品德。

一是斗争的锋芒。他们嫉恶如仇，抨击黑暗，批判专制，揭露时弊，毫不留情。他们刚正不阿，对任何人都不奉迎，不谄媚，在真理与谬误的问题上不妥协，在强权与邪恶面前不屈服。

二是无私，所以无畏。他们为民请命，冒死进谏，甚至可以为信仰坐牢狱，受酷刑，赴汤蹈火，在所不辞。

他们是社会的先知，人民的良心，民族的脊梁。"大雪压青松，青松挺且直"（陈毅）正是他们崇高形象的生动写照。

一、坚持独立思想，为真理而献身

"人法地，地法天，天法道，道法自然。"真理即"道"，即自然与社会的发展规律。真理既是不可战胜的，又是不能垄断的！

1. 向中世纪神学发起挑战的勇士

培根：牢底坐穿不改对真理的痴情

中世纪的欧洲，封建农奴制正处于极盛时期，宗教神学也十分猖獗，他们宣称："一旦知识不以知晓上帝为目的，任何一种知识都是罪恶的。"当时学术领域把亚里士多德奉为绝对权威。

生于 1214 年的英国科学家罗杰·培根认为，对于宗教教条和亚里士多德的学说，不用任何科学实验去弄清它的原理是否真实，就制定一系列关于天地宇宙的教条，只能使人类的智慧一直处于蒙昧无知的混沌状态。他说："真正的知识不是出于他人的权威，更不是来源于对老朽教条的盲目崇拜。"

培根不但博览群书，知识渊博，而且特别重视实验。1250 年，培根从巴黎回到英国，执教于牛津大学。在大学里，他一面讲学，一面秘密购买禁书，制作光学仪器，精心培训助手，专心致志地进行实验与研究，识破了《新约圣经》和亚里士多德原著中的许多诡辩。他向当时的天主教会发起猛烈的抨击，揭露神学家们篡改原著的丑行，痛斥僧侣们的骄横奢侈和统治者的残酷腐败，因而激怒了教会。1257 年，培根被投入监狱。

在监狱中，培根最不能忍受的，不是居住环境的恶劣和物质上的匮乏，而是不允许他看书与写作，这是他精神上受到的最大折磨。然而他的思想却一刻也没有停止活动。他每天面对铁窗，思索科学问题和他的实验。没有笔和纸，他就在脑海里一遍又一遍地默写着他的科学著作。十年牢狱的煎熬，他整整写了十年无字的书。

1267 年培根出狱后，在一位朋友的鼓励下，他用 18 个月的时间，把自己在狱中不知默写多少遍的"著作"写出来，一共三部。这三部书几乎概括了古代和当代一切科学知识，称得上是科学史上的里程碑式的作品。

培根以扎实的、全方位的科学实验为基础，因而他在天文学、光学、化学、医学等方面都取得了卓越的成就。然而他的实验与著作却被神学家们污蔑为"是对上帝不折不扣的亵渎"，称他的著作是"异端邪说"。1277 年，培根再次被投入监狱。在监狱中，他仅靠水和面包维持生命，但他追求真理的信仰却没有丝毫的动摇。面对牢狱的铁栏,他说:"在求知的道路上,一个学者甚至能够将他的囚室的铁壁搬到世界最遥远的边沿。"他一直没有停止过对科学的思考。14 年后,当他走出牢房的时候,已是近 80 岁的老人。两年后,培根在孤独与凄凉中去世。

培根一生中为人类留下了他的《文集第一编》《文集第二编》《文集第三编》《哲学论文辑》《神学论文辑》《形而上学》《关于亚里士多德的批判研究》等著作,其中许多篇章是在牢狱中构思并完成的。马克思称他是英国 13 世纪最勇敢的思想家和科学家。(参阅《坐了二十四年监狱的科学家罗杰·培根》,载王凌、华平《名人之死》,新华出版社 1989 年版。)

挑战神学的哥白尼

中世纪的欧洲,教会高于一切,教义就是法律,教义宣扬"上帝创造一切","地球是宇宙的中心"。波兰天文学家哥白尼所处的 15～16 世纪正是欧洲的中世纪,宗教神学统治着包括自然科学在内的社会生活的各个领域。在整个中世纪,托勒密的"地心说"在天文学中占着绝对统治的地位。罗马教会支持托勒密的"地球中心说",因为它符合教会的一贯主张:"梵蒂冈处于世界的中心,万物都应朝向它。"

哥白尼通过阅读大量科学著作与文献以及所进行的对天体的反复观测,发现了"地心说"的荒谬,1506 年,他写出《试论天体运行的假说》,宣称:"所有的天体都围绕着太阳运转,太阳附近就是宇宙中心的所在。地球也和别的行星一样绕着圆周运转。"

1516 年秋天,哥白尼开始撰写《天体运行论》,1525 年完成。《天体运行论》是一部系统地、全面地阐明哥白尼"日心说"的不朽巨著。全书共 6卷:第一卷是宇宙概观,重点论述了"日心说"的基本思想;第二卷讲天体运行的基本规律与原理;第三至六卷分别叙述太阳、地球、月亮、内外行星的运动和它们在太阳系中的位置。哥白尼的"日心说"推翻了统治天文学一千多年的"地心说",完成了天文史上的一次伟大革命,为自然科学摆脱宗教神学的桎梏开辟了道路。

哥白尼因为反对"地球中心说"而遭到宗教势力的迫害。哥白尼所在的教区三令五申要查禁哥白尼的"邪说"。哥白尼本人被当作"疯子""叛教者"而受到教会势力的监视。直到哥白尼临终前，他的身边还有密探和奸细。

《天休运行论》的出版也遭到教会势力的阻挠。几经周折，当《天体运行论》于 1543 年 5 月 24 日印好后送到久病不起的哥白尼床前时，处于弥留之际的哥白尼已无力校正被教会篡改了的章节。书送到一小时后，哥白尼就离开了人世。

哥白尼的学说像太阳一样照耀着世界。恩格斯说，哥白尼"日心说"创立，"从此自然科学便开始从神学中解放出来"。"日心说"宣示了科学对神学的独立，标志着近代科学的诞生。（参阅刘邦义《哥白尼》，载林加坤主编《中外年轻有为历史名人 200 个》，河南人民出版社 1985 年版；《哥白尼》，载解启扬编著《世界著名科学家传略》，金盾出版社 2010 年版。）

为捍卫真理而死于火刑的布鲁诺

生于 16 世纪中叶的布鲁诺，一生同中世纪的封建制度、教会与神学的统治进行了不屈不挠的斗争，直至最后为真理而献身。他是把人类从中世纪黑暗势力下解放出来的思想先驱者。

布鲁诺因家境贫寒，15 岁进修道院当见习修士。然而，15 年的修道院生活并没有使他成为一个基督教的虔诚信徒。具有叛逆性格的布鲁诺广泛涉猎包括哥白尼《天体运行论》在内的大量哲学与科学著作，对宗教神学产生了怀疑，写了一些批判《圣经》的文章。他被当作"异端"而开除教籍。由于他不屈服于教会的压力而受到宗教法庭的通缉。他被迫离开祖国意大利而流亡欧洲各国。

布鲁诺继承和发展了哥白尼的"太阳中心说"，认为宇宙具有空间上的无限性与时间上的永恒性；它不可能只有一个中心，太阳只是宇宙间无数星系中的一粒尘埃；宇宙处在不断运动与变化之中；物质是宇宙中的唯一实体，它不可创造也不可消灭。他的这个新宇宙观体现了他的唯物主义和辩证法思想，也是对上帝创造一切的神学的彻底颠覆，因而遭到教会对他的仇视与迫害。

1592 年，布鲁诺被教会裁判所的密探诱捕。1593 年 2 月，布鲁诺带着镣铐被押到罗马，投入监狱。在审讯中，布鲁诺拒绝承认有罪。他面对教皇和宗教裁判所庄严宣告："我不愿放弃我自己的主张，没有什么可以放弃的，没有什么根据要放弃什么，也不知道需要放弃什么。"

1600 年 2 月 8 日，罗马宗教裁判所宣布对布鲁诺的判决：决定剥夺他的一切教职，革出教门，交世俗法庭处置。

1600 年 2 月 17 日，世俗法庭在罗马鲜花广场对布鲁诺执行火刑。在刽子手身旁，布鲁诺大声呼喊："火不能把我征服。未来的世纪会了解我，知道我的价值的。"

300 年后，就在把布鲁诺活活烧死的罗马鲜花广场的中央，建起了一座布鲁诺纪念碑。它向一代一代的后人叙述着布鲁诺悲壮的故事。（参阅赵健民《布鲁诺》，载林加坤主编《中外年轻有为历史名人 200 个》，河南人民出版社 1985 年版。）

伽利略：终身囚禁也要坚守信仰

伽利略在青年时代就具有独立思考的锐气。在比萨大学期间，他经常对一代学术权威亚里士多德物理学中的一些陈旧观点（如"物体落下的速度和它的重量成正比"）提出质疑。学校的教授们把他看作是一个"狂妄的学生"。后来，在亚里士多德学派教授们的排挤下，伽利略不得不离开比萨大学，到帕多瓦大学任教。

1609 年，伽利略制造出比只能放大 3 倍的望远镜高出 30 多倍的高倍率望远镜，更清晰地观察到了月球、木星、土星等天体，从而否定了亚里士多德关于"天体是完美无缺"的理论。人们高度评价伽利略的新发现，认为"哥伦布发现了新大陆，伽利略发现了新宇宙"。而保守思想的学者却攻击他，说他的观测是一种"光学上的骗局"。

1613 年，伽利略发表的《论太阳黑子的信札》论证了太阳的自转与地球的公转，再次证明了哥白尼学说的正确和托勒密学说的谬误。

伽利略的言行被罗马教廷的密探报告给罗马红衣主教。同时，亚里士多德学派的教授也联合起来反对伽利略，指责他的学说同《圣经》相矛盾，违背天主教的教义。在罗马，伽利略同保守派的学者展开论战，坚决维护哥白尼的观点。1616 年，宗教裁判所要伽利略放弃他的观点，否则，他将遭到监禁。罗马教廷禁书目录会议也发布命令，宣布哥白尼的著作损害天主教教义，因此停止了哥白尼著作的出版。伽利略以沉默回答这种文化专制主义和思想专制主义的野蛮行径。

1632 年，伽利略带着他的《关于两种世界体系的对话》（下文简称《对话》）原稿访问罗马教皇。《对话》以三人对话的形式就托勒密地心体系和哥白尼日心体系展开辩论，对哥白尼的学说给予有力支持。本来教皇已同意该书出版，然而宗教界的许多人在教皇面前诬告伽利略，结果教皇反过来又下令起诉伽利略。于是宗教裁判所命令年近七旬又体弱多病的伽利略到罗马受审。

审讯中，伽利略据理为自己辩护，而且拒绝女儿让他悔罪的劝告，继续为真理而战。即使遭到各种刑具的威逼，他始终不低下自己高贵的头颅。

1633 年 6 月 22 日，裁判所判决《对话》为禁书，判处伽利略终身监禁。伽利略在判决后大声喊道：“无论如何，地球仍在运动！”任何强权都不能使他放弃或者改变自己的信仰。

伽利略被宗教裁判所囚禁了 9 年，只有女儿在他身边照料他。1634 年，他女儿死去。1637 年，他双目失明。1642 年 1 月 8 日，伽利略在孤独与痛苦中病逝于狱中。

1984 年，伽利略冤案得到罗马教皇昭雪。其实，这 300 多年后的“昭雪”对于伽利略已毫无意义。在人们的心中，他过去、现在和将来都是伟大和不朽的。（参阅《伽利略的晚年岁月》，载王凌、华平编《名人之死》，新华出版社 1989 年版；《伽利略》，载解启扬编著《世界著名科学家传略》，金盾出版社 2010 年版。）

创立科学哲学的先驱笛卡尔

1596 年，勒奈·笛卡尔生于法国。当时欧洲正处于黑暗的中世纪，有唯物主义思想的科学家像哥白尼、布鲁诺、伽利略等都受到宗教势力的残酷迫害，有的还为此献出了生命。

笛卡尔在青少年时代受哥白尼学说的影响，反对教会和神学，厌恶充斥课堂的经院哲学那些虚伪而反动的说教。他的见解遭到谩骂和攻击。于是他立志周游世界，“到整个世界这本大书里”去寻求真理。

1616 年，20 岁的笛卡尔开始为期 10 年的世界漫游。在欧洲各国，他看到资产阶级革命的火焰到处燃烧，从中受到莫大鼓舞。1628 年，他到了资产阶级革命已经成功的荷兰定居，并开始科学研究活动。

1629 年至 1633 年，笛卡尔写成了《论世界》一书。其中，他为该书写的序言《方法论》，提出应抛弃所有因袭的见解，主张"系统的怀疑方法"，认为可以怀疑一切，从而使人类能够无限地认识自然界。后来他又出版了《形而上学的沉思》和《哲学原理》，提出"我思故我在"的原则。笛卡尔不承认世界是上帝的安排，也不承认天才是先天注定的，他主张建立"实践哲学体系"。他的唯物主义倾向有力地冲击了教会和反动神学。教会逼着法院下令禁止这种与无神论相差无几的新思想的传播。一个地方市议会甚至下令拘捕笛卡尔。

笛卡尔不畏惧教会与神学势力的围攻与恫吓，坚持并发展了自己的学说。在科学界，他较早提出用哲学指导科学研究的思想。他认为"一切科学的原则都应当是从哲学里取得的"。他正是用这种思想指导了自己的科学研究，取得了多方面的成果。

在物理学上，他明确指出：物质沿着封闭的曲线运动，运动的基本规律是运动量的守恒定律。马克思充分肯定了笛卡尔物理学的价值，说："在他的物理学的范围内，物质是唯一的实体，是存在和认识的唯一根据。"在光学方面，他推论出光的折射定律。在生物方面，他提出了神经传导和反射机能的理论。在数学方面，他创立了解析几何，还第一个使用了变数和函数的概念，引起了数学的深刻革命。而所有这些科学的新发现、新理论都来自于他的科学哲学，来自于他的先进的方法论。

1650 年，54 岁的笛卡尔因病去世。生前，他的演说被禁止传播；死后多年，他的著作仍被梵蒂冈列入教皇的"禁书目录"。然而真理是无法被禁锢的。在笛卡尔去世一个半世纪以后的 1799 年，他的骨灰终于被送进了法国历史博物馆。他的杰出思想与贡献永远载入科学的史册。（参阅《"辩证哲学家"笛卡尔》，载王凌、华平编《名人之死》，新华出版社 1989 年版。）

2. 不屈的思想启蒙者

为了"对真理和正义的热诚"而献身的狄德罗

狄德罗生于 1713 年。他在青年时代，由于在学习专业上与父亲心意不合，父亲就停止了对他的资助，使他的生活陷于十分贫困之中。他当家庭教师，雇主只给他一点工钱或几件衣服、几本书籍，有时甚至什么也不给。有时他身无分文，只好流落街头，不得不饿着肚子到咖啡馆去求宿。这种贫穷的底层生活不仅磨练了他的意志，而且使他广泛深刻地了解认识了社会，为后来他的启蒙思想的创立与成熟打下了基础。

1745 年，出版商布雷东聘请狄德罗编纂《百科全书》。与此同时，他的哲学论著《哲学思想录》面世。在这部著作中，狄德罗旗帜鲜明地宣扬无神论，向天主教和上帝宣战。他指出，"上帝是没有的"，"上帝创造世界是一种妄想"。当权者认为狄德罗是"极端危险的人"。巴黎警察局建立了狄德罗专门档案，巴黎法院判决把他的有关书籍销毁。然而狄德罗没有被吓倒， 年后，他又写成《怀疑论者的散少》，继续宣传无神论思想，挑战宗教的权威。

统治者对狄德罗的思想不能容忍，1799 年 7 月的一天，他们派警察搜查了狄德罗的家，并将他逮捕。狄德罗对妻子说了一声"晚饭不要等我"，就跨上了警车。在狱中，狄德罗受到严厉惩罚。他被关在地牢中，外来人不准探监。狄德罗只随身带了一本弥尔顿的《失乐园》。他用牙签当笔，用从石板上刮下来的粉末与酒调成墨水，在《失乐园》的扉页及每页的空白处写下了许多他的思想。

狄德罗出狱后，以极大的热情投入了《百科全书》的编写工作。他决心通过《百科全书》，不仅要传播知识，而且要对宗教和反动的社会势力进行批判；通过《百科全书》，改变大家的思想方法，掀起一场"人类精神的革命"。

1751 年，《百科全书》第一卷出版，立即成为保守分子和反动派攻击的目标。政府指定三名天主教徒检查官，对《百科全书》逐条进行审查。1752 年《百科全书》第二卷出版后，政府又下了"禁止出版"令，并没收原稿。后来迫于读者的强大压力，政府不得不同意继续出版。

1758 年，《百科全书》出版第七卷，因收入了爱尔维修的《精神论》一文而受到巴黎议会的谴责并被焚毁，《百科全书》正式被列为禁书。1759 年，政府吊销了《百科全书》的继续出版许可证。这时，一些朋友劝狄德罗放弃出版计划，逃生国外。狄德罗回答："不，放弃工作就是逃避困难，这正是那些要迫害我们的恶棍所希望的。"狄德罗表示，"我们应该做勇敢的人"。面对敌人的迫害与一些朋友的离弃，狄德罗不畏惧，更不动摇，继续从事《百科全书》的编纂和出版工作。

狄德罗为《百科全书》呕心沥血。他不仅承担了大量的组织、编辑、审校工作，而且还亲自为该书撰写了一千多篇文章和条文，监制了 3000 幅插图。《百科全书》共 28 卷，从 1751 年出版第一卷到 1772 年发行最后一卷，经历了 21 年的时间，可以说狄德罗为这部巨著倾注了毕生的精力。1765 年，狄德罗在审阅最后几页文稿时感慨地说："再过十来天，占用了我 20 年时间的一项工作就要完成了。这并没有大大增加我的财产，却使我几经风险，差点离开祖国，失去自由……"

《百科全书》是新思想的宣传者和新的精神力量的凝聚者。以《百科全书》的编辑和出版为中心，法国启蒙思想运动的高潮形成，以狄德罗为旗手的启蒙思想人士被称为"百科全书派"。恩格斯在评价狄德罗的伟大贡献时说："如果说，有谁为了对真理和正义的热诚而献出了整个生命，那么，例如狄德罗就是这样的人。"

1784 年 7 月 30 日，狄德罗去世。他女儿听到他讲的最后一句话是："怀疑是向哲学迈出的第一步。"这是狄德罗为所有从事科学事业的人留下的一句至理名言。（参阅张志明《狄德罗》，载林加坤主编《中外年轻有为历史名人 200 个》，河南人民出版社 1985 年版。）

车尔尼雪夫斯基：监狱、苦役、流放中的思想和文学大师

俄国杰出的民主主义者和批判现实主义的伟大作家车尔尼雪夫斯基，1828 年出生于伏尔加河畔的萨拉托夫城的一个牧师家庭。他的父亲是一个平民知识分子。受父亲的影响，车尔尼雪夫斯基在少年时代就阅读了家中收藏的大量文学、历史、地理以及自然科学的书籍。他 10 岁时，知识水平已赶上了高年级的中学生。16 岁时，他已通晓希腊、法、德、英等外语。

18 岁，车尔尼雪夫斯基考入圣彼得堡大学哲学系。1850 年大学毕业后，他先是在一所中学里教文学课。1853 年，他来到政治斗争的中心——圣彼得堡，开始为《祖国纪事》撰稿。后来与作家涅克拉索夫相识，应邀

加入《现代人》杂志编辑部。1856 年，由他主持《现代人》杂志的工作。这一时期，车尔尼雪夫斯基利用《现代人》杂志发表了一大批传播革命思想、揭露沙皇俄国腐败黑暗的文章。他还写了许多革命传单，直接到群众中进行宣传鼓动。车尔尼雪夫斯基的言行引起反动势力的仇恨。1862 年 6 月，《现代人》杂志被勒令停刊 8 个月。7 月，车尔尼雪夫斯基被逮捕，关入彼得保罗要塞监狱达 678 天。在狱中，车尔尼雪夫斯基仅用 4 个月的时间就完成了著名长篇小说《怎么办？》的写作。书稿秘密传出监狱，经涅克拉索夫之手在《现代人》杂志发表。小说表现了只有斗争才能改变人民的厄运的革命理想，表达了对光明未来的渴望。小说引起了轰动，但却遭到当局的查禁。沙皇政府逼迫车尔尼雪夫斯基承认自己有罪，而他却坚定地回答："我可以在这里坐到头发灰白，坐到死，但决不承认自己有罪。"

1864 年 5 月 19 日，沙皇当局以"国事犯"的罪名对车尔尼雪夫斯基执行"假死刑"，判他 7 年苦役，并终生放逐到遥远而荒凉的西伯利亚。在流放期间，在矿场的窝棚中，车尔尼雪夫斯基又写出了另一部著名长篇小说《序幕》。1877 年，小说在马克思的帮助下在伦敦出版。

经过了 25 年的苦役和流放，车尔尼雪夫斯基于 1889 年 6 月被允许从流放地返回故乡萨拉托夫。就在这年的 10 月，车尔尼雪夫斯基与世长辞。

车尔尼雪夫斯基在他 61 年的生涯中，有 27 年的时间是在监狱、苦役和流放中度过的，他的主要文学成就也正出现于这一时期。永远的革命理想是车尔尼雪夫斯基的生命燃烧发光的动力源泉。他说："人的活动如果没有理想的鼓舞，就会变得空虚和渺小。"（参阅《俄国伟大的学者和批评家车尔尼雪夫斯基》，载林加坤主编《中外年轻有为历史名人 200 个》，河南人民出版社 1985 年版。）

3."独立之精神，自由之思想"的捍卫者

陈寅恪的学者风骨

陈寅恪是一位融汇古今、学贯中西的学问大家。在哈佛留学期间，他与吴宓、汤用彤并称"哈佛三杰"。1924 年，清华国学研究院聘请国学导师，

34 岁的陈寅恪是与王国维、梁启超、赵元任比肩的四导师之一。

1929 年，陈寅恪为国学大师王国维作纪念碑文，赞扬王国维"独立之精神，自由之思想，历千万祀，与天壤而同久，共三光而永光"，"思想不自由，毋宁死耳！"陈寅恪的一生，正是追求"独立之精神，自由之思想"的一生。

陈寅恪在国外留学一二十年，先后就读于哈佛大学、柏林大学、巴黎大学，但他不汲汲以求什么学士、硕士、博士学位，而是埋头于读书与思考。他精通和懂得 20 个国家的语言，在语言学、史学、佛学等许多领域有极高的造诣。他认为学到了知识即完成了任务，再待下去就是浪费时间，所以常常是未获学位就不辞而别了。

1915 年，25 岁的陈寅恪被聘为全国经济局局长蔡锷的秘书，蔡锷让陈为他撰写各种应酬公文及颂扬文字。陈对蔡锷整日沉湎于曲院、妓院颇为反感。他既反对袁世凯称帝，又鄙视蔡锷的所作所为，更不愿去写违背个人意愿的公文俗章，所以半年后他弃职而去。

1941 年，由西南联大去英国牛津大学任教并治疗眼疾的陈寅恪与家人被困于沦陷的香港，生活来源完全断绝。这时，汪精卫的夫人陈璧君与伪中山大学校长来到陈家，以高薪引诱陈寅恪前往中山大学任教，遭陈的严词拒绝。他说："饿死、病死事小，亏损大节则万万不可！"

伪北京大学校长亦专程到香港，以高薪恳请陈寅恪前往北大任教，陈痛斥他："汝欲陷我于不仁不义，遭后世万代唾骂乎？"

日本港督出资 40 万港币请陈寅恪牵头办东亚文化会及审查新编教科书，也遭到断然拒绝。

1945 年抗战胜利后，蒋介石拟用重金请陈寅恪撰写《李世民传》，实际上是为他自己树碑立传。当时陈寅恪虽贫病交加，却一口回绝："我写文章，违背我本意的我决不写！"

1948 年底，北平已在解放军的重兵包围之下，国民党实施"抢救学人计划"，陈寅恪是首批被抢救的"国宝"。但他没有去台湾，而是南下去了广州。同事、好友再三劝他离开大陆，有的直接把飞机票递到他的手中，但他毅然决定留在广州。

新中国成立初期，在广州中山大学任教的陈寅恪被选为全国政协常委，后又担任中国科学院学部委员（即现在的院士）。1953 年，中科院邀请陈寅恪回北京担任中科院第二历史研究所（中古所）所长。他在给科学院的答复信中重申："我认为学术研究，最重要的是要有自由的意志和独立的精神……没有自由思想，没有独立精神，即不能发扬真理，即不能研究学术"，"独立精神和自由意志是必须争的，且须以生命力争。一切都是小事，惟此是大事。"

继 1957 年"反右斗争"之后，1958 年在科研单位与高等学校中又开展对所谓资产阶级学术思想与教育思想的批判运动（即所谓"拔白旗、插红旗"运动），陈寅恪受到批判。在中山大学青年教师和学生的大字报中，竟指责和嘲笑陈寅恪是"伪科学""假权威"。为此，陈寅恪向中山大学提出：从此不再开课，不再带研究生，同时也不再撰写、发表、出版史学论著。他选择沉默。

"文化大革命"中，陈寅恪受到进一步的迫害。他被抄家，其助手和护士被赶走，讨伐他的大字报贴满屋里屋外，恐怖的高音喇叭日夜吼叫，妻子唐筼饱受拳脚之苦。陈寅恪双目失明瘫痪在床，差点被用箩筐抬到会场批斗。正是在这种红色恐怖中，陈寅恪于 1969 年 10 月 8 日与世长辞，45 天后，妻子也随他而去。

"文化大革命"前，双目失明的陈寅恪在助手的帮助下，口述了 85 万字的《柳如是别传》。但他已胸有成竹的准备撰写的"中国通史""中国文化史"的计划却由于"文化大革命"浩劫而化为泡影。

陈寅恪先生已逝，但他的学者风骨与他所倡导的"独立之精神，自由之思想"却垂范后世。（参阅汪荣祖《陈寅恪评传》，百花洲文艺出版社 1992 年第 1 版，2015 年第 2 版；刘斌等编著《寂寞陈寅恪》，华文出版社 2007 年版；景寅山《景仰陈寅恪什么——纪念陈寅恪逝世 40 周年》，载《人物》2009 年第 9 期。）

顾准在"地狱"中寻找"第二个太阳"

1974 年 12 月 3 日，中国当代学者顾准在病痛与孤独中死去。从 1952 年到 1974 年的 22 年中，顾准在政治上、肉体上、情感上经历了令人难以想象的打击与磨难；然而，也正是在这一时期，他在思想上、学术上却向世人展现了他过人的胆识、杰出的智慧与崇高的人格。

上海解放后，顾准担任上海市财政局局长兼税务局局长。1952 年，因为在税收问题上与中央意见相左，被撤销党内外一切职务。在后来的"三反""五反"运动中，他又被当作与党对抗的"三反分子"而受到惩处。

1956 年，党内传达赫鲁晓夫在苏共二十大上所做的《关于个人崇拜及其后果》的报告，顾准开始重新思考阶级斗争的理论。他对一些政治运动（如 40 年代延安的"抢救运动"，50 年代的"三反运动"等）的必要性、正确性产生了怀疑，对于对毛泽东的"神化"提出质疑。他认为，对领袖的崇拜已经演变成了一种"宗教现象"。他根据 100 多年来社会主义运动的经验教训，大胆提出"民主社会主义"的设想。他还是当代中国提出社会主义条件下市场经济理论的第一人。他发表的《试论社会主义制度下的商品生产和价值规律》一文勇闯了理论禁区，这在计划经济是不可动摇、不可触犯的铁律的 20 世纪 50 年代的中国，无疑是一声振聋发聩的呼喊。

1957 年，顾准由于有"反苏"言论和同情"右派分子"而被错划为"右派分子"，并开除党籍，下放农场监督劳动。监督劳动是一种真正的苦役，每天劳动十五六个小时。顾准常常被指派去干最脏、最苦、最累的活儿。他穿得破破烂烂，看上去连乞丐都不如。

1958 年，他被派往河北省赞皇县，开头是修水库，不久转入农田劳动。最初的两个月，顾准用短柄小锄头锄地，由于腰部僵硬，不能蹲在地上干活儿，只能将双膝跪在泥地里，一边锄地，一边用手支撑着爬行前进。不久，他的双膝磨破，手掌也血肉模糊。

1959 年，顾准又被派到河南商城县，下村里参加劳动。他经常在半夜两三点钟被喊起来下地干活儿，一直干到太阳落山，翻地、种菜、浇水什么活儿都干。后来顾准扭伤了左脚，就被改派下粪窖积肥。有时他还挑起粪挑子，走街串巷拾大粪，没有工具，就用手把大粪捡起来。他因此成为全村最脏、最臭的人。

顾准如果为保护自己而趋炎附势，以他的资历升官发财、住洋房、坐轿车都是轻而易举的事。然而，他却选择了艰险坎坷的寻求真理之路。

1961 年 11 月，按当时的干部甄别政策，顾准摘掉了"右派分子"的帽子。1962 年，他重新回到社科院经研所，全身心地投入学术研究，1963 年、1964 年，顾准撰写了《社会主义会计学中的几个理论问题》《会计学原理》等著作，提出"社会主义企业只有产生利润才有出路"等正确主张。然而，顾准却由于这些"异论新说"而被批判。1965 年 2 月，顾准被逮捕，"监督审查"了 4 个月。1965 年 9 月，他被第二次戴上"反党右派"的帽子再次下放劳动，在饲养场当猪倌。

1966 年"文化大革命"初期，顾准参加无数次批斗会，并遭受毒打。有人用砖头砸他的脑袋，造成他脑颅开裂，还在地上拖拉他，他几乎被折磨至死。

面对血淋淋的现实，他深入思考"文化大革命"中的"大民主"问题。他尖锐地指出，形式上让群众当主人，直接参加管理国家事务，实际上是一种受专制集团控制的暴政，它具有巨大破坏力。

1967 年，妻子为了儿女前途，被迫提出与顾准离婚。1968 年，政治、经济、情感都陷入困境的妻子服毒自杀。这时的顾准坠入了人生的低谷。然而，为真理献身成为顾准的一种强大精神力量，使他能压倒一切苦难而自己却没有倒下。他仍然念念不忘他的"十年研究计划"。他"要为反对专制主义而奋斗到底"，哪怕为此再下一次地狱。

1969 年冬，顾准被遣送到河南省驻马店五七干校，在繁重的劳动之余，顾准学习和研究世界文化史、经济史、政治史、宗教史。他认识到："没有上层建筑的同步改革，即使经济再发达也无法跨入先进国家行列，甚至可能出现新的悲剧。"

1972 年，顾准回到北京，继续他的研究：理想主义与经验主义，直接民主与极权政治，资本主义与社会主义，东方文明与西方文明……他的理论触角涉及广泛的领域。政治迫害、癌症晚期都未能阻止他研究的热情。他步行到北京图书馆查阅图书资料。他抱病撰写《希腊城邦制度》《从理想主义到经验主义》。1974 年 10 月下旬，顾准大量咯血，身体极度虚弱，有时大汗淋漓，但他仍靠在床上，坚持读书、写作、做卡片、做笔记。

泰戈尔说："拆下自己的肋骨，当作火把，点燃它，照亮黑暗中的路。"顾准就是这样一个"拆下自己的肋骨"当火把，在黑暗中探索真理的勇士。

在顾准的心中，真理就是第二个太阳；他迎着太阳，义无反顾、披荆斩棘地向着太阳前进。

在顾准弥留之际，当时的中国社科院领导派人与他谈话，让他在一张认错书上签字，这样才能在死前摘掉"右派分子"的帽子。顾准为捍卫自己心中的真理的太阳，坚决不签字。有朋友劝他说：只有签字，子女才能来医院看他，他才勉强签了字。他颤抖着手在这份认错书上签字时，由于内心极度的矛盾与痛苦而流下了眼泪。

1974 年 12 月 3 日，顾准病逝，终年 59 岁。弥留之际，他对一位挚友说："我才 59 岁，我真不愿意死啊，我还有很多事没有做完……"

王元化先生在为《拆下肋骨当火把——顾准全传》写的序中说：意外地株连，两次被打成"右派"，劳改苦役，由于狱卒的蛮横所受到的人格侮辱和肉体摧残，饥饿，疾病，家庭的不幸，离婚，妻子的自杀，子女断绝亲情，最后的绝症……种种不幸一股脑儿降在他毫无防御的头上，好像要让他饮尽人生的苦酒。但他没有躺下去，偏偏在非人的生活中挣扎着，活下来，而且还不停地读，直到因癌症去世。这种非凡的毅力可以说达到了人们所能达到的极限。

《顾准全传》的作者高建国在书的后记中评价顾准说："重叠的苦难和深远的忧患意识，催生了非凡而深刻的思想。与其说顾准的著作是先知先觉的智慧的结晶，毋宁说是中华苦难母亲用乳汁哺育出来的赤子，付出生命代价换取的体验与忠告。"正如顾准所说："我一生不愿放弃探求真理。""科学的大门就是地狱的大门，我一定要蹚过这个地狱。"他最终虽没有蹚过这个"地狱"，但他的确是一位坚守自己的信念，勇敢向地狱挑战的伟大的思想先驱和忠诚的真理卫士。（参阅高建国《顾准全传》，上海文艺出版社 2000 年版；罗银胜《顾准传》，团结出版社 1999 年版；陈敏之、丁东编《顾准日记》，经济日报出版社 1997 年版。）

张志新：顶妖风挺身而出

1966 年 5 月，"文化大革命"爆发。张志新作为一名共产党员和党的干部，对于当时全国性的大动乱很不理解，对于当时呼风唤雨的人物（如林彪、江青等人）提出了怀疑："中央文革是集体领导还是江青自己说了算？江青历史上到底是干什么的？江青审查了没有？江青把很多电影、戏剧都批了，现在就剩下几个样板戏，唱唱语录歌，这样搞下去，祖国的文学艺术不是越来越枯竭和单调了吗？江青有问题为什么不可以揭？中央文革也可以揭么！""什么'顶峰'？什么'一句顶一万句'？什么'不理解的也要执行'？这样下去不堪设想！这不是树毛主席的威信，是树林彪自己的威信，我对林彪没有什么信任。"

张志新毫不隐瞒自己的观点，她在与同志们的交谈中，在会议上，都旗帜鲜明地阐发自己的见解。有不少同志深知问题的严重，出于对她的爱护，劝她要"立即刹闸"。而张志新却说："这个闸我不能刹！"

于是很快，她被立案审查，被逮捕入狱，被判无期徒期，后又改判死刑。

从 1969 年 9 月 24 日被捕到 1975 年 4 月 4 日被枪决，共 2100 天。她在狱中遭到毒打，头发几乎被拔光。但她始终不认罪，不低头。她写下了《谁之罪》的诗篇：

"今天来问罪/谁应是领罪的人？！/今天来问罪，/我是无罪的人！"

她写下了不认罪的《认罪书》：

"高举着真理的火炬，走自己的路，让人家去说吧！想要革命吗？你就应该是强者——这就是一个共产党员的宣言！"

临刑前，管教员问她还有什么话要说，她只回答一句话："我是一个共产党员，我的观点至死不变！"

为了执行枪决的顺利进行，行刑人员竟残忍地切断了她的喉管，剥夺了她说话的权利。

张志新倒下了，然而她为捍卫真理而英勇献身的伟大形象与崇高精神却与山河同在，与日月同辉。（参阅张书绅《正气歌》，载周明主编《历史在这里沉思（1966—1976 年纪实）》，华夏出版社 1986 年版。）

遇罗克：抗逆流无所畏惧

遇罗克的父母在 1957 年均被错划为"右派分子"，他也因此在学校受到歧视，两次高考都由于出身问题而未被录取。

遇罗克是一个很有思想的青年。在中学时代，他就阅读了大量有关哲学、政治、经济、历史、科技、文学等方面的书籍，对许多社会问题有了自己独立的思考。他对于"反右""大跃进""大炼钢铁""白专道路"等都有不同流俗的看法。1965年，姚文元发表《评新编历史剧〈海瑞罢官〉》，遇罗克就写了3篇万字文与姚"商榷"，并称"姚文元诸君只是跳梁的小丑"。

1966年"文化大革命"开始后，社会上盛行"老子英雄儿好汉，老子反动儿混蛋"的反动血统论。他冒着被打成"现行反革命"的风险，以"家庭出身研究小组"的名义，写出《出身论》的长篇文章，一针见血地指出"血统论"的封建根基及其现实危害。他根据马克思主义的历史唯物论和辩证法，指出："人是能够选择自己的前进方向的。"他充分肯定"重在表现"的正确性，全面深刻地批驳了极"左"的"唯成分"论。文章在《中学文革报》上发表，引起轰动和激烈争议。当时中央文革领导小组成员之一的戚本禹表态说：《出身论》是反动的。而遇罗克面对来自权力顶峰人物的巨大压力却坚强不屈，5次上书毛泽东申诉："说《出身论》代表反动的社会思潮，我不同意。"尽管刊有遇罗克文章的《中学文革报》发行到全国各地，翻印达100多万份，但仍被迫停印。有人劝遇罗克认错，他说："我不能背弃自己的信念。……即使为此而进了监狱，若干年后也总有人回忆起：在那样危险的暴风雨的岁月里，他发出了维护真理的勇敢的声音！"

后来，遇罗克又写了《工资论》，指出计划经济下的一些陈规陋习"很有必要改善"，表现出他超前的思想。

遇罗克已预感到自己不幸的未来，然而他不后悔，不却步。他说："我知道与强大的传统势力宣战不会有好的结果的。但我准备迎着风浪前进。""假使我不是把生命置之不顾，我就绝不能写出这样的任何一篇文章来。从《出身论》一发表，我就抱定了献身的宗旨。"

1967年底，遇罗克被捕。他在狱中十分坦然地表示："假如我也挨斗，我一定要记住两件事：一，死不低头；二，开始坚强，最后还是坚强。"正是由于遇罗克的"坚强"，他最终被判处死刑。1970年3月5日，他被执行枪决，年仅27岁。（参阅王晨、张天来《划破夜幕的陨星》，载周明主编《历史在这里沉思》（1966—1976年纪实），华夏出版社1986年版。）

二、忧国忧民，"虽九死其犹未悔"

屈原：命殒汨罗的伟大爱国者

屈原是战国末年楚国的一位有远见的政治家和爱国诗人。他"博文强志，明于治乱，娴于辞令"，被楚怀王任命为左徒，"入则与王图议国事以出号令，出则接遇宾客，应对诸侯"，权重一时。

屈原受到楚怀王的信任与重用，却遭到上官大夫靳尚的嫉恨，他在怀王面前屡进谗言，说屈原经常自我吹嘘："每一令出，平（屈原）伐（夸大）其功曰：'以为非我莫能为也。'"怀王怒而疏远了屈原，将屈原改任三闾大夫（掌管楚国王族三姓的小官）。

屈原在政坛上遭到打击与陷害，并没有颓丧，依然关心国事，进言献策。屈原主张联齐抗秦的合纵政策，而楚怀王却听信奸佞靳尚、宠妃郑袖的蛊惑，放弃合纵政策，与秦和好。屈原因此在政治上失势，离开郢都，被贬到汉北一带。后来秦背信弃义，向楚发动进攻，楚节节败退。秦以胜者自居，令楚怀王到武关与秦昭王相会。屈原识破秦的阴谋，劝阻怀王："秦，虎狼之国，不可信，不如无行！"怀王不纳谏言，反而听信其幼子子兰的劝说去了武关，结果被秦兵劫去。3 年后，怀王在囚禁中死去。

怀王死后，灵柩运回楚国。屈原悲愤之极，写《招魂》以寄托哀思。太子横继位（顷襄王），封其弟子兰为令尹。子兰当年曾力促怀王赴武关之会。他读过《招魂》后，对屈原怀恨在心，指使上官大夫在顷襄王面前诋毁屈原。而顷襄王则偏听偏信，把屈原流放到沅江、湘江一带，屈原在这一荒凉之地度过了他一生中最后的时光。

后来，秦向楚国发动大规模进攻，楚的大片国土被侵占，楚都郢城陷落，顷襄王仓皇出逃，楚国人民陷入水深火热之中。历史的结局完全摧毁了屈原的理想，令他十分痛心。屈原常披发行吟于江边，他回顾自己的一生，满腹经纶怀才不遇，竭忠尽智却"信而见疑，忠而被谤"，故而发出"举世混浊而我独清，众人皆醉而我独醒"的慨叹。江边渔夫问他："举世混浊，何不随其流而扬其波？众人皆醉何不醺其糟而啜其醨？"屈原答道："宁赴常流而葬乎江鱼腹中耳，又安能以皓皓之白而蒙世之温蠖（尘埃）乎！"公元前278年夏历五月五日，屈原自投汨罗江而死。后人将每年夏历的五月初五定为端午节，以纪念这位爱国爱民、虽命运多舛而九死不悔的伟大政治家和诗人。（参阅司马迁《史记·屈原贾生列传》；《屈原》，载何国山主编《中华名人百传》（三），吉林大学出版社2009年版。）

面对昏君污吏而刚正不阿的海瑞

海瑞在青年时代就立下不同流俗的志向。他不愿走科举中第、只求功名的老路，更不愿做祸害百姓的庸官污吏，而是要做对国对民有所作为的"屹中流之砥柱"。他取号刚峰，表达他匡世济民、刚正不阿的志气与性格。

1564年，海瑞擢升入京做户部云南司主事。当时，豪绅兼并土地，贪官横征暴敛，嘉靖皇帝又醉心道术，不理朝政，存在一片败国之象。目睹社会的严重危机，刚做官一年多的海瑞便冒死上疏。1566年在《骂皇帝疏》中，海瑞严厉批评嘉靖皇帝"修坛设醮，崇信道士，滥兴土木"，耗尽民脂民膏；20余年不问政事，致使"法纪弛废，弊病百生"；对于敢于直言的人，则"大加辱戮"。他希望皇帝"幡然悔悟，与民更始"。嘉靖皇帝阅后大怒，将海瑞罢官下狱。

海瑞早已预料到谏上会有严重的后果，他事先辞退了仆人，告别了家人，并将仅有银两交给朋友，托其买棺材和料理后事，表示他为谏而死的决心。

1566年，嘉靖皇帝病死，隆庆帝继位，海瑞官复原职。1569年，海瑞出任钦差总理粮储提督军务兼任应天巡抚，成为江南行政、军事、监察的最高长官。时值当地连年灾荒，海瑞到任后，采取以工代赈的办法，疏浚吴淞江，以兴水利；同时，他推行"一条鞭法"，改革赋税的征收，减轻人民的负担，深得民心。此外，海瑞还下大力气治理民怨最集中、百姓最急切需要解决的官绅兼并土地的问题。仅松江府华亭县乡官徐阶一家就占有土地24万亩，奴仆数千人。海瑞下令土豪劣绅将侵占农民的土地一律退出，就连做过宰辅的徐阶也不能例外。

海瑞的行动打击了豪强地主的气焰，触动了官僚地主的利益，遭到了他们强烈的抵抗。1569年，海瑞再次被罢官，告病还乡。海瑞在用俸银置买的一座普通的房屋里，度过了16年俭朴的田园生活。1585年，海瑞再次被启用，先后任南京吏部右侍郎和南京右都御史，两年后病逝。

海瑞冒死上疏和"退田"抑制豪强这两件事最终都失败了。然而，他清正廉洁、为国解忧、为民请命的事迹和他不畏权贵、刚直不阿的精神却永垂史册。

1587 年 11 月 13 日海瑞在南京逝世。载着海瑞棺椁的丧船过江，两岸站满了穿戴白衣白帽的人为他祭奠哭拜，百里不绝。（参阅董四礼《海瑞》，载段崇轩《中国古代名人传》，黑龙江人民出版社 1986 年版。）

敢怒敢言的马寅初

马寅初（1882—1982）活了百岁，而他的大半生却与厄运相伴。

马寅初在少年时代，就立志要做一番大事业。他拒不听从父亲让他在农村做小店铺管账先生的意愿，而要进城读书。父亲气得罚他跪在地上，用竹筒抽打他，他也不低头。

马寅初性格倔强，认准的事就拼命去干。他在上海读完中学，又到天津读完大学，由于成绩优异，1906 年他被保送去美国留学。8 年中，他先后获得耶鲁大学和哥伦比亚大学两个博士学位，1915 年回到祖国。回国后，他一不做官，二不发财，而是到北京大学担任了经济学教授。他想通过研究中国财政、经济的弊端，寻求医治中国衰败的良方。

马寅初有句名言："言人之所言，那很容易；言人之所欲言，就不太容易了；言人之不能言，那就更难了……我就要言人之所欲言、言人之所不敢言。"他是这样说的，也是这样做的。

1927 年以后，马寅初以财政经济专家的身份参与了南京国民政府的立法院工作，先后任财政、经济委员会委员兼委员长。任职期间，他经常同宋子文、孔祥熙等国民党官僚们发生争论。特别是抗日战争爆发后，国民党统治集团中的一些人趁国家危难之机，巧取豪夺，大发国难财。马寅初对此十分气愤。他挺身而出，发文章，做演讲，对这些窃国蟊贼予以公开揭露。他痛斥国民党的"经济专政"，指控蒋、宋、孔、陈四大家族是中国最大的贪污犯，"其误国之罪，远在奸商汉奸之上"。他还向立法院正式提出议案，要求向这几个握国家"财政主枢纽""执金融之牛耳"的"大财神"征收"临时财产税"，把他们靠权势所聚敛的钱财，全部"贡献于国家"。

马寅初的活动在社会上造成巨大的影响，蒋介石对此惊恐万状，派人拉拢马寅初，想以封官许愿封住他的口，而他却以笑置之："你们想弄个官位把我的嘴封住，办不到！"反动当局恼羞成怒，密令各地不准马寅初任教授或安排其他工作，不准他发表演讲。他的周围布满了特务、密探。然而马寅初大义凛然，视死如归，依然到处演讲。1940 年 11 月 10 日，他在特务密布的重庆实验剧院发表演讲，抨击国民党的腐败："前方吃紧，后方紧吃；前方流血抗战，后方平和满贯，真是天良丧尽，丧尽天良！"他义正辞严地告诉在场的特务、警察："要逮捕我马寅初吧，那就请耐心一点，等我讲完后，再下手不迟。"

果然，1940 年 12 月 6 日的清晨，一群宪兵突然闯进学校将马寅初逮捕，押到贵州息烽的一个集中营里，后来又转到上饶集中营。在周恩来的多方营救下，1942 年 8 月，马寅初出狱，但仍被软禁在重庆歌乐山，1944 年才获得人身自由。

一年零九个月的牢狱生活，以及两年多的软禁，没有磨灭马寅初的斗志，他冒着杀身之祸，仍然到处演讲，接见记者和青年学生。1946 年 2 月 10 日，在重庆"校场口事件"中，他与郭沫若、李公朴都被国民党特务打伤。他伤口未愈，又到各处去演讲，参加教师罢教和学生游行，被称为"狮子怒吼"的民主斗士。

1949 年新中国成立后，年近古稀的马寅初任北京大学校长。他发表了一系列论述解放初期国家财政经济问题的文章，为人民政府在短期内制止通货膨胀、稳定物价和促进国家财政经济状况好转做出了重要贡献。

马寅初一贯重视理论联系实际，注重社会调查。1953 年，他三下浙江视察，发现我国人口的增长率高得惊人（每年净增人口高达 1300 万）。他警告说，如不加节制，50 年后的中国人口将有 26 亿之多！因此他得出结论：在实行计划经济的同时，必须实行计划生育，控制人口的增长。1957 年 3 月，在最高国务会议上，他谈了自己的主张。后来他把这一发言整理成《新人口论》，作为一项提案，提交一届人大四次会议，并在《人民日报》全文发表。从此，"新人口论"给马寅初带来了灾难性的后果。

1957 年"反右"前夕，马寅初在北大大饭厅做报告，讲自己研究人口问题的心得。有人递条子给他，问："马老，您是哪个马？是马克思的马，还是马尔萨斯的马？"马老说："我现在就回答：我首先是马寅初的马，也是马克思的马。"台下掌声雷动。

1957 年"反右斗争"开始，马寅初的"新人口论"被作为"马尔萨斯人口论"和向党进攻的反动言论遭到点名批判。1958 年至 1959 年，在全国掀起了批马的运动。面对全国性的口诛笔伐，马寅初始终坚信真理在自己一边。他说："我虽然年近八十，明知寡不抵众，自当单身匹马，出来应战，直到战死为止，决不向专以力压服而不以理说服的批判者们投降。"有人劝他公开写个检讨，认个错，他断然予以拒绝。为了真理，为了学术尊严，为了人民的利益和民族的前途，他绝不放弃自己的正确主张。他表示：不怕孤立，不怕坐牢，不怕油锅炸，即使牺牲自己的生命也在所不惜。

1960 年以后，马寅初的名字从政治舞台和学术论坛上消失了。但他的意志并没有消沉，他仍默默地研究农业经济学，并写了许多文稿。在"文化大革命"中，这些学术手稿又被付之一炬。他以瘫痪之躯一字一句积累起来的心血的结晶，倏忽之间化为灰烬！

20 年后，1979 年 7 月，马寅初被彻底平反。他的学说已被实践证明是完全正确的，从而得到比当年更为崇高的评价。他给重庆大学爱国运动会主席许显忠题词说："粉身碎骨不必怕，只留清白在人间。"这正是他自己人格的写照。（参阅邓加荣《共和国经济学家的哀乐年华——马寅初的坎坷人生》，载石翔主编《文化的沼泽》，吉林人民出版社 1994 年版；张昌华《马首是瞻——〈新人口论〉之外的马寅初》，载《人物》2000 年第 7 期；《敢怒敢言的杰出学者马寅初》，载何兹全主编《中外年轻有为历史名人 200 个》，河南人民出版社 1985 年版。）

敢于犯颜直谏的梁漱溟

梁漱溟是一位有血性、有正义感的爱国民主人士。

1946 年 5 月 11 日、16 日，爱国民主人士李公朴、闻一多先后在昆明被国民党特务杀害。时为中国民主同盟秘书长的梁漱溟闻讯后勃然大怒。他在接受媒体采访时说："我要连喊一百声'取消特务'，我们要看特务能不能把要求民主的人都杀完！我在这里等着他！"他还冒着吃"第三颗子弹"的危险，代表民盟，赴昆明调查李、闻惨案，终将国民党反动政府暗杀民主人士的罪行暴露于光天化日之下。

1953 年 9 月中旬，梁漱溟应邀列席中央政府扩大会议，并应周恩来总理之请在会上发言。他即席发言谈了农民问题。谈到工农的差别，城乡的差别，他提出对农民要施"仁政"。他指出："我们的建国运动如果忽略或遗漏了中国人民的大多数——农民，那是不相宜的。"不料，他的发言引起毛泽东的极大不满，遭到毛泽东的痛斥。然而梁漱溟不服，仍然坚持自己的意见，并要求毛泽东要"有雅量"，"不要拒谏饰非"。当众冒犯最高领袖，这即是著名的"廷争面折"事件。

1970 年，梁漱溟作为民主党派代表，对《宪法》草案提出批评意见。他认为把具体人（诸如"林彪是接班人"之类）写进《宪法》"不甚妥当"。结果被当作"现行反动言论"，要"批倒、批臭、砸个稀巴烂"。

1973 年 10 月，江青一伙企图篡党夺权的阴谋家策划所谓"批林批孔"运动。梁漱溟对有人百分之百否定孔子，并把林彪的所作所为归罪于孔孟之道的奇谈怪论"不能苟同"，所以他在政协学习组会上一言不发，沉默一个多月不表态，引起江青等人的极度不满。江青在一次群众大会上点名批判梁漱溟的"顽固态度"。梁漱溟知道后，毫不畏惧，说："炮弹打到头上来了，反而增加了我非说不可的决心。"于是，他利用 1974 年 2 月 22 日、2 月 25 日的两个半天，在政协学习组会上做了共计 8 个小时的长篇发言，详细论述了"我们今天应如何评价孔子"的问题。他对孔子一分为二，认为对孔子绝对肯定、绝对否定都是不对的。他指出孔子对中国文化的影响"是中国历史上任何一个古人都不能与孔子相比的"。他还反击说："毛泽东还讲过，自孔夫子至孙中山，我们都要研究，这话就不是全盘否定孔子的意思。"

1974 年 9 月 23 日政协召开"批林批孔"总结会，主持人问梁漱溟的感想，梁脱口而出："三军可夺帅也，匹夫不可夺志也。"其斩钉截铁的回答令全场为之震惊。会议主持人勒令他对这句话做出解释。他说："'匹夫'就是独人一个，无权无势。他的最后一招只是坚信他自己的'志'。什么都可以夺掉他的，但这个'志'没法夺掉，就是把这个人消灭掉，也无法夺掉！"

梁漱溟憎恶奴颜媚骨。他对于任教于北京大学的一位友人在"文化大革命"中诌媚江青，趋炎附势，违心地发表批孔文章，感到气愤。对于他这种丧失学术良心和人格的人，梁漱溟十分不屑，而且拒绝再与这位朋友交往。后来这位老朋友对自己"文化大革命"中的错误有了深刻反省，他才又与之言归于好。梁漱溟死后，这位老朋友写挽联，称赞梁漱溟"廷争面折，一代直声"，对于他"敢于犯颜直谏"的中国传统知识分子的美德感佩不已。

梁漱溟 1988 年逝世，《人民日报》刊发纪念文章《一代宗师诲人不倦，一生磊落宁折不弯》，对他的浩然一生给予了充分的肯定。他被人们誉为"中国的脊梁"。（参阅张昌华《梁漱溟的生前与身后》，载《人物》2005 年第10 期；汪东林《访梁漱溟问答录》，载《人物》1986 年第 1—6 期，1987 年第 2、5、6 期；汪东林《1949 年后的梁漱溟》，当代中国出版社 2007 年版；马勇《思想奇人梁漱溟》，北京大学出版社 2008 年版。）

曼德拉：27 年牢狱锤炼出的钢铁战士

南非黑人领袖纳尔逊·曼德拉出身于南非一个显赫的部族长老家庭。1941 年，23 岁的曼德拉作为一名律师来到约翰内斯堡，创办了非洲人国民大会青年团。1960 年，发生南非军警屠杀黑人的"沙佩维尔惨案"，一年后，曼德拉创建非国大秘密军事组织"民族之矛",誓言"不惜任何代价争取全南非人民的平等和正义"，开始了他长达 50 余年的反对种族歧视的斗争。

1962 年，曼德拉被捕。1964 年，他被押送到罗本岛，开始了漫长的 27 年的牢狱生活。

罗本岛被称为"犯人的活地狱"，牢房极其狭小，三步就可以走到头。躺下时，头和脚分别抵着两头冰冷的水泥墙。盖的是破烂不堪的毛毡，褥子是一床旧的剑麻垫子。四壁潮乎乎的。早晨醒来，地板上往往是一摊积水。与他相伴的只有一张小饭桌、一个马桶。早饭、晚饭喝玉米粥，中午是吃煮玉米。开始时，每天干凿石头的活儿，中间没有休息。后来到一个采石场劳动，从岩石层中开采石灰石，必须先用镐头砸开石头，然后再用锹铲走石灰石，这样常常双手磨出血泡，甚至血肉模糊。面对这种经年累月的单调繁重的苦役，曼德拉及其战友们知道"必须在忠诚于自己的信念中找到安慰"。曼德拉说："保持乐观，一个人就能高昂着头，迎着太阳前进。在我对人生的信念经受痛苦考验的时候，曾有过许多暗淡的时刻，但我从未绝望过。"他鼓励岛上的狱友们和他一起学习政治、法律，把监狱变成了与白人独裁政府作战的战场。有人甚至把罗本岛称作是"曼德拉大学"。

在狱中，曼德拉及其战友们通过绝食等手段开展争取改善劳动条件和生活条件的斗争，并取得了胜利。

正是在囚禁期间，曼德拉还遭遇了家庭和婚姻的悲剧。他心爱的妻子卷入了一场犯罪、金融和桃色丑闻的事件中，并最终导致了他们婚姻的破裂。后来，他的长子不幸在车祸中丧生，他的母亲又病逝。然而这接二连三的打击，曼德拉都承受下来了。每一次他都一言不发，默默地回到牢房，静静地躺在床上。但很快，他又把自己的伤痛抛在一边，投入到学习与工作中。他在狱中坚持读书，学习南非公用语，秘密召开讨论会，研究非国大的解放战略问题。南非反种族隔离运动纲领的主要部分就是曼德拉在狱中完成的。

1990 年，72 岁的曼德拉获释，紧接着，他领导的非国大成为执政党。1994 年，曼德拉当选为南非第一位黑人总统。曼德拉是一位胜利者。他的胜利，既源自于他顺应了历史的潮流，又源于他面对种种逆境从不低头的钢铁意志。人们把曼德拉的传奇经历以及不屈的精神、柔中带刚的性格称作是"曼德拉神话"。(参阅洪漫译《曼德拉的铁窗生涯》，载《参考消息》1994 年 12 月 23 日—31 日；郑国仪译《圣人与歌吟者——曼德拉的神话》，载《参考消息》1994 年 3 月 18 日—25 日。)

自古至今，总有一些人在国家危难关头挺身而出，力挽狂澜；在人民陷于水深火热之时，赴汤蹈火，为民请命，在所不辞。他们是历史的俊杰，民族的脊梁，人民永远铭记他们。

为国为民者，永远是人民心中的丰碑；害国害民者，永远被钉在历史的耻辱柱上！

三、反贪反腐，为社会正义而斗争

社会公平正义，是全人类所追求的，是全国人民所企盼的。民志不可违，民意不可辱。所有"老虎""苍蝇""铁帽子王"都必须关进法律的笼子里，一切公平正义都应该得到伸张！

郭允光：小人物扳倒大人物

郭允光是石家庄市建委工程处处长，本是一个名不见经传的小人物，竟然把河北省省委书记程维高这个不可一世的大人物扳倒了！

扳倒手握生杀大权的程维高可不容易。郭允光经历了八年的抗争，几乎付出了生命的代价。

1987年，郭允光发现市建委主任李山林的腐败行为。1994年，他写了一封署名信给程维高，举报李山林，却没有回音。1995年8月17日，郭允光又匿名写信给中纪委和河北省检察院检举"程维高、李山林是破坏河北省建筑市场的罪魁祸首"。没想到，三个月后，郭允光竟被石家庄市公安局收审。1996年2月17日，河北省有关部门竟以"投寄匿名信，诽谤省主要领导"的罪名，判郭允光劳教两年，并开除了他的党籍。1997年，在家人奔走上告和中纪委过问下，郭允光被允许保外就医。出狱后，他继续检举揭发程维高。经过上百次到北京上访，2000年，郭允光得到平反，恢复了党籍，但仍保留党内警告处分。2003年2月，石家庄市直工委代表党组织向郭允光道歉，并撤销了对他的处分。2003年8月9日，中央纪委对程维高严重违纪问题做出处理，开除其党籍，撤销其正省级待遇。正义终于得到伸张。

郭允光走过了八年坎坷的抗争路。八年中，他坐牢、劳改，两次险被灭口，又疾病缠身，他对自己命运的担忧和对家人可能遭受迫害的恐惧都使他身心交瘁。但是，他确信他同腐败分子的斗争是正义的，所以他下决心一定要扳倒程维高，一定要维护党纪国法的尊严。1997年当他走出牢房后，不仅没有丝毫退缩，反而更勇敢地投入战斗，他在举报程维高的信上不再匿名，而是堂堂正正地签上他和妻子的名字。

事情终于有了结局。原本"位高权重"的程维高身败名裂。程维高的儿子程慕阳被通缉。他的前后两任秘书吴庆五和李真分别被判死缓和死刑。郭允光成为最后的胜利者。（参阅金华《一个小人物的八年抗争》，载《人物》2004年第3期。）

杨维骏：离休老人叫板省委书记

2014年，杨维骏已是一位93岁的老人。1993年他退出云南政协副主席一职，1998年又从民盟机关岗位上离休。其父曾任孙中山大本营高级参谋。三岁时，父亲被杀害。他说：自己是在国仇家恨中长大的。他从小性格比较耿直，嫉恶如仇。

云南解放前夕，杨维骏参与成功策反了军阀卢汉起义。1958年，他因拒绝揭发曾与其共事的"右派"社会学家费孝通而被错划为"右派"。平反后，他当选为全国人大代表，出任云南省政协副主席。

杨维骏对贪官庸吏有一种特殊的敏感。2001年10月，白恩培从青海省委书记转任云南省委书记。杨维骏第一次与白恩培接触印象就不太好。那是白到任还没有几天，杨维骏给白恩培提了一些有关城市发展的意见，但几次三番都没有得到回应。他知道这是在敷衍他，于是对白恩培产生了不太好的看法。

后来，白恩培主持并提出昆明市"一湖四片"的城市开发计划，围绕滇池造城，打造"大昆明"，甚至还喊出"快速发展是第一要务"的口号。这明显不符合中央提出的"又好又快发展""好字优先"的方针。对此，杨维骏表达了明确的立场。为了推行"大干快上"的规划，白恩培召开所谓"专家听证会"，目的是让专家为他的宏伟规划发放通行证。杨维骏认为，听证会上请的专家结构有问题，缺少真正持反对意见者。他找政协负责人反映问题，政协负责人怕政协跟省委唱对台戏，也对他进行敷衍。后来召开老干部座谈会，缩小到党内召开，杨维骏就被排除在外了。

2008年，杨维骏接到群众反映的拆迁纠纷问题，他将写成的有关材料带到2009年的新年团拜会上，原来想当面交给白恩培，但他担心单独递交起不到作用，就将材料分发给与白恩培同坐主桌的省委常委人手一份。此事激怒了白恩培。

2009年，杨维骏又接到一个线索：省内的兰坪铅锌矿是亚洲最大的铅锌矿，估价 500 亿元人民币，而云南有关部门竟以 10 亿元人民币将该矿六成股权拱手给了四川老板刘某。而这次贱卖与白恩培直接有关。杨维骏将这一情况写成材料交与正在云南进行巡视的中央纪委、中组部第二巡视组负责人。

2010 年 12 月，又发生“公车上书”事件。杨维骏开车带着 12 个上访的当地农民去省政协上访，办公室却人去楼空，这是明显在躲避群众。事后，政协一位处长还找杨谈话，说：你开着政府配车带农民上访，不太合适。杨当场反问他：难道政府配车只能用于游山玩水，不能为民请命？对方哑口无言。

杨维骏的维权行动处处受到监视、制约，于是他开始学着开博客，将举报信发到网上，以获得关注与支持。他给自己的博客取名为“直言”。

2012 年，昆明下辖的晋宁县广济村 13 个村委会因为征地问题召开过一次村民的“万人集会”，杨维骏被邀亲自参加，让农民的士气大振。

杨维骏也曾将举报白恩培的公开信寄给中央纪委。在这封信里他指出，云南有六大案件，而省委书记白恩培不能逃脱干系。他还将举报信转交给媒体，以引起各方关注。

2015 年 1 月 13 日，白恩培被中共中央开除党籍，开除公职，昔日威风一时的高官被拉下了马。

作为一位已经离休的老人，本可以无官一身轻地安度晚年，但他却怀着一颗忧国忧民的赤子之心，一次次同自己的顶头上司、省委书记白恩培的错误言行进行斗争，并取得了最后胜利。这既彰显了杨维骏的高尚品格，也昭示了正义终将战胜邪恶的历史必然。（参阅刘炎迅《叫板省委书记的党外高官》，载《南方周末》2014 年 9 月 4 日。）

社会的公平正义是人类的理想。然而，一些强权人物和黑恶势力又垄断着权力和财富，造成社会的不公平。面对强权和黑恶势力，不怕打击报复，不怕杀头坐牢，敢于站出来同他们进行针锋相对的斗争的人，才是真正的人民英雄。

郭允光们也好，杨维骏们也好，都是被领导者向领导者（顶头上司）挑战，是无权者向有权者（有生杀大权者）叫板。如果没有一颗为公、为民之心，没有“舍得一身剐，敢把皇帝拉下马”的勇气，是绝对做不到的，所以，应特别向他们致敬！

第七讲　面对挫败，从头再来

事业受挫、企业倒闭、实验失败以及失业、失学、失恋等等都是人生中常遇到的挫败，或者说是危机。

面对挫败，首先要抑制一种沮丧情绪："我不行了""我完了"。失败不是致命的，致命的是你自己认输。

挫败是一个阶段的结束，也是另一个阶段的开始；危机并不意味着终结，而是意味着改变。今天失败，立即规划明天的事；败了上半场，那就下决心打好人生的下半场吧。

一、接受挫败，反思挫败

"吃一堑，长一智"。我们要对造成失败的原因进行深入分析，对自己的优势与不足进行冷静思考，以尽快"止损"。股神巴菲特说："投资犯错不可怕，最重要的是不能连续犯错，要及时止损。""止损"是一种放弃，同时又是另一种人生的开始。

作为一个失败者，总有太多不堪回首的往事，因此做事情会更富于理性，更切合实际，防止不可预测的困难。这样合理利用失败资源，每一个失败者都可以发挥出惊人的创造力。然而令人惋惜的是，许多人不善于利用挫败，白白浪费了自己付出很大代价换来的智慧资源。

日本丰田公司在危机中的求生之路

丰田公司有一种"丰田精神"，即针对事故、揪住问题不放松的精神。

1973 年，世界爆发"石油危机"，日本持续十几年的"调整增长时代"结束。1974 年，日本经济增长率急降至零。面对危机，各大企业一筹莫展，但丰田却一枝独秀，盈利高于其他公司，其秘诀就在于"丰田精神"和"丰田生产方式"。

"丰田精神"就是永不满足的精神，不满现状，"在没有问题中找问题"。丰田的口号是"不满是进步之母"。

丰田公司副经理大野耐一的"问五个为什么"，在丰田传为佳话。有一次，生产线上有台机器总是停转，大野就问："为什么机器停了？"工人答道："因为超过了负荷，保险丝断了。"大野又问："为什么超负荷呢？"答："因为轴承的润滑不够。""为什么润滑不够？""因为润滑泵吸不上油来。""为什么吸不上油来？""因为油泵轴磨损，松动了。""为什么磨损了呢？""因为没有安装过滤器，混进了铁屑。"找到了问题的根源，于是大野下令给油泵安上过滤器，终于使生产线恢复了正常。

"丰田精神"就是揪住问题不放的精神，就是对产品、对企业高度负责的精神，就是抓具体、抓细节的一丝不苟的精神，就是永不满足、永远进取的奋斗精神。这正是一个企业永葆旺盛生命力的所在。（参阅《"企业管理之王"——日本丰田公司》，载凯方《成功的秘诀——世界经济强人荟萃》，福建人民出版社 1985 年版。）

二、人生要有归零的勇气

许多人惧怕失败，其实，失败是每一个为事业打拼的人都必须经历的一个生命节点，是成功的一个必不可少的组成部分。未曾失败过的人，也未曾真正成功过。

经受过跌落的人才能变得聪明，走向成熟；只有在失败中谋求新的希望，才能将 5% 的机会变成 100% 的成功。

面对挫败，要从头再来。

要有归零的精神，勇于将一个个成功归零。从零开始，才能始终保持一种勇往直前、拼搏向上的强大气场。一个人一旦有了敢于接受"返回到原处"的心态，又敢于重新出发，离成功就不会太远了。

最大的荣耀不是永远不倒，而是跌倒后重新站起来。正如巴顿将军所言："衡量一个人的成功标志，不是看他登到顶峰的高度，而是看他跌到低谷的反弹力。"

褚时健的谷底反弹

褚时健是风云一时的人物。1979 年 10 月，曾被错划为"右派分子"的 51 岁的褚时健到玉溪卷烟厂任职，创"红塔山""阿诗玛""红梅"等驰名品牌，15 年间，为国家创利税 991 亿元，成为民族工业的一面旗帜。

到 20 世纪 90 年代中期，褚时健遭遇一连串厄运：1995 年，妻子和女儿因经济问题被捕入狱，女儿在狱中自杀；1996 年 12 月，因公司财务问题，褚时健被捕；1998 年 12 月，褚时健被判无期徒刑（后改判为有期徒刑 17 年）。此刻，他已一无所有。

2001 年，褚时健被保外就医，这时他 74 岁。他不想从此含饴弄孙，颐养天年。他表示："我一生的追求，我希望对我的家乡，对我的民族，对我的国家做点好事。"

2002 年，75 岁的褚时健走上云南哀牢山，承包了一片 2400 亩的荒山开始种橙子，并立志要做最好的橙子。命运夺走了他的一切，他想靠自己的能力再夺回来。企业家王石说："人生最大的震撼在哀牢山上。"

于是，他像过去钻研种烟、制烟的技术一样，开始钻研种橙子的技术：引水上山、改良土壤、合理施肥、科学除虫、解决橙子酸甜比例、个头匀称、果相美观等问题，攻克了一个又一个难关，终于收获了高品质的甜橙，被命名为"褚橙"。果园的技术员感慨地说："自己从事这个行业 20 多年所掌握的知识，都不及老褚 10 年掌握的多。"

2012 年，种植"褚橙"的果园拥有 35 万株冰糖脐橙，年利润达 3000 万元。这一年，褚时健带着"褚橙"进京推销，引起轰动。从"囚徒"到"橙王"，褚时健又重活了一遍。

85 岁的褚时健在总结自己的一生时说："一个人的经历，他的情感、荣誉、挫折，包括他的错误，都属于这条路上的一部分。从这个角度讲，经历是一笔财富。但一个被经历压倒的人，是无法得到这笔财富的。"他有一句经典的话："只要自己不想趴下，别人是无法让你趴下的"。他不仅没有趴下，而且重新站起。

著名企业家王石对褚时健这种在厄运面前"不趴下"的精神给予很高的评价，他说："褚厂长身上集中体现了中国企业家的一种精神，一种在前进中遇到困难，并在困难中重新站起来的精神。"把"跌倒"当成"爬起"的预备姿势，从头再来，这就是褚时健给予我们的最宝贵的思想启示。（参阅周桦《褚时健传》，中信出版社 2014 年版。）

和田一夫：失败了从头再来

和田一夫，是著名跨国公司、日本八佰伴流通集团总经理，在全世界拥有 400 多个百货店和超级市场，年营业额 5000 亿日元。20 世纪 90 年代，日本泡沫经济崩溃，八佰伴倒闭。1997 年 9 月 18 日，公司向法院提出破产申请，和田一夫引咎辞职，当时他负债 2000 亿日元。一夜之间，他全家的生活也从天堂坠落到地狱。他从拥有 30 间一幢的海景房到租住一室一厅的公寓，从乘坐劳斯莱斯专车到自己买票乘公交车，生活彻底变了一个样。

在日本，人们对失败者的态度是非常残酷的。一个人只要经历了一次大的失败，从此以后便只能躲在社会的墙角，过着受人歧视的生活。有些人为了不被人歧视，失败后就自杀或远走他乡。然而和田一夫这位当时已年近古稀的老人却仍然以乐观的精神，面对这一切。他为那些破产后就轻率走上自杀道路的企业家感到惋惜。他认为："做什么事都应该对得起自己的人生，不能自暴自弃。"

和田一夫破产后，花了很多时间阅读许多世界著名人物的传记，从中受到很大启发。他说："我从中看到，这些伟人的一生，以及他们所追求的事业，也并不是一帆风顺的，他们也同样经历了失败、挫折甚至下台等的逆境。当然，他们并没有在那些挫折中从此一蹶不振，而是以一种在哪儿跌倒就从哪儿爬起来的顽强精神，重新顶天立地地站起来。他们虽然经历了事业的挫折、失败，但即使在最失意的时候，他们也从未放弃过有朝一日东山再起的梦想。他们总是不断地奋斗，每天都期待着重新再站起来的那一美好时刻的到来。"

和田一夫时时告诫自己："不能就这样结束自己的人生。"他始终对自己充满信心："我一定能够重新站起来。"他把自己新的理想付诸行动。破产后的第二年，1998 年 4 月，他和几个老朋友一起，创立了具有咨询性质的"和田经营株式会社"，当时只有 4 名员工。后来，27 岁的青年企业家正田英树被和田一夫不怕失败、从头再来的精神所感动，主动提出要与他合作，办起了软件公司，准备将福冈县饭冢市这个旧煤矿产地办成日本的硅谷。从此，在和田一夫的面前又展现出新的人生风景。一年后，公司股票上市。八佰伴上市花了30年，而这次只用了19个月。

在经历了多次的成功与失败之后，和田一夫对人生有了更深的感悟："我们来到这个世上，不仅仅是为了生存，同时也是来领略自己生命的辉煌。生命逝而不再，因此我们应当用自己所希望的方式去演绎它，无怨无悔地度过此生。如果可能的话，我们还应该尝试去从事多种职业，尽可能地开发自己人生的各个范畴。不论我们身处何种境遇，我们都应拥有这样一份矜持。我们的人生应该这么走过。"

有勇气返回原处，从头再来，这正是和田一夫所信奉的积极进取的人生哲学。（参阅陈颐《和田一夫笑谈人生成败》，载《每日新报》2002 年 1 月 4 日。）

不断归零，就能永远保持一种勇往直前、拼搏向上的精气神。

三、要勇于去做新的尝试

失败后要勇于去做新的尝试。不去尝试，就是自我禁锢，你就注定是一个失败者了。

改革明星步鑫生"下课"后再去闯关

步鑫生是 20 世纪 80 年代的"改革明星"。1984 他经营的浙江海盐衬衫总厂被誉为"改革标兵"，名声远播。然而 1988 年，在上级部门的干预下，海盐衬衫总厂破产，步鑫生被免职。

"下课"后的步鑫生为体现人生价值，决心去亏损企业再试身手。

1989 年，他应邀在北京组建皇家衬衫厂并任厂长，注册"金宝路"商标。1990 年，"金宝路"衬衫在北京市场销量第一。

后来，步鑫生又应邀到盘锦，经过考察后他扔下两句话："不出效益不回家，不创牌子不回家。"1992 年该厂"阿波罗"衬衣被参加巴塞罗那奥运会的中国代表队选为指定产品。

1994 年，他应邀到秦皇岛创办步鑫生制衣公司并任总裁，依然打品牌，

"步先生"衬衫成为畅销产品。一年多时间，公司资产翻了两倍。

步鑫生在经营企业上有自己的明确理念：一个现代企业要有目标管理、有长远打算，否则一定是短命的。他认为，"凡靠'转制'和钻改革空子将资产转给自己而发财的，我都不服气"；"私营经济第一桶金靠自己掘起来的像马云，我服贴"。

2001 年，步鑫生被查出癌症，医生担心他活不过春节，他不服，说："我改革几十年，一关关都闯过来了，癌症这关闯不过？我不信！"

现在 10 余年过去了，步鑫生仍在同癌症搏斗。13 年前，他因肿瘤切除了脾脏、肾脏；2012 年、2013 年他又先后摘除了腰椎、颈椎、肩椎三处肿瘤。他对自己仍然充满信心。像在事业上一样，在对待疾病的态度上，步鑫生说："我性格从来如此，越压制我，越是对抗！"（参阅李晔《步鑫生：我还要闯关》，载《解放日报》2013 年 10 月 21 日；胡宏伟《改革"偶像"步鑫生》，载《东方早报》2015 年 6 月 8 日。）

乔布斯：被"苹果"解雇与重回"苹果"

1985 年，由于在经营与管理理念上的分歧，"苹果"公司的创始人乔布斯被"苹果"公司解雇。

离职后的几个月，乔布斯曾想逃离硅谷这个让他伤心的地方。但后来他有了新想法。他发现自己仍然热爱着过去所做的一切，于是他决定从头开始。

此后 5 年，乔布斯创办了一家名叫 NEXT 的软件公司和一家叫皮克斯的动画制作公司。皮克斯公司推出了世界上第一部用电脑制作的动画片《玩具总动员》，风靡了全世界，这使它成为全球最成功的动画制作室；而"NEXT"的成功则为他重返"苹果"铺平了道路。"苹果"1996 年 12 月收购了 NEXT 公司，同时，乔布斯以顾问的身份回到"苹果"公司总部。从此，掀开了"苹果"公司从 1998 年至今的辉煌篇章。

在乔布斯的主导下，公司相继推出了 iMac、iBook、iPad、iPhone 等系列产品，无一不取得市场的巨大成功。其中，iPhone 和 iPad 令全世界的用户（尤其是青少年）着迷。2010 年 5 月，"苹果"超越微软，以 2200 亿美元成为全球市值最高的科技公司。乔布斯实现了他年轻时立下的"改变世界"的誓言。

　　乔布斯精通技术又随心所欲，善于把奇思妙想转换为公司战略和发展方向。他颠覆了电影、音乐、零售、手机与电脑五大行业。他既是天才，又是狂人，既是伟人，又是怪人；其实天才与伟人常常孕育于狂人与怪人之中。乔布斯说："应该向那些疯狂、特立独行、想法与众不同的家伙们致敬。或许他们在一些人看来是疯子，但却是我们眼中的天才。"

　　乔布斯说："现在看来，被'苹果'解雇是我经历过的最好的事情。我能解脱出来，进入这辈子最具创意的时期……""如果当年'苹果'没有解雇我，这一切就不会发生。这是一剂苦药，但我想病人需要它。有时候，人生会用砖头打你的头。不要丧失信心。"

　　正如中国成语所言：塞翁失马，焉知非福。（参阅胡尧熙《1955—2011，与乔布斯平行的这个世界》，载《新周刊》第 357 期；吉姆·阿利《乔布斯留下哪些遗产？》，载《参考消息》2011 年 10 月 7 日；史蒂夫·乔布斯《我生命中的三个故事——2005 年在斯坦福大学毕业典礼上的演讲》，载《文摘报》2011 年 10 月 8 日。）

四、最大的荣耀不是永不跌倒，而是跌倒后重新站起来

从 N 次危机中走出来的刘晓庆

　　刘晓庆是家喻户晓的明星。她出演的电影《小花》《婚礼》《瞧这一家子》《芙蓉镇》等曾多次获奖，名噪一时。

　　2002 年 6 月，她因涉嫌逃税 1458 万元被拘押秦城监狱。当时她感到前途渺茫，想到自己已不年轻了，"我一生都不会再演戏了"。

　　2003 年 8 月，刘晓庆被保释出狱。出狱后，为了挣钱还债她接拍了许多电视剧。不到一年，她把税务机关的欠款和朋友的借款全部还清了。

　　复出后不久，刘晓庆在西安做了一个大项目，投资并担纲主演了大型史诗乐舞剧《阿房宫赋——刘晓庆之夜》，她出演了阿房女、武则天、杨玉环等多个角色，再次展现了她的表演才华和艺术魅力，引起轰动。

　　八年后，刘晓庆重新回到舞台的中心位置。她的角色还是命中注定的

女一号"武则天"。在《武则天》《日月凌空》《武则天秘史》等剧中，刘晓庆扮演的武则天形象一次比一次成功。

刘晓庆主演的话剧《风华绝代》在国内巡回演出受到广泛赞誉。2014年4月，60岁的刘晓庆又带着《风华绝代》到美国巡演。4月19日，刘晓庆应联合国副秘书长的邀请，造访联合国总部并被授予"联合国中国文化传播推广大使"的称号。

刘晓庆说："我对我的人生是很满意的。从农民到军人，从城市到农村，我经常觉得我已经有200多岁了，因为我已活过好多个不同的人生。"她准备出一本新的自传，书名叫《我的N次危机》。她把自己比喻为"一棵峨眉山上的野草"，"生命力强，有韧劲儿，到冬天看着这棵草已经死了，只要有点水给点阳光，我就可以复苏过来，和以前一样灿烂"。

《风华绝代》剧尾，刘晓庆饰演的赛金花说："我红极一时，即便是人生大起大落，也挡不住我的光芒，我新时代女性的光芒。"这是赛金花对自己坎坷一生的表白，也是刘晓庆的心声。

失去一种情感，去追寻另一种情感；失去一个岗位，再去寻找新的岗位；失去一个舞台，再去搭建另一个舞台。要把挫折、失败看成生活的拐点或行车的变道；把每一次告别都当成是向新的理想的奔袭。

《老人与海》的作者海明威有一句名言："人不是为失败而生的。一个人可以被毁灭，但不能给打败。"

成功者与失败者应唱着同一首歌前进："心若在梦就在，天地之间还有真爱；看成败，人生豪迈，只不过是从头再来！"（参阅刘晓庆《人生不怕再来》，长江文艺出版社2015年版；张英《刘晓庆重归影视圈的10年》，载《新民周刊》2014年第19期。）

第八讲　面对残疾：断翅也飞翔

世界上有千千万万的残疾人。他们耳聋，听不到任何的声响；他们失明，看不到人间的美景；他们有嘴巴，但却不能与人自由沟通；还有的四肢残缺，不能像正常人一样走路、奔跑、工作。然而，他们之中的许多人最终都能战胜残疾带来的痛苦与局限，为自己争得光彩的人生。

这些残疾人从来没有放弃对自我的信心，对未来的梦想，所以他们不屈服于身体的残缺和痛苦的折磨；相反，他们把对这种"残缺"的不满转化为强大的动力，去想方设法弥补自己的"残缺"。他们以超越常人几十倍、几百倍的拼搏精神，把隐藏于体内的潜能、智慧充分调动和发挥出来，从而将自己生命的可能性发挥到极致。正是这些在命运面前不退缩、不屈服、不认输的人，以自己残缺的身躯创造了生命的奇迹，开创了连正常人都难以实现的惊天动地的事业，达到了常人难以企及的人生高度。他们是人类社会中真正的佼佼者。

一、生命并不因为缺陷的存在而失去意义

具有钢铁般意志的奥斯特洛夫斯基

小说《钢铁是怎样炼成的》的作者尼古拉·奥斯特洛夫斯基是一个有钢铁般意志的战士和作家。1904 年他出生在乌克兰的一个工人家庭。由于家庭贫穷，他只读过几年书。10 岁时，他给地主放牛。11 岁他到火车站当童工，整夜在潮湿的地下室里烧锅炉，只能抽空借着炉火读书。他就在地下室度过了他的童年。

1919 年，刚 15 岁的奥斯特洛夫斯基参加了共青团和红军骑兵团，为保卫新生革命政权而战，冲锋陷阵，驰骋沙场，屡建战功。1920 年，在一次

战斗中，炸弹爆炸的气浪把他从马上掀下来，脊骨受了伤。还有一些弹片打进了他的头部和腹部。两个月后，他的右眼失明，不得不离开部队，到基辅钢铁工厂当电气工人，兼任共青团支部书记。

1921 年的冬天来临，城里急需燃料。作为共青团支部书记的奥斯特洛夫斯基响应团组织的号召，带领团员们到郊外修筑运送木材的森林铁路。雨雪交加，道路泥泞，共青团员们的衣服破旧而又单薄，整天在没踝深的泥水中干活。奥斯特洛夫斯基把一双破旧的套鞋捆在脚上在泥雪里跋涉。后来，他患了风湿症，又染上了伤寒，发烧昏迷，被送回城里。

1922 年秋天，河水暴涨，奥斯特洛夫斯基的身体还没有完全恢复，又投入抢运木材的战斗。他经常在很深的水里蹚来蹚去，运送木材，两条腿肿得难以伸开。经诊断他患的是脊椎硬化症。政府发给他享受国家津贴的残废证明书，但他却把证明书藏起来继续工作。

1926 年，奥斯特洛夫斯基的病情加重，只能拄着拐杖走路。他陷入深深的精神痛苦之中。他为自己丧失工作和战斗能力而苦恼，甚至想到自杀。当他掏出勃朗宁手枪对准自己的时候，又突然把枪扔到一边，痛骂自己的愚蠢和怯懦："你算什么英雄，纯粹是冒牌货！任何一个笨蛋，随便什么时候都会对自己开一枪。这样摆脱困境是最怯懦、最省事的办法……""把枪藏起来吧，永远也不要对人提起这件事。就是到了生活已经无法忍受时，也要善于生活下去，要使生活变得有益于人民。"

他的身体状况越来越糟糕：两腿彻底瘫痪，两眼完全失明。一位刚 22 岁的青年竟变成一具只能整天仰面躺着的木乃伊。然而性格坚硬如钢的奥斯特洛夫斯基为自己找到了另一个为革命献身的工作——写作。1930 年，他开始创作自传体小说《钢铁是怎样炼成的》。他的手臂只剩下手肘以下还能活动。每一个动作，都使关节疼痛难忍，拿笔都相当困难。他又是盲人，开始时，他躺在床上构思，再由他口授，妻子拉亚为他做记录。后来，他又让人给他做一种漏孔的纸板，在上面刻成一个个格子，把稿纸放在下面，然后自己可以摸着格子写。这样，他不再麻烦别人。他常常从白天一直写到深夜，每天工作 18～20 小时。有时他彻夜不眠，第二天早晨，妻子醒来，发现写好的稿纸散落一地。他的嘴唇上常有一层淡淡的血迹，那是为抵抗疼痛的折磨而咬出来的。

　　经过 600 多个日日夜夜，他终于完成了小说的初稿。然后是一遍遍地修改。1934 年小说正式出版，受到广大读者的热烈欢迎，先后再版近 400 次，并且被译成 50 多种文字，在全世界广为流传。小说的主人公保尔·柯察金在革命的烈火中经受了千百次考验才成为一名钢铁战士。这一不朽形象正是奥斯特洛夫斯基的化身。当英国的一名记者询问他为什么选择"钢铁是怎样炼成的"作为书名时，他回答："钢铁在烈焰和急剧冷却中锤炼，这时候它能变得坚硬和无所畏惧。我们这一代人是在斗争中和恶劣环境的考验中锤炼的，并学会了不在生活困难面前屈膝。"

　　此后，他又开始创作《暴风雨所诞生的》（三部曲）。他知道属于自己的时间不多了，问医生他还能活多久。他说："如果我还能活一年，我将每昼夜工作 10 小时；如果只剩下半年了，那么我的工作时间得增加一倍。我必须争分夺秒。"奥斯特洛夫斯基在与时间赛跑。他说："趁我还有力气，我要白天黑夜地写。新小说写不完，我是不死的。"他在一个月里，每天工作三个班。1936 年 12 月 11 日，他提前 4 天修改完了小说第一部。11 天后（12 月 22 日），奥斯特洛夫斯基病逝，他只活了 32 岁。他的一生短暂而又辉煌。奥斯特洛夫斯基实践了自己的诺言："人最宝贵的是生命，生命属于我们只有一次。一个人的生命应当这样度过：当他回首往事时，不因虚度年华而悔恨，也不因碌碌无为而羞耻。这样，在他临死的时候能够说：'我已把整个生命和全部精力都献给了最壮丽的事业——为人类的解放而斗争。'"（参阅马真玉《钢铁战士奥斯特洛夫斯基》，载吉林省残疾人联合会编《中外残疾人名人传略》，华夏出版社 1992 年版；斯韦特兰娜·萨洛杰莫娃《奥斯特洛夫斯基的无悔人生》，载《参考消息》2006 年12 月 20 日。）

黄乃：黑暗世界里的"普罗米修斯"

　　黄乃是中国民主革命先驱者黄兴的第 8 个儿子。幼年时，他的右眼被足球撞伤失明。1949 年，他的右眼视网膜也脱落了，两次手术均告失败。1950 年，黄乃在周恩来的安排下，到前苏联治疗。大夫很坦率地告诉他，眼睛复明无望，"需要换一个适合你情况的职业"。正当黄乃对未来生活感到一片茫然的时候，朋友领他去莫斯科盲童学校参观。盲童学校的一位盲人女教师热情地接待了他，并向他介绍了自己在盲童学校的工作及生活情况，还向黄乃展示了盲童专用的俄文刻字板，使黄乃感受到另一个陌生而又神奇的盲人世界。女教师鼓励黄乃说："中国还有许许多多盲人，你应该用你的全部智慧，为了他们的幸福努力工作。"黄乃在离开盲童学校时已明确了一个新的人生理想。他告诉盲童学校的校长说："我将搞出一套适合汉语的盲字体系来。"

回国后，黄乃全身心地投入发明有中国特色的新盲文的工作。他废寝忘食，夜以继日地摸索与思考。有时半夜想起一种新的字符排列方法，他就立即从床上爬起来，光着脚下地，摸起桌子上的笔和纸，赶快把突然闪现的灵感的火花记录下来。一次又一次的失败，没有动摇他创造新盲文的意志。1952 年夏，黄乃和他的同事们终于把国际布莱叶盲文和中国汉字的特点结合起来，创造了以普通话为基础，以北京语音为标准，分词连写的中国拼音盲文。由于新盲文词形清晰，音义准确，少点少方，好学好用，1953 年，它正式获得教育部的承认，并向全国推广。

后来，黄乃发现，由于新盲文基本上不标调，只在需要时才标；而这种需要又是因人而异，没有准则，因而产生一形多词、一词多形的现象。为了解决这一难题。他又开始了长达 20 年的探索。在许多热心文字改革同志的帮助下，黄乃终于改进了以放弃字母国际化为前提，利用汉字声韵相拼、位置固定为特点的"声韵调双拼盲文"。按照这种方法，阅读标调盲字字字有调，读音准确，很少再混淆了。1992 年，在第 4 次全国盲文学术讨论会上，这个方案获得通过。1999 年，黄乃的文集《建设有中国特色的汉语盲文》出版。

黄乃一生中经历了三次婚姻和三次离异，给他造成巨大的伤痛。"文化大革命"中，黄乃被下放到湖北农村劳动改造，让他这个年过半百的盲人去剁猪菜、磨豆腐，受尽了折磨。然而黄乃牢记父亲生前的教诲，"满目云山俱是乐，一毫荣辱不须惊"，他从容面对各种人生磨难，成为中国盲人的一面旗帜。

古希腊神话中的普罗米修斯因从宙斯那里盗天火送给人类而被宙斯钉在高加索的山崖上，牺牲了自己；黄乃虽然双目失明，但他发明了中国盲文，为盲人盗来了"天火"，给黑暗世界中的千百万盲人带来了文明之光，所以人们称黄乃是中国的普罗米修斯。（参阅黄伟涛《在黑暗世界里寻找光明》，载《人物》2000 年第 4 期。）

和志刚：折翅雄鹰的凌云梦

1968 年出生的和志刚，是云南丽江的纳西族青年。他 11 岁时，因误触变压器而失去双臂。父亲告诉他：不能做命运的奴隶。父母兄妹不能照顾你一辈子，要学文化，日后全靠自己。

和志刚以"天行健，君子以自强不息"的古训勉励自己，以惊人的毅力学习生活自理的基本技能。他学会了用舌头在饭碗里卷饭吃；还学会了不用手穿衣（把头伸进衣服下摆，然后直起腰，轻甩头，抖动身子，让宽松的衣服顺着头滑下去，再用牙齿扣紧最上面的两个纽扣）。

后来，他又积极从事体育锻炼，学会了用嘴含球拍打乒乓球，学会了游泳，还参加爬山、跳远、跑步比赛。长跑是他的强项。他每天从学校跑到家，60 里山路，一口气跑完，10 多天就要跑坏一双鞋。在全国第一届残疾人运动会上，和志刚获得 400 米、800 米、1500 米三项冠军和跳远亚军。

最了不起的是和志刚创造了口书（用嘴叼着笔写字）。开始时，父亲给他买了字帖，让他用嘴咬着笔练字，先用水笔，后用毛笔，他一笔一画地练，越写越好，从小学到初中，他的字都是班上最棒的。和志刚说，他练口书书法，是为了求得"全面发展"，所以他练得特别卖力。后来，他在书法老师郭树木和周善甫的耐心教导下，迅速提高了文学素养和书法水平。他的书法作品先后参加了中国国际书法博览会和全国获奖艺术家精品博览会。他的自强不息的精神及别具一格的书法作品得到专家与观众的交口称赞。他的书法作品还到日本、泰国、新加坡、英国、俄罗斯等国家展出，受到好评。莫斯科大学亚非学院院长米哈依尔·谢拉菲莫维奇在参观留言簿上写道："为你在生活和工作中顽强拼搏和努力精神所感动。"法国特使专程到丽江，索求和志刚的口书作品，作为献给希拉克总统 70 岁生日的贺礼。

2003 年，和志刚被评为"中国十大杰出青年"。现在，在原来的"云南有十八怪"之后，又有新民谣称："云南十九怪——和志刚的口书誉满海内外。"（参阅张昌华《和志刚，云南十九怪》，载《人物》2004年第2期。）

无腿王辉双手雕塑出新的人生

王辉四岁半时，双腿被卷进搅拌机而造成粉碎性骨折，截去了双腿，成了"半身人"。幼小的王辉流着眼泪问自己："我的腿在哪儿？今后我咋办？"

然而，人生不相信眼泪。

王辉以优异成绩读完了中学，想报考大学做医生。但是高等学校不招收残疾学生，他的梦想破灭了。

上帝在一扇门关上的同时，也为你打开了另一扇门。

1989年，17岁的王辉靠自己爱雕刻的天赋，进了西夏美术制品厂，学习玉石雕刻。工厂距王辉家有三四公里远，为了八点钟按时到厂，他六点钟从家里出发，从不迟到。

学雕刻的车间在三楼，三层楼60个台阶，成了王辉学雕刻的第一道难关。王辉的爸爸按楼梯台阶的高度做了两个小板凳。上楼时，王辉先坐在一个板凳上，把另一个板凳放在上面的一个台阶上。他双手支撑，努力挪动身体，坐在另一个板凳上，再把下面的板凳拿到上面。就这样，他把身体一点一点地向上移动，60个台阶，正常人只要一分钟，而王辉要花半个多小时。

学雕刻，别人每天练五六个小时，他就一定要练十二三个小时。为减少下楼的次数，他上课不喝水，午饭自己带，多累、多苦也不掉眼泪。

王辉的雕刻技术提高得很快。1991年7月，王辉拿到了生命中第一份学徒工资（71元）。他用这份工资给父母买了蛋糕和糖果，为了感恩，也为了让他们分享自己的快乐。

由于王辉雕刻技术精湛，作品又新颖独特，购买王辉贺兰石雕刻品的客户日渐增多。1993年，王辉在家人的支持下，租房开了一间属于自己的加工、销售贺兰石的门面。几年间，王辉的作品在宁夏风景旅游点的市场上占到了80%的份额。1995年，王辉作为经理的宁夏伟帝珍品有限责任公司应运而生。

为回馈社会，王辉于2008年与银川残联共同出资搭建了贺兰雕刻培训基地，培训主要面向残疾人、下岗工人等弱势群体，费用全包。

2011 年，王辉在北京人民大会堂从中央领导手中接过了全国青年创业最高奖——中国青年创业奖。

路在何方？路在脚下！谁能改变自己的命运？主要靠自己。这就是王辉的结论。（参阅刘璐、王一《眼泪不是人生的全部体会》，载《解放日报》2012 年 2 月 21 日。）

二、站在命运之上

生命如诗弥尔顿

英国诗人弥尔顿生于 1608 年。他在青年时代就立下志向，准备写一部荷马式史诗留传后世。他表示："我要创作一首伟大的诗篇，那不应是一般粗鄙的恋爱诗人或江湖上舞文弄墨之辈，在酒酣耳热之余所写的狂言乱语。"

弥尔顿崇拜为真理而献身的伽利略。17 世纪 30 至 50 年代，弥尔顿积极参加了反对王权的英国资产阶级革命。他以笔代枪撰写出大量文章，为革命呐喊助威。

1652 年，才 44 岁的弥尔顿因长期过度劳累和受到独生子突然夭亡的打击而双目失明。两年后，他的妻子又去世了，给他留下 3 个幼小的女儿。子丧、妻亡而自己又双目失明，还要抚养 3 个幼小的女儿，弥尔顿面对这种种不幸，表现出坚强的意志。他一面坚守着自己的革命工作，一面尽着父亲的责任。

1660 年，在革命中逃亡国外的查理一世的儿子策动叛乱，复辟了斯图亚特王朝。曾为"弑君者"（指杀死英王查理一世的人）辩护的弥尔顿受到迫害，财产被没收，住宅被焚毁，他本人也被捕入狱。出狱后，弥尔顿开始已搁置 20 年的长诗创作。他每天早晨 4 点起床，白天构思，晚上将构思所得口授给女儿或朋友，让他们记录下来。这样，经过 10 余年的努力，他先后完成了《失乐园》《复乐园》《力士参孙》三部长诗。最后一部作品《力士参孙》写古代大力士参孙因被自己的妻子出卖而被挖去双眼，过着奴隶生活。但他不甘屈服，决心斗争和复仇。后来他终于打败了敌人，获得了自由。作品表达了双目失明的诗人的晚年心境。

弥尔顿一生经历多重磨难。女儿曾问他，为什么没有自杀？他回答道："我的事业一直在鼓舞我同命运作斗争。一个有理想、有事业心的人，是不会轻率地结束自己的生命的。"

1674 年 11 月 8 日，弥尔顿去世。他生前曾说："我坚决相信，一个人要想在日后写出颂扬人物的好诗而能如愿以偿的话，他自己就必须是一首真正的诗。"弥尔顿双目失明，他 22 年生活在黑暗中，却用诗鼓舞人去追求光明，为光明而生活、而斗争。他就是"一首真正的诗"。（参阅《弥尔顿——用生命谱写诗章》，载吉林省残疾人联合会编《中外残疾人名人传略》，华夏出版社 1992 年版。）

在黑暗中攀登数学高峰的欧拉

欧拉 1707 年生于瑞士。在少年时代他就表现出一种过人的才智。在他刚学会把阿拉伯数字用简单的运算符号连接起来时，就立下了攀登科学高峰的志向。他 19 岁时写了一篇有关船桅的论文，获得了巴黎科学院的资金。26 岁，他成为一名教授。

然而，他 28 岁那年，在一次长时间地从事研究与计算中，由于劳累过度，他的右眼失明了，左眼的视力也大为减退。

在突如其来的灾祸面前，欧拉没有退缩。他凭借左眼的微弱视力继续进行研究，平均每年以 800 页左右的数量发表着高质量的论文。

除眼疾以外，沉重的家庭负担也严重干扰着欧拉的事业。他有 13 个孩子。他不但要负担一大家子的衣食住行，而且大大小小 13 个孩子的喧哗吵闹，更使他终日心神不宁。然而，欧拉却能闹中取静，以惊人的意志坚持在如此恶劣的环境中进行研究与运算。有时，他怀抱婴儿，深深躬着腰，几乎把额头触在膝盖上，专心写着他的科学论文。

欧拉的研究伸展到数学理论与应用的各个领域。他用分析方法发展了牛顿力学，创立了一门新学科；他用数学方法，通过力学和具体物性相结合，发展了刚性运动、固体弹性的稳定性研究，成为刚体力学的创始人之一。他还被誉为变分法的奠基人、复变函数论的先驱者、理论流体动力学的创始人。欧拉还从事许多数学应用研究，写出了《航海科学》《船舶制造和结构全论》《月球运动理论》等著作，还写了 3 卷光学仪器方面的论著。他结合理想流体运动的研究，从中得出了基本微分方程，并将其运用到人体血液的流动等方面。至今，数学分析以至数学的每一分支都有以"欧拉"命名的公式、方程、函数、常数以及各种解法。

1766 年，欧拉 59 岁，他的左眼也在无穷无尽的数学公式中耗完了最后一丝光亮，从此双目完全失明，陷入了无边的黑暗。双目失明后的第 3 年，他居住的彼得堡市区发生一场大火，烧毁了他的住宅。人们把病中的欧拉从燃毁的房子中抢救了出来，可他大半辈子耗尽心血积累下来的研究成果以及整个书库都化成了灰烬！

失明、火灾没有阻挡年过花甲的欧拉继续攀登的步伐。他在废墟旁发誓："我一定要把损失夺回来！"于是，他凭记忆和心算坚持进行科学研究。他在脑子里构思一篇篇学术论文，再通过口述，让儿子或学生笔录。据统计，从欧拉双目失明到他逝世前的 17 年中，通过口述他写了大约 400 篇论文和几本专著，其中还解决了牛顿也无能为力解决的"月球运行"的问题。

1783 年的一天，欧拉同往日一样，把一块特别的石板放在面前，用手摸索着演算刚被天文学家赫舍尔发现不久的天王星轨道。算完之后，他又让孩子读了一遍，证明完全与观测到的这颗行星轨道相符。当大家正要向这位老数学家祝贺时，他却静静地躺在椅子上去世了。

欧拉有全集 74 卷，内容涉及数学、物理学、力学、天文学等许多领域。他所写的力学、代数、数学分析、解析几何、微分几何及变分法等方面的教科书，一直是教学的标准教材。

欧拉失去了双眼，但他登上了数学的峰巅。200 多年来，他的智慧的光芒照耀着并将继续照耀整个世界。（参阅《双目失明的大数学家欧拉》，载吉林省残疾人联合会编《中外残疾名人传略》，华夏出版社 1992 年版。）

刘大铭：瘫的"瓷娃娃"，心要站起来

刘大铭从小得了一种世界上罕见的成骨不全症，骨密度极其脆弱。

上初一那年，他的脊椎开始变形，并渐渐压迫到心脏、肺部、胃和神经。后来脊椎完全变成了 S 状，使得他说话没力气，喝牛奶就想吐，听课

记笔记流泪，看不清东西，生活陷入绝境。

父母带他到全国各地求医，做过 10 多次手术均不成功。一次一位医生告诉他："小伙子，为你做手术，就好比往沙土里打钉子，钉子打进去，沙子就会碎成粉末。"这位医生还警告他说："稍有不慎，你还会失去整个生命！"这时，爸爸妈妈安慰他："大铭呀，即使你这一辈子，在这间卧室的小床上躺上几十年，爸爸妈妈也会一直陪伴你，走完生命的最后一刻。"面对医生的绝望与父母的妥协，刘大铭心中反而有了一种信念：这世界上能够相信的只有我自己。他决心靠自己的顽强意志与命运再搏一次。

刘大铭瞒着父母联系了北京的瓷娃娃协会，他们当时正和一个国际的医疗机构搞合作。协会给他一张需要全部用英文填写的远程信息病例登记表，上面的很多专业术语他不懂，也没有办法写出非常复杂的英语句子，他只能靠查词典解决这一难题。于是，等爸妈睡下后，他在深夜开始工作：他用两个胳膊撑着身子，抱着比他的胳膊承受能力重很多的牛津词典，一个词一个词进行翻译，然后用英语叙述病情，填写病例，将登记表寄出去。很快，他收到一封来自意大利医院的回信，信中如实地告诉他治疗的风险及预测：40%的死亡率，即使手术成功，还会有 50%的并发症。结论是：不想为他做手术。但医生并没有把话说死。于是他又连夜给医生写了一封回信，说："在这个世界上，多数人都在他们的一生中遭受命运的压迫和挫折，但他们从来未尝试过改变自己的生活，挑战那些人云亦云的话。我不想这样，我想要清醒地在这个世上活着。我不要白白地来世上一趟！"

刘大铭的回信感动了这位意大利医生，他答应冒险为他做一次少有先例的脊椎重建手术。手术之艰难，是常人难以想象的。他身体里被打进了 13 颗螺丝钉，两根钛合金金属杆。10 个半小时的手术做完后，他的汗浸透了所有铺在床上的褥单与被单。最难忍受的疼痛他咬着牙忍受下来了。他深知：这是通向幸福和成功的唯一途径。

半年之后，刘大铭回到学校，投入繁忙的高三复习，同时，他废除了已经完成的 6 万字书稿，准备在高三这一年重写一遍。同学和周围的人说他是"疯子"，他也真地"疯"了一回：半年时间，他完成了 17.5 万字的长篇自传《命运之上》。2013 年 11 月，书稿由人民出版社出版，向全国发行。2015 年，他有望成为英国剑桥大学的一名学生。

刘大铭终于站在了"命运之上"。面对厄运与经历过难以想象的病痛的折磨，刘大铭深有体会地说："青春就好比一盏燃烧的蜡烛，虽然时间短暂，但我们应该把最强的光和温度去奉献给世界，如此青春才是一场真正无怨无愧的青春！"（参阅"玻璃娃娃"刘大铭在《青年中国说》的青春励志演讲稿，中央电视台 2015 年。）

史铁生：枯萎的生命之花又重新绽放

史铁生 1951 年生于北京。1966 年，他正在清华大学附中上初二，遭遇"文化大革命"的风暴，学校停课闹革命。1969 年，他刚 18 岁，就响应知识青年上山下乡的号召，到陕西延川县插队，种了一年地，喂了两年牛。1972 年，他双腿瘫痪，回北京治疗。史铁生原来是一个身体健壮的小伙子，但现在却坐上了轮椅，21 岁就成了残疾人。生理上、心理上的巨大反差使他难以忍受，他几次想自杀。为了生存，1974 年，他到街道工厂劳动，做了 7 年的临时工。

1977 年，最疼爱他的妈妈因心力交瘁而去世，年仅 49 岁。家，几乎不像家了。母亲去世一年后，他开始写作。文学成了他陷入困境之后的一种无奈的选择。1979 年他开始发表作品。他的小说《我的遥远的清平湾》获1983 年全国优秀短篇小说奖，从此一发而不可收。

1981 年，他的两个肾一坏一伤，后来又患了尿毒症。他每周要做三次血液透析。9 年里，他为透析做过 1000 多次针刺，每次透析要脱去 3 公斤水，透析后他常常疲劳不堪，但仍执笔不辍。由于贫血缺氧、没有力气，有时他一天只能写几行字。他总觉得自己可能写不下去了，但仍坚持写。他说："不能放下，否则可能就彻底放下了。"20 多年来，他先后出版了作品选集《我的遥远的清平湾》《礼拜》《命若琴弦》《自言自语》《我与地坛》《好运设计》《别人》《钟声》《病隙碎笔》以及长篇小说《务虚笔记》《我的丁一之旅》等。

是什么在支持他？他的作品给出了最好的回答。

在纪实体小说《我与地坛》中，他写过一个朋友。这个朋友在"文化大革命"中由于"出言不慎"，坐过几年牢。出狱后，他好不容易找到了一个拉板车的工作，然而"样样待遇都不能与别人平等"。他不服气，就开始练长跑，每天跑两万米，盼望将来能以他的长跑成绩来获得政治上的真正的解放。后来，他正式参加了北京春节环城赛跑。第 1 次，他得了第 15 名。他看到前 10 名的照片都挂在了长安街的新闻橱窗里，很受鼓舞。第 2 年，他跑了第 4 名，可新闻橱窗里只挂了前 3 名的照片，他不气馁。第 3 年，他跑了第 7 名，橱窗里只挂了前 6 名的照片，他有些疑惑。第 4 年，他跑了第 3 名，橱窗里只挂了第 1 名的照片，他仍不死心。第 5 年，他跑了第 1 名，橱窗里只有一幅环城赛群众场面的照片。看来长跑也不能最终改变政治的偏见，更不能改变他的命运。他开始痛骂，而且有些绝望。但最后，"我"和他在地坛公园分手时，仍互相叮嘱和勉励着："先别去死，再试着活一活看。"他 38 岁，又跑了一次环城赛，不仅得了第 1 名，而且破了纪录。他的人生价值终于得到证明：他是一位"最有天赋的长跑家"。一位专业教练对他说："我要是 10 年前发现你就好了。"他苦笑了一下，什么也没有说。

《命若琴弦》中的"老瞎子"形象更为感人。他的师傅在临终时告诉他，他有一张能使眼睛复明的药方被封在了琴槽里，当弹断第 1000 根琴弦时，方可取出，从而获得复明的良药。于是，他带着自己的徒弟（"小瞎子"）云游四方，到处弹唱，一直弹了 50 年。终于有一天，他弹断了第 1000 根琴弦。他兴奋地从琴槽里取出药方，但药方却是一张白纸！

50 年中，他为了这张药方翻过许多的山，走过很长的路，挨过日晒雨淋，历过冰雪严寒，"50 年中他所受的全部辛苦就是为了最后能看一眼世界"。然而现在，"吸引着他活下去、走下去、唱下去的东西骤然间消失干净"，已经 70 岁的他彻底地心灰意冷了。这时，他突然想起师傅临终对他说的最后一句话："记住，人的命就像这根琴弦，拉紧了才能弹好，弹好了就够了。"

永远要拉紧生命之弦，这样才能好好活下去。他明白了师傅为他空设"药方"的良苦用心，也理解了师傅临终对他的教诲的真正涵义。于是"老瞎子"又重新振作起来，冒着大风雪，在深山里找到了"小瞎子"，把一张白纸放在"小瞎子"的琴槽里。告诉他：要弹断 1200 根琴弦才能打开琴槽，找出复明的药方。这样"小瞎子"又开始了新一轮的弹唱……"目的虽是虚设的，可非得有不行，不然琴弦怎么拉紧；拉不紧就弹不响。"

残疾的史铁生有过"长跑家"和"老瞎子"遭遇命运不公的类似经历，也有过类似他们的关于命运的思考。人与人的差别永远难消，人类的苦难永远存在。"就命运而言，休论公道"。所以，人要学会坦然面对苦难和不幸的命运。最关键之点是不要绝望，更不要轻易地死去。"死是一种无需乎急着去做的事"，要"活下去试试"，"试试"就可能有希望。

坐在轮椅上整日在地坛公园里沉思默想的史铁生终于明白了："人真正的名字叫作：欲望。""为了让那个躲在园子深处坐轮椅的人，有朝一日在别人的眼里也稍微有点光彩，在众人眼里也能有个位置"，于是他开始了写作，于是有了今日的著名作家史铁生，于是枯萎的花又重新绽放。

史铁生的贡献不仅在于他为我们提供了数百万字的文学佳作，他的更深远的价值还在于，在一连串的人生厄运的打击下，他与逆境抗争，与自我搏斗所展示出的精神境界与生命力量。这种价值的意义是超时空的，是属于全人类的。

史铁生是一只带着伤拼命飞翔的鹰。"我要歌唱，哪怕没有人为我鼓掌；我要飞翔，哪怕没有坚硬的翅膀！"（参阅史铁生《我与地坛》，载《上海文学》1991 年第 1 期；史铁生《病隙碎笔》，湖南文艺出版社 2013 年版。）

三、挑战生命极限，一切皆有可能

海伦·凯勒：聋、盲、哑三重残障人，把生命潜能挖掘到极致

海伦·凯勒 1880 年出生于美国的亚拉巴马州。19 个月时，她突然患猩红热发高烧持续不退，这使她丧失了视力和听力，成为聋、盲、哑三重残障人，从此掉进了一个黑暗、寂静的世界。

7 岁时，海伦在家庭教师安妮·莎利文慈母般的关爱教育下，开始学习认字。莎利文送给她一个玩具娃娃，并在她手掌上写上"d-o-l-l（娃娃）"，她于是把玩具与拼写的字母联系起来，知道了"娃娃"是什么。后来，莎利文又领她到屋外去散步。在井房，莎利文让一股清凉的水从她的一只手上流过，并在另一只手上拼写了"水"字，于是她知道了什么是水。这样，通过一个一个的字、词，莎利文让海伦熟悉了许多事物，学习了很多知识。

对于既看不到也听不见的海伦来说，把每一个字、词和知识变为具体可感的记忆，往往要反复十几次甚至几十次，其花费的精力往往是常人的数倍、数十倍。

后来，海伦又到盲校和聋哑学校就读，学习发音和说话。老师的发音她听不见，教师的嘴唇的动作和面部表情她看不着，必须用手去触摸才知道。于是老师就让海伦轻轻地摸她的舌头、牙齿、嘴唇、喉咙的位置，让她知道发某一个音时舌头、牙齿和嘴唇的动作。海伦很快学会了用嘴说 M、P、A、S、T、I 这 6 个字母。后来她又慢慢学会了说一些词，说一句完整的话。有时学说一句话要反复几十次甚至上百次。这样，海伦渐渐地学会了用嘴说话，用手摸着别人的嘴"听"话。后来，她不再用指语而开始用语言与人交流。为提高自己的语言水平，海伦又求教于专门从事音乐理论研究的怀特老师。怀特从发音器官开始，训练她的发声，教她掌握节奏、音调。经过 3 年的刻苦训练，海伦终于走上演讲台，成为一名受欢迎的演说家。

海伦在聋哑学校不仅学会了讲话，还系统地学习了地理、历史、数学、写作以及英语、德语、法语等课程。她还为考大学开始进修几何、物理。她遇到了新的困难。老师在黑板上画出的图形她看不到。虽然莎利文用指语或用铁丝弯出的一些图形来帮助她，但有些概念她还是无法理解，只好再想出别的办法让她一点点地理解。后来海伦借着一架凸写器写下代数、几何和物理题标出的每一个步骤，至于书中的字母、符号以及假设、结论与求证的各个步骤，则全靠脑子记忆。通过 5 年的努力，1897 年和 1899 年，海伦先后通过了著名的哈佛大学拉德克里夫学院的初试和终试，被该校录取，其中，英语和德语还得了优等成绩。

海伦知道，大学时代是更加艰辛的学习过程的开始。她在教室"听"课要靠莎利文在她手上拼写字母来一点点地接受。她所需的各种教材，很少有盲文本，只能由别人把书的内容逐字逐句地拼写在她的手上，再由她记录成盲文。她的学习和作业，要比别人多花出几倍的时间。课后，别的同学去唱歌、跳舞，而她却坐在一个僻静角落的木椅上，一行一行地默读着盲文书。她说："我无法像别人那样走在宽阔平坦的大路上。然而甚至充满荆棘的小路仍然是路。只要有路，我就要走下去，苦一点无所谓。"1904

年，海伦以优异的成绩完成了大学的全部课程。她是世界上第一位完成大学教育的盲聋哑人。在校期间她创作出版了《我生活的故事》《乐天主义》等书。其中，《我生活的故事》中的"少女时代"被好莱坞拍成电影，引起巨大轰动。

大学毕业后，海伦把自己的全部精力献给残疾人事业。她通过写文章和发表演说，为残疾人事业做宣传。在莎利文老师的陪同下，海伦从城市到农村，从学校到矿区，足迹踏遍美国。后来，他们又跨出国门，到加拿大、欧洲去演讲，把助残活动推向世界。由于大多数演讲是不收取报酬的，为解决经济上的困窘，她们有时不得不到杂技场的舞台上进行表演。她们的名字和驯兽师、动物一起被列入节目单。

1936年，海伦的老师莎利文病逝。海伦无比悲痛。她的最后一部作品《我的老师——安妮·莎利文·麦西》热情歌颂了这位陪伴她一起生活、学习50年的老师。她为写这本书搜集了20年的笔记和信件，没想到在一场大火中，四分之三的文稿被焚毁。然而，她并不灰心，又从头再来，10年后终于完成了这部书稿。在书中，海伦说，如果她有了眼睛，她首先要好好看看她的老师莎利文。她写道："我想长时间地盯视着我亲爱的教师安妮·莎利文·麦西夫人的脸。当我还在孩稚时，她就来到我家，是她给我打开了外部世界。我不仅看她的脸部的轮廓，为了将它牢牢地放进我的记忆，还要仔细研究那张脸，并从中找出同情的温柔和耐心的生动的形迹，她就是靠这些来完成教育我的困难任务。我要从她的眼睛里看出那使她能坚定地面对困难的坚强毅力和她那经常向人显示出的对人类的同情心。"

在海伦的推动下，美国和许多国家都建立起残疾人的福利机构。联合国1959年召开特别会议，对于海伦对残疾人事业的杰出贡献进行了隆重的表彰。

1968年，88岁高龄的海伦病逝。一直到逝世前，海伦都在忠实地实践着她的诺言："一直到死，我都必须工作，在完成上帝交给我的任务之前，我是不会休息的。"

海伦从一个又聋又盲又哑的所谓"五官三废"的幼儿，最终成为一代伟人（她被美国伟大作家马克·吐温称作是19世纪出现的两个伟人之一）。

她不仅以无与伦比的刻苦和毅力完成了从中学到大学的全部学业并熟练地掌握了 5 门外语，而且成为一名聋哑人的教育家、有 14 部著作的学者和作家，还是一位为残疾人事业不倦奔走的社会活动家。海伦是人的潜能得到充分发挥、生命价值得到完全实现的典范。所有的残疾人士都会从她的光辉事迹中受到激励；所有身体健康的人都会从她的传奇人生中受到鞭策。正如海伦所说：每一个有视力和听力的人，要好好使用你的眼睛和耳朵，"让每种器官都能发挥它最大的作用"。（参阅海伦·凯勒《我的生活——海伦·凯勒自传》，浙江文艺出版社 2007 年版；《人类永恒的骄傲》，载吉林省残疾人联合会编《中外残疾人名人传略》，华夏出版社 1992 年版；宗华《与黑暗世界抗争的伟大女性》，载《人物》2002 年第 9 期。）

轮椅上的宇宙探索者霍金，把生命的能量发挥到极致

1963 年，正在剑桥大学攻读宇宙学博士学位的斯蒂芬·霍金得了一种罕见的肌萎缩性脊髓侧索硬化症（又叫运动神经细胞症）。医生估计他只能活两年。霍金在得知他可能不久就会死去时，开始格外珍惜生活。他说："反正就是一死，我不如做些像样的益事。"

20 世纪 60 年代后期，霍金的病情急剧恶化。他行走已离不开拐杖，发音也开始模糊不清。但他仍顽强地保持独立生活，拒绝别人的帮助。

1965 年，他首先提出了著名的"黑洞"理论，使得小行星消失有了完整具体的解释。1974 年，他又提出"黑洞爆炸论"，质疑任何物质被吸入"黑洞"后不再复出的假说。他认为量子力学的"穿隧效应"会使粒子飞出"黑洞"之外。这一创见，引起科学界的震动，他也因此被吸收进英国皇家学会。这一年他 32 岁，是有史以来获此殊荣的最年轻的科学家之一。

1979 年，霍金又被剑桥大学任命为卢卡逊数学教授，他是继 1669 年牛顿担任这一职务后的第 2 人。

1984 年 8 月，霍金因患肺炎接受穿气管手术，结果手术把他讲话的能力完全剥夺。在嘴不能讲话的情况下，霍金能用的只是右手的三个手指。他的三个手指在电脑上选字母，拼单词，然后造句子，再由声音合成器播放出来。这样，一小时的讲演他要花 10 天的时间准备。

1991 年，汽车将霍金的轮椅撞倒，他摔断了胳膊，四肢功能完全丧失，

原来右手的三个手指也不能用了，他与人交流更为困难。有人为他制作了一架专门的语音识别机器——传感器夹在霍金的眼睛旁边，当别人对霍金讲话时，霍金的眼睛及肌肉的变化，会通过传感器输入到专门软件里，经处理解码后转换为文字信号，自动显示在屏幕上，代表霍金说话。

霍金 1970 年开始以轮椅代步，他的绝大部分研究都是在轮椅上进行的。1988 年春天，霍金的《时间简史——从大爆炸到黑洞》在美国出版，首印的 4 万册很快销售一空。至今，《时间简史》已用 30 多种文字在全世界出版了 1000 多万册。他是科学界最有才智、最有勇气、最有成就的宇宙空间的研究者与探索者，被公认为是继爱因斯坦之后的最伟大的理论物理学家。2006 年 8 月，英国皇家学会把科学成就的最高荣誉奖——科普利奖授予斯蒂芬·霍金。这是 1731 年设立的世界上历史最悠久的奖项。

2010 年，霍金出版新书《大设计》。之后，他多次接受媒体采访并客串过多部科幻影片，提出了许多惊世骇俗的新理论，如：包括 11 个维度的"M 理论"、"宇宙神创"理论不能成立、"天堂"并不存在、向太空殖民、人类避免与外星人接触等等。2014 年，他否定了自己提出过的黑洞理论。这些新理论、新观点在科学界引起了巨大的反响与争议。

霍金研究的是天文物理界的三大难题：宇宙是如何形成的？宇宙如何终结？宇宙在爆炸前是个什么样的空间？然而，霍金并没有实际考察过宇宙太空。他只是用望远镜观测过几次。2005 年，63 岁的霍金突发奇想，决定支付 30 万美金进行太空商业旅行。他要乘坐维珍银河航空公司的太空飞船，成为最先遨游太空的游客之一。他希望能亲眼目睹太空景象。为此，2007 年 4 月 26 日，65 岁的霍金完成了 8 次高速俯冲的"零重力"飞行体验。

霍金已经在轮椅上生活了 40 多年，但他一天也没有停止过对宇宙的思考。他坐在狭窄的轮椅之上，却"思接千载，视通万里"，巡天遥看银河宇宙。当有人问他："您长久地固定在轮椅上，不认为命运让你失去太多了吗？"霍金回答："如果我没有残疾，或许会失去更多。如果没有残疾，我的'脚步'除了踏足太空，或许还有酒吧、舞会，或许我不会像现在一样珍惜时间。"有人问他："您对死亡有何恐惧？"他回答："过去 50 年，我一直活在英年早逝的阴影中。我并不怕死，但也不想那么快就死。我还有很多事要做。"（参阅潘涛编译《斯蒂芬·霍金——划时代的英雄》，载《世界科学》1995 年第 3 期；《霍金传奇》，载《北京青年报》1998 年 4 月 10 日；《〈时间简史〉诞生的奇妙经历——〈斯蒂芬·霍金传〉节选》，载《文学报》第 1325 期。）

无脚飞将军马里西叶夫

　　1942 年 4 月 4 日，年轻的前苏联歼击机驾驶员马里西叶夫中尉的战机在一次与德军飞机的空战中中弹起火，他被弹出机舱，跌进一片密林中，两腿负了重伤。森林在敌方境内，离前线约 30 公里。马里西叶夫以坚强的意志，忍着疼痛、饥饿和寒冷，经过了 18 个昼夜的爬行，终于回到了自己的飞行团。然而他为此却失去了双脚。

　　马里西叶夫躺在病床上，想到自己没有了双脚，再也回不到自己的飞行团驾驶飞机，心情十分沉重，陷入忧郁和失望之中。

　　一天，马里西叶夫从一本杂志上看到一篇有关飞行员的故事，讲在第一次世界大战中，一名俄国飞行员受伤截去了一条腿，安上假腿后继续学习飞行，终于重返蓝天。从此，马里西叶夫以这个飞行员为榜样，立下了重返蓝天的宏愿，并定出计划，增强体质，加强残腿的锻炼。

　　每天，他忍着剧烈的疼痛，将残腿伸到床栏杆下，做仰卧起坐和专门的腿部体操。他疼得紧咬着嘴唇，一次次坚持了下来。两个月后，马里西叶夫装上了假肢。他扶着拐杖，像孩子一样学习走路。假肢与残腿接触时有一种钻心的疼痛。他把牙齿咬得咯咯响，坚持训练，在走廊里不停地走，或到楼下去散步，还要练习用腿做各种飞行动作，一直练到头昏脑涨，筋疲力尽。

　　为了锻炼安装假肢的腿的灵活性，他又让一位护士教他跳舞。从开始学习舞步，到后来快节奏地旋转，他忍受的痛苦是正常人难以想象的。在舞场上他常常面带微笑，而休息时，他却用手帕将汗水和眼泪一同擦干。舞会结束后他走出舞场，来到静谧的树林中，呻吟着躺倒在潮湿的土地上。这样可以让疼得火辣辣的腿稍微放松一下。

　　终于有一天，空军部队派人来疗养院挑选能够重返前线的飞行员。经过长时间磨炼与训练的马里西叶夫一切正常，负责挑选飞行员的竟不相信他是一个没有双脚的残疾人。马里西叶夫当场给来人表演急速旋转的舞蹈动作，他表现出的力量与灵活性使在场的所有人都为之惊叹。

马里西叶夫被选中了。他重返蓝天的梦想终于实现了。他被送到航空学校重新学习飞行和学习驾驶新型战机。在他负伤失去双脚一年以后的1943 年 6 月，马里西叶夫重新飞上蓝天参加保卫祖国的战斗，先后击落敌机 4 架，荣获"苏联英雄"称号。战后，他的英雄事迹由前苏联作家波列伏依写成小说《真正的人》，并拍成电影《钢铁意志》（又名《无脚飞将军》），从此他的英名在国内外广为传颂。（参阅《马里西叶夫》，载吉林省残疾人联合会编《中外残疾名人传略》，华夏出版社 1992 年版。）

无腿的鲍勃·威兰德用双手跨越美国大陆

鲍勃·威兰德是 20 世纪 60 年代一位在越战中失去双腿的残疾军人。他以超人的意志和罕见的毅力，以无腿之躯穿行了从西部洛杉矶到东部华盛顿的美国大陆，成为美国家喻户晓的英雄。

1969 年，鲍勃·威兰德刚刚 23 岁，在大学中就以主力棒球队员而闻名。后来，他应召参加越南战争。刚到越南的第二个月，他就在西贡市郊的热带密林中踏上了地雷，顷刻间腰身以下已不复存在。他是一个身高 1.9 米、体重 90 公斤的大汉，竟一下子变成了有手无腿、不足一米高的"半截人"。

面对这样的飞来横祸，鲍勃·威兰德没有灰心丧气，更没有厌世轻生，而是选择了另一种人生道路：坚强地活下去，而且要活出光彩来！

鲍勃·威兰德对关心他的人说，"我不会求助于别人"，"没有双腿，我还有双手，我可以用双手代替双腿"。在医院里，他不让护理人员给他更衣，上下楼梯也拒绝护理人员帮忙。慢慢地，他不仅在生活上能够自理，而且还学会了驾驶汽车。后来，他又重新踏进了洛杉矶的大学校门，甚至考取了体育教师资格。

不久，鲍勃·威兰德做出了一个令所有美国人都瞠目结舌的决定：他要用双手"走"完从洛杉矶到华盛顿的 5000 公里路程！5000 公里路程，沿途既有连绵起伏的山路、荒无人烟的沙漠，也有人迹罕至的原始森林，一个正常的人走过这一路程已很不容易，对于一位无双腿的人来说，这个举动简直不可思议。家人极力劝阻他，好心人也奉劝他三思而后行，但是鲍勃·威兰德下定决心，他说："我并不认为自己是个残疾人。只要是你想做的事情，那你就一定能够做到，就看你想不想做了。"

鲍勃·威兰德上路了。从一开始起程，他就成了美国舆论关注的焦点，几乎所有的美国报刊都注视着他的一举一动。所到之处，他都受到了空前的欢迎。不计其数的家长带着自己的儿女到鲍勃·威兰德的经过之处等待他的到来。他们要告诉自己的孩子，这个人就是那个征服自己的人，就是那个从来都不知道什么是困难的人。

鲍勃·威兰德耗费了 3 年 8 个月零 6 天的时间，终于用自己的双手完成了从美国西部洛杉矶到东部华盛顿 5000 公里的伟大跨越！其间，他经历过零上 45 度的沙漠高温，也经历了零下 20 度的严寒，爬上过海拔 2400 米的山路。坚强的鲍勃·威兰德战胜了重重的艰难险阻，以无腿之躯"走"完了这一史无前例的长征！

在他临近华盛顿的时候，整个华盛顿万人空巷，像迎接一位作战凯旋的英雄一样欢迎他的到来。

在美国，鲍勃·威兰德的名字是勇敢无畏、坚强意志的代名词；他的名言"谁都能够创造奇迹"已融入每一个美国人的血脉里。（参阅鲁先圣《鲍勃·威兰德的奇迹》，载《恋爱婚姻家庭》2001 年第 2 期。）

无四肢的尼克·胡哲说："人生不设限"

澳大利亚的尼克·胡哲生于 1982 年。他一生下来就四肢皆无，只在左侧臀部以下的位置有一只带着两个脚趾头的"小脚"。这个天生像海豹一样的畸形儿吓坏了所有的人，然而他的父母没有放弃他。

尼克连吃饭、穿衣都成了问题，他对于自己的身体失去了信心。10 岁时，他曾想在家里的浴缸中自杀。有一次，妈妈把一份剪报给尼克看，上面刊登了一个残疾人自强不息的故事。这个人的事迹感动了他，改变了他对自己和生命的看法。从此，尼克坚持不懈地运用两个脚趾及颈部肌肉学习穿衣服、吃饭、打字，后来还练习游泳、潜水、冲浪、打高尔夫球、开快艇。2008 年，尼克在美国夏威夷学会了冲浪，他甚至可以在冲浪板上做 360 度旋转这样超高难度动作。他上完了大学，拥有两个学士学位，现在是一家企业的总监。

尼克应邀到几十个国家演讲千余次，成千上万的人从他的传奇故事中受到教育与激励。2011 年，他出版了励志畅销书《人生不设限》。2013 年，他迎娶了一位美娇娘，建立了幸福的家庭。他还灵活地用脖子夹起相机，为新婚妻子照相。

当有人问尼克："你常拿自己的缺陷开玩笑，不在意别人的目光？"他回答："其实你自身的价值不是由外表决定的，也不是由你做不到的事情决定的。"他告诫年轻人："要有信心相信，你眼前所看到的不是生命的全部，不要过早放弃"。

尼克·胡哲对那些不满意自己身体缺陷的人说："不要为没有拥有而感到愤怒。一个人要敢于有很大的梦想，不尝试，永远不知道自己能做什么。"他的人生座右铭是"人生不设限"，只要不懈奋斗，永不放弃，一切皆有可能。（参阅尼克·胡哲《人生不设限》，湖北教育出版社 2015 年版；马晓毅《"半身奇迹"感动中国学子》，载《光明日报》2010 年 12 月 9 日；陈辉《"半身奇迹"尼克》，载《羊城晚报》2010 年 12 月 17 日。）

刘伟：用脚弹琴的钢琴师

1998 年，11 岁的刘伟因触碰高压线而失去双臂。他只能用双脚生活。为了练字，他的脚磨得流血。

面对厄运，刘伟说："我的人生只有两条路，要么赶紧死，要么精彩地活着"。他选择了后者。

刘伟 19 岁时做出了一个让全家人都强烈反对的决定——学音乐、弹琴。他找到一个钢琴老师，老师告诉他："我只会教人用手弹琴，用脚我自己也不会。"他又找到一个私立音乐学院，校长轻蔑地对他说："你进我们学校学音乐只能是影响校容。"刘伟同样轻蔑地对校长说："谢谢你这么歧视我，我会让你看着我是怎么做的。"

没有人可以告诉刘伟该怎么用脚弹钢琴，控制脚趾的灵活度就更加困难。一开始，他弹一个音，下一个音就没了，更别提配合了。他脚趾磨破，腿部抽筋，仍不得要领。

然而，他用心地去做，专心地去弹，渐渐摸索出接触琴键的方法。他不能像一般人那样把手掌撑开到 8 度，但他通过训练，能将两脚撑开到 5

度。除一些太高亢的曲子弹不了，一般的曲子他都能弹。

2010 年 8 月 8 日，失去双臂的刘伟走上《中国达人秀》的舞台，在决赛中他一举夺得了冠军。

这时，那位曾嘲笑他的校长应该懂得刘伟"是怎么做的"了。刘伟"把不可能变成了可能"。（参阅朱柳笛《刘伟：无臂钢琴师一"秀"惊人》，载《深圳商报》2010 年 9 月 9 日。）

曾芷君：用嘴唇"吻"出一片新天地

香港的曾芷君出生才几个月就双目失明。上小学时，她双耳被确诊为中度至严重弱听，要靠助听器与人沟通。后来，由于神经的萎缩，芷君的手指指尖触感也有缺陷，想要用手触摸盲人专用的点子书也不可能。她视觉、听觉、触觉"三感"不全，人们称她为香港的海伦·凯勒，但她比海伦·凯勒又多了一重挑战——无法用手去读凸感盲文，她只能以双唇代替双手，靠唇读凸感盲文进行学习，被称作"吻书的孩子"。

芷君是一个十分坚强的女孩子，她认为自己必须要接受残酷的现实；如果逃避，困难就会跟她一生。于是她不停地摸索，尝试身体的各个部位，终于找到了嘴唇作为最佳触点。以唇吻书，困难不言而喻。阅读同样的内容不仅比常人多花一至两倍的时间，也比其他用手读盲文书的人要慢许多。

曾芷君本来可以在盲人学校就读的，可是为了早点融入主流学校，她主动提出挑战，选择了一所普通学校，和正常学生同堂学习。明知困难重重，但她决心在这条充满荆棘的路上走下去。她说："踏入主流学校就读，是我生命的一个转折点。在以后的日子里，我将面对无数的挑战，我将竭尽所能，用功读书，克服每一个困难。"

课堂上，她捧起老师事先准备好的点字笔记，一边埋头用嘴"食字"，一边戴着助听器听老师讲解。英语教授的通识课，信息量大，观点多，内容新，她都通过唇读一一接受下来。听、写、阅读、课堂讨论等所有学习环节她一个不落。她不放弃任何一个可以提高自己的机会。她除了吃饭、冲凉、睡觉，其余时间全都用在了学习上。

功夫不负有心人。在 2013 年香港的夏季高考中，曾芷君以三科 5＋＋和两科 5＋的优异成绩如愿考入香港中文大学翻译系。

不逃避现实，面对现实，想方设法适应现实，进而创造出新的现实，开拓出人生的新天地，这就是"吻书女孩"曾芷君所走过的成功之路。

一般的人，往往只能开发自己潜能的一部分，其余大都被惰性埋没掉了；而许多残疾人反而在残缺的身体上开发出几乎所有的潜能，证明了他们的坚强与伟大！（参阅启鹏《如果逃避，困难会跟我一生》，载《今晚报》2013年12月6日。）

四、残疾人也能成为一个人格健全、心灵美丽的人

薛范："为人们留下一份真正的'美丽'"

薛范，1934年生。两岁时，他因患小儿麻痹症而高位截瘫。他坚持上完了中学。后来，他报考上海俄语专科学校被录取，但却因残疾又被拒于校门之外。然而他并未因此自暴自弃，而是走上了漫长的自学之路。通过广播，他自学了俄语。

薛范喜爱音乐。他说："我酷爱音乐，它从我少年时代起就一直伴随着我的生活道路和我的感情经历。"20世纪50年代初，薛范念高中时就着了魔似的迷上了唱歌。一次去上海文化广场听"星海之夜音乐会"，他被五六百人的恢宏场面和高亢激越的朗诵、合唱所震撼，从此痴迷于音乐。

1953年，薛范译配出了第一首前苏联歌曲《和平战士之歌》。在此后的50多年中，他译配了欧洲、亚洲、美洲、澳洲的几十个国家的2000多首歌曲，其中1000余首是俄罗斯和前苏联歌曲。1998年，俄罗斯总统叶利钦在访华期间，亲自向薛范颁发了俄罗斯联邦"友谊勋章"，以表彰他在译介俄罗斯歌曲方面所做的杰出贡献。1999年1月，在北京举行了"译海歌潮——薛范从译45周年译配作品系列音乐会"。2003年11月，在北京又举行了"薛范翻译歌曲50周年音乐会"，盛况空前。薛范是中国（港澳台地区除外）唯一一位专职从事外国歌曲翻译、研究、介绍的专家。

薛范双腿残疾，然而他的性格倔强。在不幸的命运面前，他从不屈服，他要像贝多芬一样"扼住命运的咽喉"。他说过："也许是受到自身身体条件的影响吧，可能年轻时候受过太多歧视的感觉，即使是那种善意的怜悯

呢，也在暗示你是一个什么样的人。我很倔，这种性格决定了命运。我想做一个和正常人一样平等的人。我希望自己是一个对社会有用的人。我需要人需要我。"

20世纪80年代初，中苏关系开始解冻。为纪念"十月革命"70周年，他要搜集有关前苏联音乐的最新资料。为此，他不顾一切，带上积攒的1000元钱，孤身一人来到北京，到即将搬迁的北京图书馆查资料。管理员看他是位拄着双拐的残疾人，就热心地将一沓沓积满灰尘的资料抱给他，他挑选后，管理员又帮他去复印。他在图书馆整整泡了3天，吃的全是方便面，钱都用去复印了材料。

薛范靠自学涉猎了文学艺术的各个领域：小说、散文、诗歌、戏剧、电影、文学评论、文学史研究、音乐以及美术。为了使翻译的音乐作品能如实地体现原作的韵味及意境，他自学并逐渐掌握了俄、英、法、日等外语，并自修外国音乐史、音乐创作理论及音乐作品分析等课程，对唐诗、宋词和音韵学也做了深入的研究。为译配当代歌曲，他研究了前苏联歌曲史谱、电影歌曲史谱、摇滚乐史等。这对于坐在轮椅上的残疾人来说，他付出了比常人要多得多的代价。没有钱买乐谱，他就摇着轮椅到电影院，边听边记，回家后自己画谱。没有钱买资料，他就借来资料一个字、一个字地抄。因为脊椎扭曲不能久坐，他就跪在床上画谱写字。

薛范没有工作单位、没有公费医疗，在很长一段时间，他基本上是依靠父母的退休工资生活。困难时，他连寄一封信的钱都没有。她的母亲曾建议儿子买一只不易摔碎的塑料碗，好在将来乞讨时使用。虽然如此，薛范从不主动向领导提出任何要求。后来由于获得俄罗斯总统颁发的勋章，上海市有关部门才决定每月拨给他一千元，解决他的基本生活保障问题。

薛范一生没有能拥有自己的婚姻家庭，但他并不因此而伤感。他译过一首拉脱维亚的流行歌曲《百万朵玫瑰花》，其中唱道："画家他终身孤独，忍受着风雪交加，但是在他一生中，有着百万朵玫瑰花。"

薛范译配的外国歌曲，从20世纪50年代直到今天，打动着一代又一代听众的心。他们对薛范说，"您的工作影响了我们整整一代人"，"我们是唱着您的歌长大的"，"薛老师，您这一生啊，值"。历经人生沧桑的薛范对自己的工作的意义有更深的体会："一颗珍藏着许许多多好歌的心灵，是不会轻易被人世间的阴冷所吞噬；同样的，一些被珍藏在许许多多心灵中的好歌，也不会轻易被流逝的时光抹掉。"他的心愿就是"为我们的年轻一代留下一份真正的'美丽'"。现在，他的愿望实现了，所以他"死而无憾"了。

薛范的一生是孤寂的又是充实的，是坎坷的又是幸福的。他在轮椅上实现了自己的人生理想。他表示："死后连骨灰都不留，由殡仪馆处理吧。"他已经留下了他想留下的东西——那出版的十几本书。他翻译的歌还会有人传唱，这就够了。（参阅程翊《惟一的薛范》，载《人物》1999年第6期；杨华《薛范，永不干涸的心》，载《人物》2004年第7期；余倩《俄苏歌曲情缘——中国的"奥斯特洛夫斯基"薛范问答》，载《文汇读书周报》2008年6月6日。）

张海迪："翅膀断，心也要飞翔"

1960年，张海迪刚满5岁就长了脊髓血管瘤。10岁之前，她已做了3次大手术，脊椎板被摘除了6块，造成胸部以下全部瘫痪。她不能像同龄小朋友那样玩耍、上学，常常伤心地哭喊。于是，父母就给她讲奥斯特洛夫斯基在双目失明、瘫痪在床的情况下创作《钢铁是怎样炼成的》的故事，她被深深打动了。从此，张海迪在病床上开始艰苦自学。她学会了汉语拼音，学会了查字典，然后借助字典看小说。后来，她又系统地学完了初、高中课程。这时，她浑身充满一种进取的力量。她在日记中写道："我不能碌碌无为地活着，活着就要学习，就要多为群众做些事情。既然是颗流星，就要把光留给人间，把一切奉献给人民。"

15岁那年，张海迪随父亲下放到一个贫穷偏远的小村庄——山东莘县尚楼村。在这个缺医少药的地方，张海迪用自己的零用钱买来医学书籍、体温表、听诊器、人体模型和药物，并学习了针灸技术为农民治病。在不到3年的时间里，她坐在轮椅上为老乡治病达1万多人次，给许多患重病的乡亲治好了病，因而她名声远播，使前来就医的人络绎不绝。然而为别人解除了痛苦，她自己在治病的过程中却痛苦不堪。针灸时，她的腹部软瘫在骨盆上，时间一长，造成右肋骨塌陷，脊椎弯曲成了S形，肋间神经剧烈疼痛。更要命的是，她的腿和臀部上的褥疮严重感染，脓血每天都把裤子浸透。为不使父母替她担心，她总是夜深人静时，对着镜子换药。看着一个个可能引发败血病的溃烂发黑的伤口，她不再犹豫，自己动手剜下身上带血的腐肉。

1974 年冬天，她离开了尚楼村回到济南。周围的伙伴有的进工厂，有的参军，还有的入大学深造，一个个都走了，而她去找工作，却到处碰壁。她心灰意冷，一时冲动之下，服下了大量安眠药片。这时，她想起爸妈 10 多年来的心血抚育，尚楼父老乡亲对自己的厚爱，特别是想起自己崇拜的英雄偶像保尔·柯察金说过的一句话："就是到了生活无法忍受时，也要善于生活下去。"于是她又叫来人，挽救了自己的生命。

再一次战胜了自我的张海迪继学习治疗疾病之后，又学了电器修理，为人修无线电收音机；她学习绘画，出版过自己的画册；她学了好几种外语，翻译出版了 100 多万字的外文读物；她学习写作，先后创作出版了《轮椅上的梦》《向天空敞开的窗口》《鸿雁快快飞》《书信日记选》《生命的追问》等多本小说散文集；她还录制发行了自己演唱的盒带《轮椅圆舞曲》；她参加赈灾义演，出席读者座谈会，为"希望工程"捐款……她认识到：对于生命，怎样让它填充意义是最重要的；生理上的活着很容易，但人最宝贵的是思想活着，而思想活着就要创造。

创造是艰辛的。就拿写作来说，她坚持记日记、练习写文章，成本成本地抄写名言警句，大段大段地背诵诗歌散文。她一次次将浸透着自己心血的书稿交给出版社，又一次次拿回来修改、重写，有时要反复七八次才能定稿。学外语，搞翻译，对于她这个没有上过学的人来说更是难上加难。她自学了英语、日语、德语和世界语。为了熟悉单词和加强记忆，她在手上、胳膊上、墙上、书架上、床单上、泥塑娃娃上都写满了单词。有的单词记不住就反复写，反复记，直到最后掌握它。

1976 年，张海迪做过第 4 次大手术后，只能仰卧，连脖子都不能动。不能看书，她就请朋友替他一页页地翻书。床头柜上放一面镜子，通过镜子反射，她一句句学习《英语 900 句》。

1990 年，张海迪又一次经历了生死的考验。她查出患了鼻梁基底细胞癌，必须做第 6 次大手术。但大夫说，由于高位截瘫的特殊病情，手术中不能施行麻醉，以防癌变组织扩散。这样张海迪忍着剧痛，在不用麻药的情况下做了癌变切除和植皮手术，手术后又多次化疗，苦不堪言，精神简直要崩溃了。但她又挺过来了。她说："我每天都想放弃生命，但每天我又小心翼翼地把它拾回来。精心地，像看护一小簇火焰一样让它燃烧，生怕它熄灭。"她又一次战胜了自我的精神危机，又一次为自己开辟出人生的新天地。

张海迪的事迹和精神感动了全中国。1983 年，中共中央发出通知，要求全国人民和青年向张海迪学习。2000 年，国务院授予张海迪"全国劳动模范"称号。2001 年，她被新华社《环球》杂志评选为环球 20 位最具影响力的世纪女性。人到中年的张海迪深有感触地说："只有拼搏了之后，人的生命才会更有价值。"

1997 年至 2001 年，张海迪创作了 30 万字的长篇小说《绝顶》，写几位登山英雄攀登西藏梅里雪山的故事。他们攀登的既是物质的梅里雪山，更是人类的精神的峰巅。在过去，多少人攀登就有多少人失败，然而今天他们经过千难万险终于登上了这座陡峭险峻、人迹罕至的雪山。他们是真正的英雄和硬汉。"会当凌绝顶，一览众山小"。《绝顶》是一本关于生命的书，一本精神探索的书，它寄托着张海迪要活得美丽的人生理想和她的生命理念，也是她坚韧不屈人格精神的真实体现。

张海迪认真地对待生命，也坦荡地面对死亡。她说过："也许我的肉体死去了，但我的精神会漂流在这个世界上，也许是风，也许是雨，也许是雪。只是人们再也看不到我，听不到我。"然而，"我曾经爱过、生活过、创造过，这就够了"。（参阅张海迪《是颗流星，就要把光留给人间》，载《中国青年报》1983 年 2 月 1 日；《张海迪把光和热留给人间》，载吉林省残疾人联合会编《中外残疾名人传略》，华夏出版社 1992 年版；王爽《生命、死亡、金钱——张海迪谈话录》，载《今晚报》2001 年 12 月 28 日。）

跪着教书三十六载的乡村教师陆永康

陆永康是贵州省黔南布依族苗族自治州三都水族自治县羊福民族学校的教师。1948 年，他出生刚 9 个月就因小儿麻痹症导致双腿膝盖以下肌肉萎缩，不能站立，只能手膝并用地跪着走路。

陆永康只读到小学 6 年级就辍学了，在家务农。他 20 岁时，村里的孔荣小学的最后一名教师走了。村干部找到陆永康，让他临时代课。他就这样当上了教师。

陆永康到校的第一件事就是把辍学的孩子给劝回来。他用木板、旧篮球、废旧轮胎和铁丝，自制了一双重达两公斤的"船鞋"，绑在双膝上，再挂上一根木棍，开始了艰难的劝学。他白天上课，晚上家访。孔荣村的村民们依山而居，住得十分分散。陆永康走访学生，经常得爬山、跨沟、过河。他跪行在崎岖的山道上，稍不留心便会摔跟斗。没有人搀扶，他只能自己爬起来再继续往前蹭。他"走"的每一步都要付出极大的努力和代价。别人走一小时的路，他得跪着走两三个小时。傍晚出发，回到家已是繁星满天的深夜。

山林里有动物出没，陆永康孤身一人"走"在里面，有时难免感到害怕。于是他便买了一个铜口哨，头顶上再绑一个小手电筒照明，听到林子里有什么动静，他就吹口哨为自己壮胆。

跪行家访的陆永康感动了村民和他们的学生。第二个学期，他的学生便增加到 50 名。3 年后，孔荣小学竟有了 150 名学生。

陆永康靠着一颗爱家乡、爱学生的火热的心，跪着给孩子们上课，跪着和孩子们一同做游戏，跪着和孩子们一起行走在山间的小道上。他在村里一教就是 13 年。13 年中，他跪坏了 5 双自制"船鞋"。

陆永康一个月的工资只有 900 多元。妻子没有文化，在学校做临时工，煮饭、扫地，月工资 150 元。两个孩子都在读书，一家四口住在一间破烂寒酸的木板房里，一年四季穿的都是最便宜但却很耐磨的绿色解放鞋。对此，他无怨无悔。

一届一届的学生从大山深处走了出去，而陆永康却一直留在大山深处。2002 年，贵州省教育厅授予他"优秀教师"的光荣称号。陆永康说："即使是跪着上课，只要是自己的学生能考上学校，有出息，这比什么都让我有成就感。" 陆永康最喜欢的一支歌是《长大后我就成了你》，歌中唱道："放飞的是希望，守巢的总是你"。这正是陆永康 36 年人民教师生涯的真实写照。

2004 年 6 月，在黔南中医院历时 3 个多月的治疗后，陆永康生平第一次在助行器的帮助下站立起来。他写下毛泽东的两句诗"自信人生二百年，会当击水三千里"，表达了一位年近花甲老人的海洋般的情怀和未酬的壮志。

2007 年 1 月 21 日，在中央电视台举办的"2006 年度三农人物颁奖典礼"上，陆永康获得"奉献奖"。颁奖人侯耀华跪着给他颁奖。他对陆永康说："您为了教育孩子已经跪了 36 年，今天我应该跪着颁这个奖。"（参阅周之江《乡村教师陆永康跪着教书 36 载》，载《今晚报》2006 年 4 月 7 日。）

邰丽华：用残疾的身躯重塑美丽的生命

邰丽华 1976 年生于湖北宜昌。她两岁时因高烧注射导致聋哑，从此开始了另一种人生。

邰丽华从小就喜欢舞蹈，但无人指导她。1991 年，15 岁的邰丽华在武汉歌舞团开始正规的舞蹈训练。由于她的骨骼、韧带都已经定形，她舞蹈的一些基本动作都不符合要求，语言又不能沟通，所以训练遇到了特殊的困难。在辅导老师看来，邰丽华关于舞蹈的一切都不能令人满意。最后，老师干脆把她一个人扔在了排练室。然而邰丽华就是不认输。在空荡荡的排练室里，她对着墙镜又开始了训练。她每一次抬腿、劈叉，都疼痛难忍，但她忍痛继续练习。在刚开始的半个月里，每天 24 小时，邰丽华除了吃饭和睡觉，其他时间都用在了舞蹈上。只是转圈这一动作，她从转几圈、十几圈到转上百圈甚至二三百圈，直到眼前一黑，昏倒在地上。她的技艺提高很快，对于她这种坚韧的性格，连辅导老师也为之叹服。

邰丽华学跳的《雀之灵》，一共 8 分钟，1000 多个分解动作。这对于正常演员已有相当的难度，而对于邰丽华这位失聪的演员来讲，在不能感知任何声音与节拍的情况下，要熟练掌握这 1000 多个动作，其难度更可想而知。要想让舞蹈中这 1000 多个动作与音乐节拍完全合上，唯一的方法是记忆、重复、再记忆、再重复，直到最后 1000 多个动作与音乐节拍完全烂熟于心。

训练是超强性的。邰丽华一刻也不敢松懈，有时她怕停下来的瞬间，懈怠的神经会劝她放弃。她在心里大声呼喊："不能停下，你要争气！"于是她继续着魔鬼般的残酷训练。《雀之灵》的原创者，著名舞蹈家杨丽萍看完邰丽华的表演后说："假如把我的耳朵捂住，我无法想象自己能够完成《雀之灵》！"

1992 年 10 月，意大利斯卡拉大剧院举办"无国界文明艺术节"，邰丽华作为唯一的残疾人舞蹈家表演了极具东方情调的舞蹈《敦煌彩塑》，她被人们称为"美与友谊的使者"。

2000 年 9 月，邰丽华在纽约卡内基音乐厅为联合国高官及 40 多个国家驻联合国的使节表演，成为中国唯一一个登上世界最著名的两大艺术圣地（意大利的斯卡拉大剧院和美国卡内基音乐厅）的艺术家。

2002 年 10 月，"残疾人国际"第 6 届世界大会在日本举行。会上，邰丽华及中国残疾人艺术团的优美舞蹈一次次掀起了"掌声的风暴"，邰丽华被誉为"全世界 6 亿残疾人的形象大使"。

10 多年来，邰丽华先后出访过 20 多个国家，在国内外演出数百场。她主演的《雀之灵》《雨林》《踏歌》《黄土黄》等节目，以"孔雀般的美丽、高洁与轻灵"征服了不同肤色的观众。

在 2005 年中央电视台举办的春节联欢晚会上，由邰丽华领舞的《千手观音》震撼了全国及全世界的华人观众，并获得"最受欢迎的节目"一等奖。

面对成功，邰丽华却心如止水。她在接受媒体采访时说："我已经 28 岁了。如果身体允许，就再跳几年；如果身体不允许，就把自己所有的东西都毫不保留地教授给那些和我一样的聋哑孩子。"

邰丽华对于自己的残疾和不幸有独特的思考，她说："我感受残疾不是缺陷，而是人类多元化的一个特点。残疾不是不幸，只是不便。其实每个人的一生都是一样的，有圆、有缺、有满、有空，这是你没有办法选择的，但是你可以去选择看人生的角度，然后带一颗快乐而感恩的心去面对人生的圆满。这就是我对生活的感悟。"

邰丽华的舞蹈如诗如画，她用残疾的身体谱写了一曲讴歌生命的美丽与尊严的生命之歌。（参阅张伟涛《邰丽华：舞动生命的〈雀之灵〉》；载《人物》2004 年第 3 期；王茂华《〈千手观音〉领舞邰丽华》，载《中国电视报》2005 年 2 月 7 日。）

马丽、翟孝伟：两个残疾人"牵手"舞出完美人生

1996 年，刚从艺术学校毕业的女孩马丽在一场意外的车祸中失去了右

臂。热爱歌唱、舞蹈的她一时意志消沉，把自己关在家里。她让母亲丢掉所有与舞蹈有关的衣服和照片，决心与舞蹈彻底告别，她甚至想到了死。

然而，当马丽看到母亲心碎的眼神、操劳的身影，她最终选择了坚强。慢慢地，她学着用左手洗脸、梳头、穿衣、吃饭、写字，后来，又学时装、卖水果，还开了一间向阳书店，日子过得还顺利。偶尔，她也回忆往事，为自己没有实现的舞蹈梦暗自叹息。

2001 年，她应河南省残联的邀请参加了第五届全国残疾人文艺汇演，以独舞《黄河的女儿》一举夺得金奖。

翟孝伟 4 岁时在街头被拖拉机轧断左腿。2005 年，翟孝伟 21 岁，被河南残联招为自行车运动员。2005 年 9 月，马丽与翟孝伟相识。马丽发现孝伟 1.8 米的高个头，体形健美，非常适合跳舞。于是，马丽就让孝伟看她的演出。孝伟被马丽的舞蹈深深地吸引了。此后，孝伟就开始跟马丽学习跳舞，两个人自称是"天残地缺"的一对。

舞蹈创作者赵力民看到马丽和翟孝伟在夕阳的余晖里互相搀扶的身影，他被打动了。他想起台湾歌手苏芮的《牵手》的旋律，决心以他们俩为中心演员编排一个《牵手》的双人舞，既表现生活中的牵手，又表现心灵的牵手。

然而，他们一进入实际的创作、排练过程就遇到了一系列难题。首先，对于肢残的人来说平衡很难掌握。特别是翟孝伟，仅有一条腿，又缺乏舞蹈的基础，对他来讲转圈就是一个极大的挑战。他迟缓的动作总跟不上舞蹈的节奏，常常一个转身让他跌得头破血流。于是，赵力民老师让他每天练习站立。然而，翟孝伟一丢掉拐杖便东倒西歪，更何况要一站几个小时，用单腿支撑自己。他稍不留神就摔倒在地，爬起来时眼前一片黑。尽管如此，他还是坚持下来了。

经过千百次的排练与磨合，忍受千百次的摔打与伤痛，《牵手》终于在舞台上亮相了。缺少右臂的女孩痛苦挣扎，缺少左腿的小伙子给她鼓励、呵护，最后他们互相支撑着站立了起来。当挂着拐杖的小伙子用力抬起单臂欲飞的女孩时，所有人的眼睛都流下了感动的热泪。节目结束后，全场掌声雷动。

《牵手》一举获得 2005 年全国残疾人文艺汇演金奖；2007 年，又获中央电视台舞蹈大赛银奖。马丽和翟孝伟还携手走进香港凤凰卫视的"鲁豫有约"和央视的"艺术人生"节目，在全国引起了强烈的反响。他们一个没有右臂，一个没有左腿，却用残缺演绎了完美。（参阅周道《不一样的〈牵手〉，一样的成功》，载《今晚报》2007 年 12 月 10 日。）

杨光：在黑暗中追逐阳光

1980 年，杨光出生在哈尔滨，长辈们为他起名杨光，寄托着许多美好的期待。然而，杨光 8 个月的时候突然得了罕见的眼癌，永远看不到这个世界上的阳光了。

在令人煎熬的焦虑中，人们发现了杨光的声乐天分。两岁时，他唱歌就不跑调。家中刚有琴的时候，只要听到一首歌，他就能弹出来，这大大增强了父母培养他的信心。7 岁时，妈妈决定把他送到哈尔滨一个有名的钢琴老师那里去学琴。为让妈妈对他的学习放心，也为了让老师认可，杨光花了 16 天的时间学习了一首很难弹的曲子，在老师面前大展身手，拜师成功。

盲人无法读谱，只能把谱子都记在心中。老天没有给他看见阳光的眼睛，却给了他一副好嗓子和聪明的脑袋。他 7 岁学电子琴，11 岁学钢琴，15 岁开始学声乐。他无法一板一眼走正规训练之路，基本上是靠模仿而无师自通。

杨光有一种特殊的模仿本领，他学歌手唱歌，学名人讲话，学说书人说书，声情并茂，惟妙惟肖。后来，他成为哈尔滨残疾人艺术团的一员。

1998 年，杨光独自一人去北京闯荡。他在酒吧唱歌，对挖苦或赞扬的声音都不在意，只是认认真真地做他自己。有时他一天只吃一顿饭，最困难的时候，他卖了手机换钱维持生活。就这样，他一天一天熬过来了。

在"北漂"的日子里，杨光连续失去了爷爷、奶奶和爸爸，他痛苦得几乎失声。然而，还有坚强的母亲做后盾，他坚持在自己选定的道路上走下去。

经过多年打拼，杨光在演艺圈里有了名气，在朋友的支持下，杨光走上了"星光大道"的舞台。他说："这是我继续发展的一个好机会，我要紧紧地抓住它！"

　　2007 年，经过周赛、月赛、决赛，杨光过关斩将，夺得星光大道年度冠军。2008 年，杨光又上了春晚，在北京与妈妈度过了一个难忘的春节。

　　杨光在谈到自己的人生时说："每个人都有天赋，只是大家没有去发掘。只有当你失去一些东西时，你才会发现你还有一些天赋会给你另外一种精彩的生活。"（参阅林芝《奇才杨光：我上春晚不因为我是盲人》，载《大连晚报》2008 年 2 月 16 日。）

　　只要始终追逐阳光，追逐梦想，不泄气，不放弃，最后一定会得到成功的眷顾。

　　在黑暗中体会光明，于无声处感悟音律，从残缺中寻找完美，这就是众多残疾人的铿锵誓言。

第九讲　面对突发灾祸：处变不惊

在突然而至的地震、飓风、海啸、山洪等自然灾难和恐怖袭击、车祸、空难等社会灾难面前，有的人惊慌失措，束手待毙；而有的人却从容应对，变被动为主动，想尽各种办法自保自救，最后生还。

没有绝望的处境，只有对处境绝望的人；在灾变面前只要精神不倒，就有生的希望。

面对突发的灾祸，要处变不惊，不要惊慌、恐慌，有时恐慌比恐怖更可怕。

一、唐山大地震中的求生者

1976 年 7 月 28 日，中国唐山发生了 7.8 级特大地震，超过 24 万人在地震中遇难。遇难者大部分死于无法逃避的突然灾祸；但也有一部分人本来可以得救，然而由于恐惧无措而结束了生命。有一个死者的身体上留下一道道指甲抠出的暗红色血印，那是他在临死前疯狂地抓挠之后留下的印记，是他自己在极度的恐惧和绝望中扼杀了自己。

大地震中有一些人却奇迹般地活下来了，其中一个重要原因是这些人在遭遇危难的情况下表现出少有的冷静和沉着。他们采取当时能采取的一切求生手段保存自己，最终以罕见的精神力量战胜了恐惧和死亡。幸存者活下来的唯一经验是：只要精神不崩溃，就有生的希望。顽强的求生信念是延长生存的一种"最佳心灵良药"。

绝不能丧失生的希望

陈俊华和郝永云是一对新婚夫妻，住在宿舍楼的底部。地震后，天花板倾塌，他们被围困在比一张单人沙发大不了多少的空间里。他们呼喊救命但无济于事，只好自己寻求生存之路。开始时，丈夫陈俊华用双手推身子周围的木头、砖石，没有任何效果。当时，两人的嘴和鼻子全被灰尘堵塞了，又闷、又呛、又渴。妻子郝永云一直喊渴，丈夫叫她别喊，说：越喊氧气越少，会憋死的。陈俊华四下里去摸有没有能喝的东西，却意外地找到一把菜刀，于是他决心用菜刀砍出一条生路。他把周围都砍遍了，不是石头、钢筋，就是水管、暖气片。后来菜刀都砍得卷刃了，总共砍了 7个窟窿，但全是死路。妻子一直哭喊，而且一阵阵神志不清。丈夫知道，失去希望，对于妻子来说就是死亡。于是他对妻子说："快了，快了，快掏空了。"妻子问："能出去吗？"他回答说："能，一定能，我向你保证。"陈俊华的那把已变成三角铁的菜刀当当地响起来。他不是在寻找出路，而是为了让妻子不绝望，他故意把刀敲在暖气片上，发出响声，使她不失去生的信念。

39 小时后，微弱的敲击者终于被救援人员听到了，他们被救出。妻子郝永云说："没有俊华，我早死了，是他顶住了我。"

"我必须活着出去"

唐山钢铁公司的郑小琴，她和丈夫一起被困在地震后的废墟中。当时郑小琴还怀着 8 个月的身孕。丈夫用手拼命扒碎砖烂瓦，然而他因受伤太重，死了。他死前对妻子说的最后一句话是："你要活着，咱们的孩子要活呀！"死时，他的一只冰凉的手摸着妻子隆起的肚子……

郑小琴几次昏死过去又醒来，有一个信念在激励她："为了孩子，我必须活着出去！"她不顾身孕，开始在周围扒砖土杂物。手由疼痛变得麻木，碎玻璃又划破了手臂，但她坚持扒，终于扒出一条缝。她将手捅出废墟，拼命摇动，救援人员发现了她。她获救了。

面对死亡精神不能垮

唐山市第一医院护士王子兰，地震时，她和工人孙桂敏被砸在小儿科治疗室里。她原来是一个最惧怕死人的姑娘，而这次她却在死人堆中度过了 8 天 8 夜！有的人死前发出长长的一声叫喊，像虎啸狼嚎，十分恐怖。后来，尸体在闷热中腐烂，发出难以忍受的恶臭。

在昏暗狭小的空间，王子兰用双手扒过碎砖杂土，搬动过木板，但没有任何结果；于是她选择了等待，不急不躁，默默等待。在寂静和黑暗中，她不断地给自己的东风手表上弦，她说：听着手表嘀嘀嗒嗒地响，心里就踏实，就充满希望。8 天后，解放军把她救出时，她没有让别人搀扶，竟然一直腰站了起来。她能重新站立起来是因为她的精神没有垮掉。

地动山摇"不着急"

芦桂兰是一名 46 岁的家庭妇女。她超越在断水断粮的情况下生命存活 7 天的极限，在废墟中生存了 13 天。

地震时，芦桂兰正在医院中为丈夫陪床。地震后，她迅速躲到床下，没有被砸死。

芦桂兰一生经历过许多不幸，她嫁过的 3 个男人先后都死了。她受尽了人间疾苦。正因为她在生活中经受过摔打，所以在地震这一新的灾难面前，她并不惊慌失措，而是沉着应对。她不断安慰自己："不着急，不着急，再咋样也等着，总能出去。"

芦桂兰被碎砖烂瓦埋了起来，憋得透不过气来。她很快感到干渴，没有办法，只能喝自己的尿。她用撕碎的衣服一点一点蘸着喝。后来，她又饥饿难耐，就用手到处乱摸，想找到一点点吃的东西，结果，摸到了一把土，她就抓起土往嘴里塞，往肚里吞。

1976 年 8 月 9 日下午，地震后的第 13 天，芦桂兰被救出。

危险中互相搀扶，互相温暖

开滦煤矿的 5 名工人在 1000 多米深的地下顽强生存了 15 天生还，创造了地震史上和人类史上的奇迹。

7 月 28 日凌晨发生大地震时，这 5 位矿工正在深千米的矿井中采煤，突然断水断电，运煤的主槽全堵死了，头上戴的矿灯 5 盏灭了 3 盏。渴、累、绝望折磨着他们。两个年轻的新工人害怕得呜呜地哭。这时，55 岁的老工人老陈成为 5 人的主心骨，主动担负起组织大家脱险的任务。他们先是用 19 个小时打通了向上的主槽，到达一中巷。然而，巷道被煤矸石堵得严严实实。采掘组组长王树礼将煤矸石扒开一条缝，人硬往里钻，肚皮蹭破了，满手是血。他拼命撬开一块块矸石，几乎是一寸一寸地朝前挪。这时，仅剩下的一盏矿灯也熄灭了，他们周围一片漆黑。老陈说："得上去，只有活着上去，才能让领导放心，让家属放心。"

于是他们又接着掏。大概过了两天，他们终于爬出了"鬼门关"。他们扶着水管电缆，通过煤眼儿到九道巷，踩到了轨道中的"道心水"，找到了活命之水。喝过水，他们又继续沿着轨道，摸索着前进。后来，他们又向上攀登，从斜马路上去，一步一个台阶，足走了 800 米。他们估计这 800 米大概走了四五天，终于从九道巷到达八道巷。这时所有的人一点儿劲都没有了。从八道巷再往七道巷走，实在走不动了，他们 5 个人分别躺在轨道上 3 个运煤的车厢里，等待死亡。这时，老陈怕大家钻到车里再也出不来，就和伙伴们聊天，聊上井以后怎么吃，怎么喝，缓和了大家的情绪。后来，5 个人挤进一个车厢，紧紧地抱在一起，互相温暖着。

8 月 11 日中午 12 点，一串灯光向他们走来，他们从车厢里爬出来，哭着向救援队扑上去。

唐山大地震中还有许多这样的自救和救人的故事。正如《唐山大地震》的作者钱钢所说：一些精神崩溃的蒙难者用自己的手扼杀了自己；而有的人，却在灾难的废墟上留下了人类对死神的胜利的记录。（参阅钱钢《唐山大地震——7.28 劫难十周年祭，载《解放军文艺》1986 年第 3 期；张庆洲《唐山警世界——7.28 大地震漏报始末》，上海人民出版社 2006 年版。）

二、汶川地震中的大爱

2008 年 5 月 12 日四川汶川大地震，死伤惨重，然而在震波中和废墟下却发生了许多动人的大爱的故事。这些故事诉说着生的伟大，死的尊严，爱的绵长，情的久远。

"宝贝，一定要记住我爱你！"

抢救人员发现这位母亲的时候，她已经死了，是被垮塌下来的房子压死的。她双膝跪着，整个上身向前匍匐着，双手扶着地，支撑着身体，身体已压得变了形。在她的身体下面躺着她的孩子，大约三四个月大，他毫发未伤，被救出来的时候，他还安静地睡着。包裹小孩的被子里塞着一部手机，屏幕上是一条已经写好了的短信："亲爱的宝贝，如果你能活着，一定要记住我爱你！"

拼死挡塌梁

5月14日晚，在绵阳市平武县南坝小学坍塌的楼房里，当救援官兵掀开一根钢筋水泥横梁时，眼前的一幕震撼了在场的每一个人：一位死去的女教师趴在瓦砾里，一手拉着一个年幼的孩子，胸前还护着三个幼小的生命。

看得出，她是要把这些孩子们带出即将倒塌的教学楼，用自己的肩背为孩子挡住了坠落的横梁。

这位老师叫杜正香，已经在南坝小学代课20多年，每月工资150元。她用行动诠释了教师的责任与生命的价值。

慈母千里寻子

来自贵州黔东南的蒋雨航，毕业后分配到汶川县高速公路管理处，地震发生时他刚下夜班正在睡觉。

他母亲龙金玉听说汶川地震，儿子又音讯全无，她心急如焚，就从贵州出发到成都，再乘车到都江堰，然后打"摩的"一直坐到紫坪铺大坝。到了紫坪铺，大路断了，她就徒步往山里赶。

这位52岁的母亲，满头灰尘，胳膊上被划出了好几道血痕。她走的这段山路当时是外界通往映秀镇的唯一道路，路上到处是大面积滑坡，滚落的巨石竟有一间屋子那么大。已松动的山体上的山石泥土随时有塌方的可能。路最窄处仅能容脚，而旁边便是十几米深的悬崖，崖下是浊浪翻滚的岷江。数十里的山路，她连走带爬地赶了十几个小时。5月17日下午才赶到映秀镇。

龙金玉一进镇里就急忙向儿子的住处奔跑。她听说废墟下有生命迹象，而幸存者竟是她的儿子，她立即爬上废墟，大声叫儿子的小名。一声微弱而熟悉的应答从砖石缝隙中传来，她几乎不敢相信自己的耳朵。17时12分，在被6层水泥板压了近123个小时后，蒋雨航获救生还，龙金玉千里寻子有了一个圆满的结果。（参阅《令我们落泪的瞬间》，载《文摘报》2008年

5 月 22 日，综合《新京报》《新民晚报》《羊城晚报》《京华时报》《新华每日电讯》相关报道。）

三、700 米下 69 天的生存奇迹
——智利铜矿的"胜利大营救"

2010 年 8 月 5 日，智利北部沙漠中的圣何塞铜矿发生了塌方事故，一块巨大的岩石封死了巷道。正在井下作业的 33 名矿工一时下落不明，生死未卜。

绝望混乱的头几天

在震耳欲聋的坍塌之后是寂静与黑暗，扬起的烟尘使能见度不到 1 米。33 名矿工陷入极度的恐惧与绝望之中。大家为活命提出各种方案，意见分歧，争论不休。提出的各种办法经过实践都无果而终，绝望重新笼罩井下。

混乱无序的状态持续了三天，矿工们分成了几派。水和食物都没有定量分配，大家都是想睡就睡，随地大小便。无组织状态终于付出了代价：食品开始出现短缺，空气中弥漫着令人作呕的气味。

带头人将大家组织起来

面对混乱的局面，年长者走了出来。62 岁的马里奥·戈麦斯发挥了管理者的作用。他把矿工分成了 3 个人一组的互助组，以便相互照料。他指挥大家用一辆汽车的蓄电池为头灯充电，用手头的机械去寻找水源。他还设立临时祈祷场所，让大家获得精神上的安慰。

塌方时，老矿工、54 岁的路易斯·乌尔苏亚，正任井下值班长。塌方后，他冷静沉着，命令矿工聚集在一起不要分开，自己带领 3 个人去查看情况，并绘制出了一份周围地形的详细地图，为后来的救援行动提供了很大便利。

由于矿工们所在的临时避难所存放的食物数量有限，为保证长时间地坚持地下生存，他制订规则，组织食物的配给。乌尔苏亚宣布：每人 48 小时内只能食用两汤匙金枪鱼罐头，啃半块饼干，喝半杯牛奶，从而使生活

秩序正常化；他还将不足 30 平方米的避难所划分为工作区、休息区和公共卫生区，从而使环境正常化；他又规定矿工轮班工作（清理碎石等）与休息，每个班 12 小时，从而使作息正常化。他在没有秩序的地方建立起秩序，他的领导得到了信任与支持，这样大家逐渐地安定了下来，开始有条不紊地与灾难抗争。

患难之中最容易建立同盟，平时人们争吵打骂，但是在危机之下，他们会携手合作共渡难关，在死亡关头，会齐心协力。关键是要有一个头儿。

全国动员，完成营救

在井下矿工们坚持抗争的同时，地面的救援行动也日以继夜地进行着。在总统皮涅拉的指挥下，政府各部门、军队、企业各方面力量都调动了起来投入营救。3 台功率强大的钻机分头向井下钻探。8 月 22 日，钻头穿透岩层，抵达 688 米深处，取得了与井下矿工们的联系。此后，3 条通道陆续打通，开始向井下矿工输送饮水、食品、服装、日用品、通信器材、娱乐用品等，使矿工对最终获救充满希望。

矿工们玩纸牌、骨牌，播放音乐，尝试用各种娱乐方式调适心情，苦中作乐。他们用井上送来的小型摄像机记录下他们最喜欢的笑话，长达 8 个小时。他们还在井下升国旗庆祝国庆节。坚定的信念和乐观的心态成为支撑所有矿工挺过艰难困境的精神支柱。

10 月 14 日，矿难后的第 69 天，33 名矿工通过"凤凰"号救生舱逐一升井，全国为之欢腾。33 只绘着智利红白蓝国旗图案的气球被放飞到圣何塞铜矿上空。总统皮涅拉在井口同所有获救的矿工热烈拥抱。矿工家属为亲人从死亡线上平安归来而流下热泪。当最后一个矿工乌尔苏亚升井后走出救生舱时，总统称赞他说："你是个非常棒的头儿！"

智利矿难"胜利大营救"结束了。联合国秘书长潘基文说："这是人类智慧和人类精神力量不同寻常的胜利。"（参阅《参考消息》2010 年 9 月 29 日、10 月 14 日、10 月 15 日、10 月 19 日；谢来《获救矿工的 69 个井下日夜》，载《新京报》2010 年 10 月 14 日。）

四、"灾难个性"决定命运

廖智：勇于接纳突然而至的灾祸

2008 年 5 月 12 日汶川地震，廖智所在的整个大楼垮塌了，婆婆被砸死，11 个月大的女儿被埋夭折。她自己被救出，但却失去了双腿。然而她不认为灾难对她而言是残酷的、不公平的。她说："地震把我给震醒了，它让我真正地醒过来了，也让我有了一次重新做人的机会。"

她被锯掉了双腿，安装了假肢。一开始是钻心地疼痛，刚站起来衣服就湿透了。是放弃，还是继续？她选择了继续。廖智说："如果我不去面对身体的疼痛，我的余生就根本没有任何幸福可言。"于是，她开始练习坐起来，站起来，练习踢腿、抬腿，练习走路、倒开水……后来就能戴着假肢跳舞、爬山、攀岩，还成立艺术团，到雅安地震灾区义演。她在经历了这一切之后说："我后来做每一件事都这样想：不管任何事情，哪怕是像灾难这样的事降临，如果我接纳它，我就可以从中学习；如果我排斥它，我就会一直埋怨，我会一直是个可怜的人。我发现生命当中降临的所有的一切，都是很好的老师。我觉得失去本身就是一种得到。"

廖智从自己的亲身经历中得出结论："面对命运降临给我的事情，其实我选择的方式就是接纳……""接纳可能有时候比抵抗更加有力量。"她说："一个人的生命就像一朵花一样，可能会遭受很多的风吹雨打，可能它没有得到足够的营养会枯萎，但是我觉得只要它能够接受自己，保持自己本真的颜色，它就一定会盛放，而且会盛放出独一无二的颜色来。"

康东："想着妈妈的信念支撑着我"

2008 年 5 月 12 日，汶川发生 8 级大地震。面对突然而至的灾难，特别是在被水泥、瓦砾杂物掩埋的死亡威胁之下，有的人只是恐惧、绝望，结果窒息而死；而有的人千方百计寻找维持生存的办法，积极自救和等待救援的到来，最后保住了生命。

21 岁的羌族小伙康东在县城的建筑工地打工。地震时，一栋盖了一半的楼房倒了，把他压在了下面。等他醒来时，他发现头顶上是一块巨大的楼板，而自己胸部以下全部被掩埋，呼吸困难。他说："那时我只想活着。一边大喊'救命'，一边用双手不停地挖，十个指头都挖破了，一点感觉也没有。"他挖去了身边的一些沙土碎石，渐渐地，他的腰部能活动了，一条腿也能动弹了。他继续挖，终于在废墟下面挖出了一个小小的生存空间。

黑暗中，他一直喊着"救命"，却听不到外面的动静。时间久了，他已经没有劲儿了，嗓子也喊哑了，觉得自己就要这么死了。他极度绝望，甚至想到自杀。

这时，他想到了妈妈。他说："在我绝望的时候，是想着妈妈的信念支撑着我。"他怀着对亲人的思念与期待，等待着，坚持着。5月17日下午，在地震发生整整5天后，救援人员发现了康东。由于康东给自己挖了一个小空隙，救援难度大大降低。几个小时后，被埋在废墟下达124小时的康东被救了出来。

在医院里，康东与父母相见，三人抱头痛哭。康东说："经过这场大地震，虽然家没有了，但我们全家人还能在一起，我觉得自己是最幸运的人。"

其实，灾难中生存不单靠幸运。在灾难中，每个人有不同的反应与状态，这就是所谓的"灾难个性"，这种个性决定了人在灾难中的命运。（参阅杨一苗《想见到妈妈的信念支撑着我》，载《今晚报》2008年6月8日；温俊华《灾难中生存不单靠幸运》，载《广州日报》2008年8月10日。）

第十讲 面对疾病、衰老与死亡：淡定而坦然

生、老、病、死是人生逆境中的几个关口，是每一个人都必须面对的人生课题；而以怎样的态度对待生与死，会有截然不同的人生结局。

罹患重病，面临死亡，有的人终日悲悲切切，以泪洗面，从此颓靡消沉，肉体未亡而精神已死；而有的人则以乐观的态度对待生命的痛苦与终结，能很快从疾患与死亡的阴影中挣脱出来。他们或者从病痛的深渊中站立起来，全身心地投入创造性劳动，生命不息，奋斗不止；或者利用余生的有限时间，继续发光、发热，为社会留下一点温暖的记忆，即使死，也死得尊严，死得绚丽，为人类留下一束精神的闪光。他们的生命之歌，自始至终嘹亮而动人；他们的生命之花，永远美丽而芬芳。

历史不以成败论英雄，更不以寿命的长短来衡量一个人生命的价值，最重要的是生命的质量和死亡的优雅。

一、病痛中的顽强求生者

帕格尼尼和他的苦难琴弦

帕格尼尼是著名意大利小提琴家，他同诗人弥尔顿、作曲家贝多芬被称为世界艺术史上的三大怪杰。

然而许多人并不知道，帕格尼尼一生疾病缠身，终日与痛苦相伴。他却用苦难制作出的琴弦把天才发挥到极致。

1782 年，帕格尼尼生于意大利北部城市热那亚。他 4 岁时患麻疹和强直性昏厥症，差一点死去；7 岁，又险些死于猩红热；13 岁，患上严重肺炎，不得不大量放血治疗；46 岁，牙床突然长满脓疮，拔掉了几乎所有的牙齿；后来又染上眼疾；50 岁后，关节炎、肠道炎、喉结核等多种疾病一

齐向他袭来，声带也坏了，不能说话，靠儿子按照他的口型"翻译"他的思想，与人进行交流。1840年，帕格尼尼因患癌症吐血而死。

面对多灾多难的遭遇，帕格尼尼从不自暴自弃，而是同厄运搏斗，改变了自己的命运。他长期把自己"囚禁"起来，每天练琴10至12个小时。几十年如一日地苦练，终于使他走进了音乐的殿堂。他运用小提琴的整个音域，采用了跳弓、各种双音、泛音、双泛音、拨弦、弓杆击琴及单弦演奏等方法，把小提琴的演奏技巧发展到了登峰造极的地步。他被誉为"操琴的魔术师"。1805年到1808年，帕格尼尼接受卢卡宫廷邀请，担任宫廷管弦乐队队长。1828年，帕格尼尼被指定为宫廷的室内乐师。后来帕格尼尼到欧洲各国演出，他用独特的指法与弓法和充满魅力的旋律征服了整个欧洲和世界。

"苦难是他的情人，他把她拥抱得那么热烈和悲壮。"正因为如此，音乐家李斯特惊叹："天啊，在这四根琴弦中包含着多少苦难、痛苦和受到残害的生灵啊！"（参阅张演生《一代琴王帕格尼尼》，载《人物》1987年第3期；陈晨《苦难与天才》，载《散文》1998年第2期。）

尼采：从病痛深渊中站立起来的思想超人

德国哲学家尼采活了56年，而各种疾病竟折磨了他27年。1867年，他从马上摔下来，胸骨受了重伤。在后来的30年中，神经麻痹症、胃病、眼病、脑病接踵而至，不断给他造成肉体与精神的痛苦，并导致他晚年的歇斯底里。他说："每年365天，我有足足200多天陷在纯粹的痛苦之中。"他无数次感到自己的生命行将结束了。1889年，他陷入完全疯狂，直到1900年去世。

尼采认为："一个人洞察自己和时代的深度，与自身所受的痛苦的强度是成正比的。"尼采在病痛的深渊中没有绝望，而是通过精神的创造来疗治病痛。他告诉自己的医生："正是这种受难的状态，使我在思想与道德领域从事最有意义的试验与尝试。渴求认识的欢乐提高了我的境界，使我战胜了一切磨难与无望的心情。"

病痛没有将这个高傲、倔强的灵魂击倒，反而激发了他无尽的创造激情。他在病痛中撰写了一系列对世界具有重大影响的著作：《悲剧的诞生》

《查拉图斯特拉如是说》《善恶的彼岸》《道德的世系》《偶像的黄昏》《强力意志》等。病痛不仅没有销蚀他的思考，反而使他将思考纳入自己从事的精神创造之中。他在自己的著作中反复宣扬"意志决定""强力意志"学说，主张以强大的生命力、意志力对抗人生悲剧，赋予人生以积极意义；他所提倡的"扩张自我""超人哲学"，是在鼓励人的自我超越，改善人类自身；他的"一切价值重估"学说，是以肯定生命、增强人类生命力为标准，批判了现代文化的颓废倾向。这些学说，从某种意义上说，也是他与自己的疾患进行搏斗的体验的表达。他被称作是一位既有理性思辨又有心灵体验的思想领域的"超人"。

二、夕阳下的从容与优雅

巴金：一颗永远燃烧的心

在"文化大革命"的腥风血雨中，巴金进入了他的晚年岁月。

1973 年，巴金 69 岁，领导通知他说：你的问题按"人民内部矛盾处理"。从此，他摆脱了长达 7 年被强制批斗和劳改的非人生活，获得了行动的自由，恢复了写作的权利。1976 年粉碎"四人帮"后，他更焕发了人生的激情。在此后的 20 多年里，他没有"欢度晚年"，而是全身心投入到写作和参与现实的社会生活中。他说，他"只想把自己的全部感情、全部爱情消耗干净，然后心安理得地离开人间"。

首先，从 1978 年 12 月至 1986 年 8 月，巴金用了将近 8 年的时间完成了共 5 集 156 篇 40 余万字的"讲真话"的大书《随想录》。其后，他又创作、出版了 10 多万字的《再思录》。在这些作品中，巴金通过对历史的反思与对自我的反思，对"文化大革命"及极"左"路线进行了深刻的批判；同时，他也无情地解剖了自己，清洗了身上种种"奴性"的污泥浊水，作为一位独立思想、独立人格的人站立起来了。

在 20 世纪的 80 至 90 年代，巴金还审读、修订、校订了 10 卷本的《巴金选集》、26 卷本的《巴金全集》、10 卷本的《巴金译文全集》，工作量之大令人难以想象。需要特别强调的是，巴金是在年事已高、身患多种疾病、身体极度虚弱的情况下完成上述的创作与编选任务的。

1982 年 11 月 7 日，巴金因劳累过度而跌倒骨折，养伤 8 个月没有写一个字。治愈腿伤后，他又患帕金森氏病，双手发抖握不住笔，每天写二三百字就满头大汗，精疲力尽。然而他坚持一字一句地写下去。

后来，巴金又为胸椎压缩性骨折、慢性支气管炎、疝气、心率衰竭等多种疾病所困扰，但他一刻也没有放下手中的笔。直到 1996 年，他的手实在拿不起笔来了，就通过口述，经女儿李小林记录，完成了《怀念曹禺》《怀念振铎》两篇长篇回忆文章，了结了自己多年的心愿。正如他说的，他"在疲乏地奋斗"，虽然"太累了"，但"还得加倍努力"。

粉碎"四人帮"后，重返文坛的巴金是相当繁忙的。除了创作与编书外，他还积极参与现实生活与公共事务：他作为中国作协的主席，经常参加作协的重要会议，为新时期文学的繁荣和新时期文学新人的涌现而呐喊助威；他提议并促成了中国现代文学馆的建立；他参加国际间的文化与文学交流活动，为祖国争得了许多荣誉，也为世界的和平与增进人民间的友谊做出了巨大的贡献；他援建希望小学，为救灾捐款；他写信给参加政协会议的委员们，希望他们要"讲真话"，"讲民主"，要"关心教育事业"，"关心知识分子的待遇"；他呼吁建立"文化大革命"博物馆，以警示当代，教育后人……他用实际行动兑现着他的"爱祖国、爱人民、爱真理、爱正义、为多数人牺牲自己"的人生追求。他一生都在完全彻底地奉献自己，而不为个人索取什么。

巴金渴望能"再活一次"，他企盼"生命开花"。1996 年，92 岁的巴金在他的《告别读者》一文中说："我还有一颗心，它还在燃烧，它要永远燃烧"。

2005 年 10 月 17 日，巴金以 101 岁的高龄结束了他坎坷而又伟大的一生。他有一颗为读者、为人民、为人类永远燃烧的心，他是一朵绚丽绽放的生命之花。他的肉体消失了，然而他的事业、他的精神却永存于世界。（参阅陆正伟《巴金晚年》，文汇出版社 2003 年版；窦应泰《巴金最后 32 个春秋》，民主与建设出版社 2005 年版；李存光《百年巴金》，人民文学出版社 2003 年版。）

周有光：在求知与学习中享受人生

1906 年 1 月出生的周有光，2015 年已跨入 110 岁的门槛。

周有光一生有传奇般的经历。他 50 岁以前从事经济学研究，50 岁之后转到语言文字学研究。他主持过"汉语拼音方案"的制定，被誉为"中国汉语拼音之父"。他精通多门外语，研究比较文字学，创建了现代汉字学。后来，他又研究中文信息处理和无编码输入法，意在推动中国人加快跨入中文信息处理的新时代。

周有光虽然老态频现：步履艰难、满脸褶皱、牙齿脱落、听力丧失、记忆力衰退；但他有一双做过人工晶体手术的视力不错的眼睛，仍然坚持每天读书、读报、思考、写作，不断发表文章，接待访客，他经常与客人侃侃而谈，还不时发出爽朗的笑声。

周有光有一种年轻人的心态，对外界新事物好奇而且跟进。

他已是 100 多岁的人了，新影片《阿凡达》上演，他想要去看；北京 5 号线地铁开通，他坐着轮椅亲自走了一遍；星巴克很火，他也要到王府井去尝一尝；电脑、手机的新功能、新花样，他都要试一试。生活中的新事物层出不穷，他像突然发现了"一个知识的海洋"，而自己"就是一个文盲，我得赶紧给自己扫盲"。

周有光说，他从 80 岁以后开始重新计算年龄，81 岁就是"1 岁"。1989 年，他 83 岁离休，从一位语言文字学家成了一个文化学者，研究世界历史和文化发展的规律。他不时出现在公众视野中，就一些公共话题发表意见。他论述科学民主的"五四"文化传统，谈论所谓"中国模式"，思考政治民主化、经济全球化以及人权问题、中国中产阶级问题、"中国出不了大师"的问题等诸多社会民生重大问题。有人称赞周有光耄耋之年却擎起了中国新启蒙的旗帜。

周有光说自己是"两头真"：年轻时"天真盲从"，年老时"探索真理"。他的头脑中刻着一个坐标系：纵的那一条是上下五千年的世界文明发展历程，横的那一条，是世界各国的发展现状。他对世界文明的发展脉络有一个精辟的概括：在经济方面，从农业化到工业化到信息化；政治方面，从神权政治到君权政治到民权政治，简单说也就是从专制到民主；思维方面，从神学思维到玄学思维到科学思维。100 多岁的老人，思维如此清晰而深刻，实属罕见。

周有光对生死看得很透。他说，谁都逃不过规律。科学就是规律。自然科学是自然的规律，社会科学是社会的规律，而死亡是"残酷的自然规律"。所以，他以科学的理性对待死亡。"人都喜欢活，不喜欢死，可是你假如研究过进化论，就知道（死）就是自然规律，谁也挡不过的。"

他以科学的方式对待自己的生活，不抽烟，不喝酒，坚持给患青光眼的眼睛点眼药。他还读了不少讲怎样锻炼头脑的书。

周有光的养生颇有自己的特色。他不饱食终日，养尊处优，而是在求知和学习中享受人生。他说，"上帝给我们一个大脑，不是用来吃饭的，是用来思考问题的……""我觉得人生最有意义的就是学习知识、追求知识、享受知识、创造知识，就是人生的愉快"。他不仅要从中国看世界，而且要从世界看中国。现在，他每天要固定阅读 5 种以上报刊。《参考消息》必读。英文的《中国日报》，友人从海外寄来的《纽约时报》、《时代》周刊，他也看。有些海外版的新书，国内版本面世之前他早已经读过了。

"求知是最美好的事情"。在求知中使大脑不衰老或延迟衰老，这正是周有光老人长寿的秘诀。（参阅周有光《我的长寿之道》，载《新华每日电讯》2016 年 1 月 13 日；祖薇《活一天多一天》，载《北京青年报》2016 年 1 月 11 日；包丽敏《最美好的东西，最美好的事情》，载《人物》2015 年第 1 期；王道《百年锐思周有光：老藤椅，慢慢摇》，载《名人传记》2015 年第 10 期。）

杨敬年：老夫老妻伴终生

杨敬年是南开大学教授，2015 年，他已是 107 岁的跨世纪老人了。

杨敬年 1908 年出生于湖南一个贫寒的农民家庭。刚出生一个月，他的父亲就外出谋生，再也没有回来；10 岁时，母亲改嫁，他又失去了母爱。18 岁之前，他基本上是在外祖父家度过的。

20 世纪 20 年代，战争连绵，杨敬年到处飘泊，身世飘零，于是他给自己起了个名字叫"杨飘蓬"。

1935 年，杨敬年考入南开大学经济研究所，后因抗日战争爆发，研究生学习中断。1944 年，他考取第八届庚款留学生，1945 年进入英国牛津大学攻读博士。当时只有一半的学生能够得到博士学位，而杨敬年就是其中之一。1948 年，他以牛津博士的身份回到南开任教。

20 世纪 50 年代后，杨敬年厄运不断。1957 年，他被错划为"右派分子"，被判管制三年，每月只发给生活费 35 元，养活 5 口人之家，长达 20 多年！

"文化大革命"中，他继续遭受被"专政"的命运。1974 年，68 岁的发妻李韵兰中风瘫痪在床；两年后，儿子又患急症死亡。沉重的打击接踵而至，令杨敬年难以招架。特别是妻子病情严重，口眼歪斜，呕吐并发失语症，大夫让他"准备后事"。然而他却不放弃。妻子在观察室抢救了九天九夜，他寸步不离地守了九天九夜，终于夺回了一条命。

妻子在床上一躺就是 24 年。杨敬年在家里守护着半身瘫痪的妻子，生活上全面地、无微不至地照料着她。为照顾方便，他还把一张行军床搭在妻子的床边。他说，这样"无论什么时候她需要，我都能在她身边"。

唐山大地震的时候，他和妻子跑不出来，都只能待在楼上，杨敬年就坐在妻子身边。他想，她已经不能动了，我们就是同归于尽，我也不能离开她。

1998 年，92 岁的妻子去世。发妻在弥留之际呼唤着丈夫的名字："我要见飘蓬！我要见飘蓬！"杨敬年俯下身对她说："我就是飘蓬！"然而妻子望着白发苍苍的杨敬年说："你不是，你是他爹。"她记忆深处的是年轻时的杨飘蓬，那时，她在灯下一针一线为他缝补衣衫。所以，妻子去世后，杨敬年写诗悼念共度 73 年患难岁月的亡妻："空床卧听风和雨，谁复挑灯夜补衣！"

杨敬年说："也许这就是所谓的'命'吧——不是宿命的命，是无可奈何的事情。我的办法就是'以义制命'，能做什么，就做什么。"

此前，他已出版了几十部专著，发表了几百篇论文，培养了几十名研究生。妻子去世后，1998 年（90 岁）他撰写专著《人性谈》，2001 年（93 岁）翻译名著《国富论》，百岁之年，又出版了 27 万字的自传《期颐述怀》。他说："我的年龄是 100 多岁，但在旁人看来，我的生理年龄只有 70 岁，而我的精神年龄却只有 30 岁。"无疑，爱情、亲情为他的"精神年龄"提供了重要滋养。（参阅杨心恒《谦谦人瑞杨敬年》，载《（天津）中老年时报》2011 年 3 月 23 日；陈建强、马超、张剑《杨敬年：生命从百岁开始》，载《光明日报》2013 年 12 月 5 日。）

杨绛："人生边上"的淡定与从容

2014 年 7 月 17 日，杨绛已是 103 岁的老人了。她外圆内方，刚柔相济，钱锺书赞美她是"最贤的妻，最才的女"。

1966 年"文化大革命"时，杨绛被当作"牛鬼蛇神"剃了"阴阳头"，派去打扫厕所。她心中不满，但却没有公开对抗。后来，有人贴大字报揭发钱锺书桌子上不放毛主席的著作，是反对毛主席。杨绛认为这是诬蔑陷害，她再难以容忍。当天晚上，她带着钱先生，拿着手电筒和浆糊，把写好的一张小字报贴在那张大字报的下面，申明没有这回事，结果引起造反派对她的批斗。"革命群众"让她低头认罪，她只有一句话："这不符合事实！""就是不符合事实！"

1978 年，杨绛的心血译作《堂吉诃德》出版，首印 10 万册，很快被抢购一空。为此，她得到许多荣誉，授勋章、出席宴会、出国访问、参加各种有关塞万提斯和《堂吉诃德》的活动……她从从容容地接受了这一切，然后继续埋头读书写作，"自觉自愿始终做零"。

1997 年，爱女钱瑗患肺癌去世。一年后，相伴 60 余年的钱锺书也撒手人寰。在一次次沉重的感情打击下，杨绛十分痛苦，但又十分镇定。当时已八十六七岁的她不仅没有被击垮，反而在接下来的 16 年里奉献出许多新的成果：翻译了古希腊哲学读本——柏拉图《对话录》中的《斐多》，写了散文集《我们仨》《走到人生边上》，创作了中篇小说《洗澡之后》。

更令人惊叹的是，这么一位体重不过几十斤，有时一顿饭只吃几只馄饨的百岁老人，竟开始了一项卷帙浩繁的工程：她从用大麻袋装的钱锺书的大量笔记中整理出版了 20 多卷本的《钱锺书手稿集》。现在还有 100 多册钱锺书的外文笔记等待她整理出版。她说，她要"打扫现场，尽我应尽的责任"。

百岁生日时，杨绛曾以轻松的口吻谈到"回家"："我无法确知自己还能往前走多远，寿命是不由自主的。但我很清楚我快'回家'了。"她说：

"我们曾如此渴望命运的波澜，到最后才发现，人生最曼妙的风景，竟是内心的淡定与从容。"淡定与从容的她是晚霞中一朵优雅的玫瑰。（参阅杨绛《走到人生边上》，商务印书馆 2005 年版；李文俊《余音绕梁谱新曲》，载《北京青年报》2014 年 7 月 15 日；钱根霞《以"隐身串门术"应对孤苦》，载《羊城晚报》2014 年 8 月 7 日。）

秦怡：微笑着把痛苦埋葬

20 世纪 30 年代从艺，现已 90 多岁的秦怡总是容光焕发，美丽依旧。这不全是由于她化妆有术，更主要是由于她的心地善良、心胸开阔、心气平和，有一个好心态。

秦怡一生坎坷。她的第一次婚姻是不幸的，家庭暴力不断，最后她怀抱着幼小的女儿离家出走。后来她与演员金焰结婚，在感情上也屡遭重创。"文化大革命"中，她成了"文艺黑线"的重点批判人物，被抄家、批斗、关"牛棚"。在这种无休止的折磨下，她被查出患直肠癌。她的丈夫受迫害撒手人寰。与此同时，16 岁的儿子金捷又突然精神失常。此后的几十年，她一个人以柔弱的肩膀挑起了从生活到身体和心理上抚养、照料、教育孩子的重担。从此，她的下半生就完全改变了。她曾一遍遍地问过自己："我有勇气活下去吗？"她以罕有的母爱和实际行动做出了回答：为了儿子，自己愿意承受一切磨难。

秦怡的儿子的精神分裂症经历了忧郁—狂躁—相持的过程。进入壮年后，他病情开始由早期的忧郁转向狂躁，秦怡就成了他暴打的对象。1979年，秦怡在海南拍《海外赤子》，每一次拍完片回到招待所，1.8 米高的儿子就抓住母亲往死里打。为了不至于脸被打伤而影响拍片，秦怡只好抱着头，捂着脸，弯着腰，任儿子打身体的其他部位。在此后的几年中，秦怡时常面临儿子失去理智的暴力。有时，她带着伤痛出现在公众场合，但从未对儿子有丝毫的抱怨。儿子从小喜爱画画，患病后仍对绘画有兴趣。于是秦怡就为儿子请教师上门辅导，自己也挤出时间陪儿子学画，遇上好天气，还陪他去公园写生。

儿子患糖尿病，由于长期服用多种药物的副作用而产生排便障碍，并查出肠内长了毛囊腺瘤。2002 年手术后，秦怡为了更好地照顾儿子，住进了儿子的病房，承担起护理的任务。在陪护的十多个日日夜夜里，秦怡不断地为儿子送饭递水，擦拭按摩。她困了就和衣而憩，有时也会彻夜不眠，一直枯坐到天明。后来，儿子伤口愈合回到家里，每天要打两次胰岛素，而他起床的时间并不规律，让医生上门服务很不方便。无奈之下，已80高龄的秦怡只好自己为儿子打针。她说："只要能让儿子健康活着，我什么事都愿意干。"儿子吃治便秘的药，吃少了不见效，可稍微吃多了点，又会屙得床上一塌糊涂。秦怡不好意思让70多岁的老保姆洗这些弄脏的衣被，就自己洗。秦怡像照顾扶持老人一样在儿子身旁伺候他的一日三餐。饭前、饭中、饭后，按时为儿子服药，还要经常给儿子洗头、洗澡、换衣，这样四十多年如一日。秦怡说："上半辈子，我是在为演艺事业'跑龙套'的话，那么下半辈子，我就要为儿子跑好'龙套'。孩子的病，也是我人生中所得到的最大的锻炼的一部分。"

2007年，儿子金捷去世，她又感到很失落。但她要坚强地活着。她说："我的性格使得我承受力比较强。伤痛来了，既来之则安之，哭天抹泪没有用。旁人只能安慰你几句，最后还是要靠自己扛着，调整心态。"

现在，秦怡整天忙里忙外不闲着，出去讲课，听报告，看戏看电影。最近，她还创作了一部反映修建青藏铁路事迹的电影剧本，准备拍电影。

秦怡身上有一种强大而持久的母爱，这种爱使她战胜了自己也挽救了儿子。她是"女人中的女人"，"明星中的明星"，"母亲中的母亲"。（参阅谢震霖《秦怡：最感人的角色是母亲》，载《文汇报》2006年3月27日。）

三、面对死神的请柬

不在退却时告别，而在冲锋中离去

几乎所有的癌症病人都面临两种选择：或者崩溃，或者抵抗。

有的人得了癌症，精神彻底垮了，整天想着死亡，想着末日，结果是加速了死亡的来临。医学界权威人士说："癌症死亡者1/3死于恐惧。"

有的人得了癌症，整个人完全失态，他（她）们诅咒"上帝太不公平，为什么让我去死？"他（她）们嫉妒、憎恨所有没有得病的人，甚至做出种种有失体面的事情，最后，在没有尊严的痛苦中死去。

但是，有更多的癌症患者面对死神的请柬大声呼喊："我绝不会在退却时告别，一定在冲锋时离去！"

清华才子江涛曾被医学专家宣判只能活 3 个月，但他却以一个癌症晚期患者之躯，顽强地、奇迹般地活了 4 年："几乎每一天，他都在死死抓住命运之绳，一寸一寸地坚持。而 4 年中每一次日出与日落之间，他都在努力诠释'活着'的意义和价值，认真做着一件件平凡而又不平凡的事情。"他在病榻上呕心沥血写出了 30 万字的《再给我十年》一书，叙说了他生前的心路历程，给家人和病友留下了感人的篇章。

原八一体工大队体操队总教练李世铭，1985 年除夕拿到癌症诊断书，如晴天霹雳。然而，他的生命欲望特别强。大年初八，他到医院接受放疗，并开始练气功，治病之外，其余时间用来工作。他把写作的计划一一列在纸上，争取在"走"之前让它们都有着落。8 年里，他像在赶路，先后与人合写了《中国体操运动史》，独立完成了《体操运动的保护和诱导训练》，还撰写了 18 篇论文，共 150 万字。他一一实现了自己的心愿。（参阅金坪《与世纪杀手携手同行》，载《北京青年报》1998 年 4 月 17 日。）

一群抱团取暖的癌症患者

对癌症除进行切除手术和放疗、化疗外，许多权威医学专家提出"带癌生存"的治疗新思路，即：对癌症采取"保存实力，养精蓄锐"的方式，挖掘人自身的潜力和能力，唤醒和调动人体内自有的免疫力，从而钳制癌细胞的生长、转移和复发，使癌细胞与好细胞"和平共处"，实现"带癌生存"。

以这样的观点作参考，北京的癌症患者自动组织起"北京抗癌乐园""抗癌俱乐部""话疗咖啡屋"，他们互相交流治癌、抗癌的心得体会，互相劝说、开导，感受来自集体的温暖。他们在一起跳舞、唱歌、锻炼、举行时装表演，向自己也向别人展示和证明他们活得很好，一点也不比健康人差，甚至在精神上比一般人更健康。他们真诚地拥抱每一天，在享受每一天的同时，也远离了不安和痛苦，使生活的道路不断向前延伸。

英国皇家马斯登医院医师对一些癌症患者的精神状态进行调查后发

现，凡是对癌症充满斗争决心的，有 75%能存活 5 年以上；而认为无希望和失去信心的，只有 25%存活 5 年以上。无数事实证明：癌症≠死亡！（参阅李智信等《面对死神的请柬》，载《北京青年报》1993 年 2 月 20 日；王宛平《面对生命——一群同癌症抗争的人》，载《三月风》1996 年第 9 期。）

王胜福：五战五胜斗癌魔

1992 年 10 月，41 岁的杭州粮油化工厂离异职工王胜福和贵亚萍结了婚。10 岁的女儿王菲也找到了新的妈妈。

生活刚步入正轨，灾难就突然而至。1993 年，王胜福查出肠癌。"肠癌"这两个字刚从医生口中说出来时，他一下子瘫倒在椅子上。接下来的几天，王胜福不讲话、不吃饭，也不接受治疗，4 天后，他因精神体力严重透支而昏倒，被送到医院抢救。贵亚萍认为，不能再这样下去了，得让丈夫振作起来；不然，没等到癌症发力，一家人就会被癌症吓死。她知道王胜福最疼爱女儿，于是就鼓励菲菲让爸爸高兴起来。

菲菲走进病房，抱住了爸爸的手臂说："爸爸，你快好起来吧，你好了才能带着我去北京玩，你答应过我的，不许反悔！"贵亚萍也接着说："你别放弃自己，也别放弃我们母女俩，好吗？"女儿温暖的手、妻子温情的话都深深打动了王胜福的心。几天后，他配合医生做了手术，切除了一段病变的肠子。手术后，菲菲经常到医院同爸爸聊天，缓解了他的痛苦与寂寞，他的病很快地痊愈了。

2000 年，王胜福又查出了胃癌。王胜福觉得这次逃不过死神的魔爪了，他想到了自杀。妻子鼓励他说："你不能就这么认命了。上次我们都挺过来了，这次也不会有问题。"她还特别说到菲菲："她马上就要考大学了，这可是要影响她一生的事啊！"这次王胜福又接受了现实，切除了四分之三的胃，手术后王胜福厌食、呕吐，只能靠输液维持生命。看到爸爸有些丧气的样子，女儿不断地给他打气，菲菲说："爸爸，当你独自带我生活的那几年，我就有了人生梦想，我想成为一个服装设计师，我不想看见我帅气的爸爸穿得很潦倒……"女儿的知心话和抽泣的样子再次打动了王胜福，他脸上露出了笑容。

为节省医药费用，王胜福提出回家疗养。为了不让丈夫放弃与病魔斗争的勇气，贵亚萍和女儿决定为王胜福举办一场家庭晚会，并分头去请亲朋好友。在热热闹闹的晚会上，王胜福穿着妻子为自己买的新衣服，感到莫大的幸福。

考虑到王胜福的健康问题，厂里决定让他内退。为照顾丈夫，贵亚萍也退了下来。两人在自家小院开了一个小杂货店，过起了简单的生活。

对于女儿，王胜福一直觉得很愧疚，因为自己生病，女儿耽误了学习，没有考入理想的大学。菲菲则安慰他说，她有自己的打算，爸爸的身体一天天好转，她决定去广州闯荡两年。王胜福虽然有些舍不得，但还是同意了。

2003 年，菲菲从广州赶回来过年，她用自己挣的钱给爸爸买了一身新衣，王胜福穿上新衣炫耀着："瞧瞧，老爸这身行头帅不帅？"看着爸爸心满意足的表情，女儿开心地笑了。在这种气氛中，王胜福轻描淡写地讲到自己又患了皮肤癌的事。他说："孩子，爸爸想开了，在很长一段时间里，我不断地思索着死的意义。爸爸要快乐地活下去。"

2004 年，王胜福家的房屋拆迁，他们搬进了新居。2006 年 9 月，菲菲考进了新加坡一所大学，学习服装设计。日子一天天好起来。然而，2009 年 4 月、2010 年 6 月王胜福又先后患输尿管癌和喉癌。这两次，由于有了前几次生病的磨练，特别是有妻子、女儿对自己的支持与鼓励，王胜福不再惊慌失措，而是同妻子一道平平静静地办理了入院手续。在病房里，他与病友聊天，与医生、护士开玩笑。连医生都不敢相信，眼前这个老人竟患过 5 种癌症，有 17 年的抗癌史。

从世界范围看，一个人一辈子得 5 种及以上的原发癌的情况极其罕见，全球不到 5 亿分之一，目前被发现有记录的，全世界不超过 6 例。王胜福在妻子与女儿的关爱中，在医院的精心治疗下，一次次击退了癌魔，打败了死神，创造了生命史上的一个奇迹。（参阅《五战五胜斗癌魔》，载《今晚报》2011 年 2 月 25 日。）

威廉斯与黛安娜的"心灵朝圣"

美国自然文学作家特丽·威廉斯所著的《心灵的慰藉》给我们讲述了一个凄婉而动人的故事。

威廉斯属于一个"单乳女性家族"。她的母亲、祖母、外祖母以及六位姑、姨，都做了乳房切除手术，其中七人已经过世。她本人也被确诊为乳腺癌。绝症不是来源于遗传，而是由于核试验造成的大气污染。

威廉斯家族居住在美国西部的犹他州大盐湖湖畔。从 1951 年到 1962 年的十多年间，那里进行过数十次地上核试验，放射尘埃覆盖了威廉斯家人居住的地方。孩子们喝着污染的牛产出的奶，甚至喝着自己母亲受了污染的母乳长大，由此造成了"美国核试验的悲剧"，一批又一批的当地居民走向了死亡。

由于气候的变化，大盐湖水位不断上涨，从而使熊河候鸟保护区的鸟类受到威胁，有些鸟类从此消失。人类的悲剧与自然的悲剧同时上演。

这时，38 岁的母亲黛安娜被查出患了癌症，威廉斯陪同已处于癌症晚期的母亲在大盐湖畔走过人生最后一程。母女二人在大盐湖湖畔观察记录自然界的动植物如何应对残酷的现实，思索人类如何面对个人的悲剧。大盐湖水位的涨落，候鸟保护区的存亡与母亲癌症病情的变化交织在一起。沙漠中大盐湖那一池碧水，如绿宝石般环绕着大盐湖的湿地，湿地上那美丽的花草，飞翔的鸟儿……大自然抚慰了它们受伤的心灵，也赋予这对母女战胜病魔的定力。

后来，母亲的病情恶化，可是她并没有即刻就医，而是去了大峡谷。对她而言，在大峡谷及科罗拉多河上度过的日子沉静中充满冥想，这是她渴望的。为此，威廉斯还与母亲有过一段对话：

> "或许，你能帮我想象一条河——我可以把化疗想象为一条河，它能够穿过我的身体，把癌细胞冲走。特丽，你说，是哪条河？"
>
> "科罗拉多河怎么样？"我说。
>
> 几周来，我第一次看到我母亲的脸上露出了笑容。
>
> 大自然正是这样为人类的身心抚慰痛苦，医治创伤。

大盐湖水位终于有一天涨至了最高点，湿地被淹没；与此同时，母亲的病情再度恶化。她强撑着病体，为全家人准备并度过了最后一次圣诞聚餐，之后在家中病逝。在威廉斯守着奄奄一息的母亲时，她突然想到母亲会等到日落之后再过世，而那天的落日辉煌无比。一片杏黄的光闪烁在窗外远处紫色的矿山上。她告诉母亲那是多么美丽的落日。她也回忆起母亲曾为壮美的落日而拍手赞叹，想起母女二人曾在夕阳下手牵手行走在正烂漫开放的向日葵丛中。她相信，母亲已融入了大自然的怀抱。她的肉体走了，而"精神的母亲依然存在"。

威廉斯在讲到她写作《心灵的慰藉》时说："我讲这个故事，是为了医治自己，是为了面对我尚无法理解的事物，是为了给自己铺一条回家的路——这个故事是我的归程。"

后来，大盐湖的水位终于得到控制，鸟类又开始了春天的迁徙。威廉斯与丈夫划着独木舟缓缓驶入大盐湖。他们带着万寿菊的花瓣，那是作者的母亲每年春天都种的花。作者从衣袋里取出精心保存的万寿菊花瓣，与丈夫一起将花瓣撒入大盐湖，结束了她的故事。

《心灵的慰藉》一书的译者程虹在评价该书时说："《心灵的慰藉》是一部描述鸟类与人类怎样应对自然灾害的书，也是一部癌症晚期的病人及其家属如何应对病魔及家庭悲剧的书。它的独特之处在于，当个人的不幸降临时，人类怎样从自然中吸取力量，勇敢地面对现实；又怎样从自然中获取启示，得到心灵的慰藉、精神的升华。"巧合的是，译者同作者有过一段相似的经历。在翻译此书时，程虹也在照顾着家中身患癌症的老人，在 5 年的伤痛中她陪伴老人走完了生命的最后一程。"所以，翻译《心灵的慰藉》也使得我能面对残酷的现实，成为我本人心灵的慰藉。"（参阅程虹《心灵的慰藉》译序及《美国自然文学经典译丛序》，商务印书馆 2012 年版。）

如果你已身心疲惫或疾病缠身，但仍有行动的条件，不妨离开浮华的都市与喧嚣的尘世，走向高山，走向江河，走向草原，走向森林，走向大海，做一次"心灵朝圣"之旅；你应该投入地放松一次，在大自然的怀抱中，使身心得到休息，心灵得到慰藉，精神得到陶冶，灵魂得到净化。这样，你会享受到另一种圣洁而又快乐的人生。

凌志军：做一个聪明的患者

著名记者凌志军 2007 年被查出患了绝症：颅脑、肺叶、肝脏上都发现了恶性肿瘤，而且已经不能手术了，最多还有 3 个月的生命。

作为一名年近花甲的资深记者，他习惯和擅长于对人的观察。他看到医院主任大夫诊断时漫不经心的样子心生疑窦。"主任"匆匆地看过核磁共振胸片，就对他身边的学生侃侃而谈，像是在讲课，又像是在训话，而对患者只是扫了一眼，并且对他的病情叙述不感兴趣。凌志军对这位"主任"的诊断产生了怀疑，他拒绝了立即做开颅手术。

后来，凌志军通过朋友和亲属找了另外的医院和医生，还进行了两次外国专家的会诊，他们给出的意见是：脑部病灶有可能不是肿瘤，或者只是良性肿瘤，尚需确诊。

为此，凌志军又找到北京另一位神经外科专家。他仅用了3分钟，在9张胶片中只挑出3张粗粗看了几眼就下了结论"必须立即手术"，"不手术，那就等着吧"。

学医学的妹妹自己买来医学专著研究，认为"良性的可能性大"，于是他们就做出了一个决定：搁置医生的开颅手术建议。

这时，凌志军又请来各路医生，听取他们的高见。其中一位"刘太医"，据说出身于"治瘤世家"，有祖传秘方"控岩散"。不过，为服"控岩散"，得先喝3个月的"牛筋汤""开胃汤"。

凌志军观察"刘太医"对于"祖传秘方"的夸张表述和所说的"控岩散"的神奇疗效，觉得像是江湖骗术，有些生疑。后来他托人通过各种关系调查"刘太医"的身世，果然有些"不实内容"。于是他拒绝了"控岩散"，只接受了"牛筋汤"。他认为"牛筋汤"中富含胶原蛋白，能包裹住癌细胞令其不再扩散，可试一试。

到3个月的大限时，凌志军去医院复查，影像显示，脑内那个乒乓球般的病灶不但没有扩大，反而有所缩小。凌志军惊喜万分："不用被锯开脑袋了！"

治了脑部，再治肺部。2008年5月，凌志军做了开胸手术，切除了左肺叶上的恶性肿瘤，但他拒绝术后的化疗。他查阅很多资料发现，肺癌化疗仅仅能将治愈率从60%提高到62%，无太大意义；而这种过度治疗产生的副作用则让人担忧。他决定按自己的方式自我恢复。

医生告诉凌志军，吃药是治疗，"走路、吃饭、呼吸新鲜空气都是治疗"。于是他开始了另一种生活。他不再继续记者和时政作家的角色。他把电脑里的工作日程表清为一片空白。他认真的吃饭、散步、深呼吸，还和妻子一起去了一趟雪山滑雪。他完全放松了自己。

在等待手术结果的日子里，他写了"最想做的十件事"：再吃一次清蒸鲥鱼、再为儿子做一顿饭、重返滑雪场……最后一件事是："告诉所有癌症患者和他们的家人，癌症不可怕。"

为了肺部的康复，凌志军还精心把家里的环境清扫、布置得"一尘不染"。他用严格的标准监测着室内的空气是否纯净。即使拍打沙发垫子、座椅靠背，也少见尘埃飞舞。

2012年3月15日，凌志军到医院复查，结果出乎意料的好：颅内病灶几乎完全消失，肺部和腹部没有新的异常。幸存的那片肺叶奇迹般地生长壮大起来。医生对他说："不要再把自己当成病人啦！"

病后，凌志军写了一本《重生手记——一个癌症患者的康复之路》。这是一个癌症患者从身陷绝境到逐步康复的亲历记，也是一位著名记者对中国当今癌症治疗体系种种利弊的观察与剖析。他把自己的体验、经验与教训同患者及患者家属分享。他最深刻的体会是：既要相信科学，但又不盲从；他的结论是"做一个聪明的患者"。（参阅凌志军《重生手记——一个癌症患者的康复之路》，湖南人民出版社2012年版。）

陆幼青：坦然面对死亡

陆幼青31岁时，事业如意，婚姻美满，正当未来在他面前展现出无限希望的时候，厄运突然而至。1994年，陆幼青检查出"胃癌晚期"。他立即动了手术，胃切除五分之四！1998年，他又检查出"恶性腮腺肿瘤"，第二次动手术，并进行化疗。化疗只进行了6次，由于对身体影响太大，他坚决要求停止。半年后，肿瘤复发，他的脖颈上长出肿块，而且生长迅速，不断溃破，流出腥臭的液体。他疼痛难忍，苦不堪言。

这一次，陆幼青没有再像以前那样到医院治疗，他选择了同妻子女儿一起，享受平静的家庭生活。2000年8月，他开始写作并发表记录着他与死神搏斗的经历与感受的《生命的留言——死亡日记》，直到离开这个世界。

《日记》是在难以忍受的肉体与心灵的极度痛苦中写作的。2000年8月，正是陆幼青生命的最后阶段，他的脖子、前胸、腰腹已经满是大大小小的肿瘤。麻醉剂对疼痛的减缓作用越来越小，原来止痛 72 小时的药，过了 36 小时就失效了。肿瘤的疯狂增长使他时常感到饥饿，然而浮肿又使他的喉管及食道严重变形，吃一点东西就要呛出来。要吃饭只有等浮肿消退，而一等就是好几个小时，最长要等 6 个小时。除了身体的病痛，陆幼青还要忍受饥饿的煎熬。

陆幼青每天早晨 6 点就起床写日记。满脖子的肿瘤使颈椎不堪重荷，写 1 小时的日记就要按摩几个小时。后来，连电脑也敲不了，他就躺在床上，自己口述，用录音机录下来，然后由别人转换为文字。妻子劝他休息，他总是那句话："日记要写到生命的最后一刻。"在《日记》中，陆幼青思考着"死亡"和"尊严"的关系。《死亡日记》就像一扇门，它让更多的人看到了一个希望按照自己的方式走完人生历程的肿瘤患者的内心世界。

2000 年 10 月 15 日，陆幼青在妻子的搀扶下，怀着"为自己买第二套房子"的心情，亲自为自己挑选了一块墓地。2000 年 10 月 23 日，是陆幼青的 37 岁生日，他写下了最后一篇日记《最后的生日》，向《日记》的读者和网友们告别："我，要走了。"

陆幼青最后死于癌症，但从精神上说，他并没有被癌症所击败。他在同癌症对抗的过程中，在死亡面前，表现出惊人的从容、镇定以及处理自己的生命问题的主动性（即他所说的"死亡的尊严"）。他是最终的胜利者。

陆幼青有一句格言："生命由于有结局而绚丽。"陆幼青在生命的最后时刻给自己以快乐和平静，给亲人以温暖和柔情，还从死神手中抢出一本《死亡日记》，他活得精彩，死得绚丽！

陆幼青的妻子时牧言深爱着自己的丈夫。她不仅在丈夫的最后时刻陪伴着他，关爱着他，她还充分尊重丈夫的心愿，让他无牵挂、无遗憾地走向另一个世界。

尽管陆幼青的去世使时牧言陷入巨大的悲痛，但她意识到，真正能告慰亡人的不是眼泪，而是要逐渐调整自己的心情，尽快从哀悼亲人的阴影中走出来，从自己的小屋中走出来，走到阳光下，回到现实生活中。于是，她和女儿开始以常人的心情谈论丈夫和爸爸；她重新粉刷了房子，把墙壁的颜色换成了暖色调；她买了几件颜色明亮的新衣服穿在身上；她带着女儿到大街上去游逛，到外地去售书，甚至带着女儿赴欧洲去生活一段时间……时牧言说："我非常感激陆幼青，他给我们留下的精神财富确实远远大于物质财富。他那种精神是我们能够尽快走出那场磨难、那种孤独和无奈的最大动力。"（参阅陆幼青《生命留言》，华艺出版社 2001 年版；曾鹏宇《陆幼青：写到生命最后一刻》，载《北京青年报》2000 年 11 月 3 日；吴菲《活着》，载《北京青年报》2000 年 11 月 8 日；时牧言《说感谢永远不会太迟》，载《北京青年报》2001 年 3 月 30 日。）

第十一讲　面对"隐性逆境"与"心灵逆境"的自我突围

自然逆境、社会逆境或由这些逆境产生的后果都是显性的，可见可感的。隐性逆境则不同。

隐性逆境，是指在日常生活中由于人际间（上下级之间、干群之间、同事之间、师生之间、同学之间以及亲友之间）的互相不理解、不信任、不宽容而形成的紧张关系，人之人之间发生冷战、暗战。

例如，由于领导对下属的专制、粗暴、冷漠、歧视（"拉长脸""穿小鞋"等）而产生的对人的威压，或由于对领导不服从、不吹捧而受到打压；

又如由于争名利、争地位、争待遇在同事间展开的暗算与恶斗；

再如由于嫉贤妒能而对他人进行冷嘲热讽、贬损污化、打击排挤、搬弄是非、挑拨离间或当面堆笑脸、背后使绊子，等等。

隐性逆境的特点是它的隐蔽性。它像空气中的病菌看不见、摸不着，但它确确实实地存在着，危害着人的肌体。隐性逆境的始作俑者多是搞阴谋诡计，暗箱操作。他们笑里藏刀，秘而不宣，所以常常是杀人不见血，吃肉不吐骨头，人被整死了都不知道是怎么死的。

由于隐性逆境的制造者暂时处于强势地位，加之人们对隐性逆境的来龙去脉与事实真相了解不足，所以切不可贸然硬顶、硬抗、硬拼、蛮干，而要采取特殊的策略。

一、从"小事"做起，站稳脚跟再向前走

俞敏洪曾讲到他听到过的一个真实故事：有一个日本的 MBA 毕业生进入一个公司的时候，认为自己能力很强，而老板给他分配的工作是办公室的杂活儿，比如擦桌子和整理文件等很琐碎的活儿。他感到很委屈。过了两个月，老板也根本不理他，他决定辞职。辞职前，他到一个朋友家聊天，这位当老板的

朋友劝他："你再干三个月，这三个月你什么也别计较。你再主动一点，主动完成老板交给你的各种工作，把办公室收拾得干净、漂亮，更有创意一点。主动帮助办公室的其他人做一些事情，在各方面都关心他们一下。三个月内不要去抱怨你的工资，不要抱怨任何事情，微笑着工作。三个月后如果老板看不到你的努力，就算老板瞎了眼，你再辞职出来！如果现在你什么工作都没有干好，就想让老板欣赏你，是不可能的事。"一番话使这个 MBA 毕业生顿开茅塞，他就照朋友说的拼命干了三个月。三个月后，老板把他提升为办公室主任，工资涨了一倍。10 年后，他就变成了这个公司的总裁。不拒绝"小事"，日后才能成就大事。大事做不了，小事不愿干，谁能要这样的"人才"呢！

俞敏洪还讲过一个他亲历的故事。在"新东方"有一个普通大学的毕业生，刚到"新东方"时只找到了一份在教室收发耳机的工作。但他是很有心的一个人，他一边收发耳机，一边认真听每一位老师上课，两年后他的英语达到了很高的水平。同时，由于听了很多老师的课，他不知不觉掌握了很多教学技巧。他表达了自己要当老师的愿望，俞敏洪不相信：一个收发耳机的人怎么有能力当老师呢？但让他试讲之后，人们发现他有很高的讲课水平。后来，他成了"新东方"的名牌教师，再后来他成了"新东方"一所分校的校长。不拒绝"小事"，从"小事"做起，而且把"小事"做到极致，这样稳扎稳打，你的梦想才能一步步地实现。（参阅俞敏洪《在绝望中寻找希望》第 107 页、190 页，中信出版社 2014 年版。）

二、"你打你的，我打我的"，"跟别人错开"

冯仑在《伟大是熬出来的：冯仑与年轻人闲话人生》一书中提出"不争"的理念。所谓"不争"是"不针锋相对地争，不争左而争右，不争上而争下，不争今而争明，跟别人错开，人取我予，人予我取。""你在谁也看不上眼的领域每天倒腾一点，虽然很艰难、很慢，但你竞争对手少，而且慢慢他们也都退出了。这样十几年二十几年下来，你成功的机会几乎是百分之百，这正是不争的智慧所在。"（参阅《伟大是熬出来的——冯仑与年轻人闲话人生》，中国发展出版社 2011 年版；王宁编著《冯仑传》，华中科技大学出版社 2012 年版。）

三、放下身段当"孙子"

办事要求人，求人就得有"晚辈"的谦卑。请人帮忙要当"孙子"，找有名望或有身份的人咨询、请教要当"孙子"，要牺牲面子、尊严，赔笑脸、磨破嘴、跑断腿，不断地把自己放在更卑微的位置。万通集团主席冯仑说："求人是非常考验和摧残你自信心的一件事，甚至有时候让你把自尊扔到地下。创业的时候想站着很难，更多的时候是趴着，这是我心态上的最大挑战。"许多以前不屑做的事要做，许多人得罪不起，许多委屈都要自己承受。弯下腰才能直起腰，暂时牺牲自尊是为了争得最后的自尊。能上能下，能屈能伸，以柔克刚，这才是大丈夫的范儿。（参阅《伟大是熬出来的——冯仑与年轻人闲话人生》，中国发展出版社 2011 年版。）

四、"由外而内"，突破重围

在单位内受阻，不妨暂时到单位外闯荡。单位外没有那么多利害攸关者，没有那么多"世仇""宿敌"，没有那么多明枪暗箭，走起来比较顺利，干事业容易成功。成功以后，其实力被本单位所承认，这不仅使得本单位的围追堵截更困难了，而且自己可以"站起来"做人，在单位甚至在社会上拥有一席之地。

能屈能伸、能上能下的陈仲舜

天津医科大学教授、心理学家陈仲舜，在大学时代就迷上了心理学大师弗洛伊德的学说。1950 年，他从南京中央大学毕业以后，就自愿跟随当时在南京大学任教的奥地利维也纳大学的弗氏弟子高伯乐教授学习心理学，在高伯乐的神经科做了两年的助教。高伯乐的言传身教使陈仲舜对弗洛伊德的精神分析学说有了更深入的理解，从而为他日后的事业奠定了坚实的基础。

后来，陈仲舜到天津医学院工作。1957 年，正当他的事业顺利发展的时候，却受到了"反右"斗争的冲击。他所信仰的弗洛伊德学说受到批判，他本人被错划为"极右分子"，从此开始了长达 20 多年的人生磨难。

在劳动改造中，陈仲舜做过木工、搬运工（在水泥场搬运水泥）、泥瓦工、水暖工，还和街道大娘一起糊过纸盒，甚至做过捡破烂、捡煤渣这些活儿。他说，在逆境中要善于适应各种角色，这样才能活下来。

"文化大革命"中，他的家两次被抄，四壁皆空。后来，房子也被人占了。他被赶到一间只有 7 平方米的小屋里，既没有床，也没有桌椅，只有一个草垫子。虽然日常生活都难以维系，但陈仲舜并没有沉湎于自己的痛苦之中，而是埋头于各种技术的钻研上。同时，他还利用业余时间义务给人看病，学习英语、日语。他说："如果在苦难中一味沉沦下去，自己就把自己糟蹋了；如果把苦难当动力，在这个过程中做一些有益于自己和别人的事情，那么既提高了自己，也帮助了别人。"

1978 年，陈仲舜的"右派"问题得到彻底平反，他又回到了天津医学院（后改名为天津医科大学），成为一名专业医生。然而很多熟悉他的人对他却不理解，甚至看不起他，嘲讽他说："怎么大半辈子做木匠的人，摇身一变就成了医生呢？"当时有一些人只叫他"陈师傅"，不承认他的医生资格，甚至当他重新走上天津医科大学的讲台之后，仍然叫他"陈师傅"而不是陈老师。陈仲舜并不十分介意一些人对他的误解和歧视。他说："这么多年我已经养成能伸能缩、能高能低、能上能下的精神状态和角色感。别人叫我'陈师傅'，而我觉得自己就是知识底蕴丰富的医生和老师。"他从容面对冷言冷语冷面孔。他对自己充满自信，问心无愧。

陈仲舜在校内受到冷遇，他转而从医学院大院走向社会。在 20 世纪 80 年代初，他开设了我国首家性心理咨询诊所，开通了我国第一条性心理咨询热线，并经常做客天津人民广播电台的"悄悄话"栏目，为听众答疑解惑。他因此而名声大震。每天挂他号的病人有五六百之多；咨询的热线电话不断；四面八方的约稿应接不暇，每天他要写两三千字的文章。他忙得不可开交，恨不得一天当两天过。

20 多年人生磨难，10 年人生转运，陈仲舜的人生感悟良多。他谈到他的人生哲学有两条：第一要正视苦难，"当遇到苦难的时候，我就这么想，世界本来就有苦难，那么这个苦难总要有人承受吧？那么，我就去充当这个承受的角色吧！"根据这个哲学，他度过了最艰难的 20 多年。第二，改变苦难的命运靠自己。当遇到厄运时，他没有"随着环境漂流"，而是"要靠自己"，"如果你自己认为没倒，你就倒不了"。粉碎"四人帮"后，他要弥补 20 年的损失。他说："要捞不回过去 20 年的损失，那我这一辈子就白活了。"这样，他又挣来了十几年的光阴，挣来了晚年事业的辉煌。

1998 年，已经 75 岁的陈仲舜表示："也许还能活 5 年或者 10 年。我想我是那种人——趴在桌子上写字，写着写着心跳就停止的那类人。"没想到，第二年（1999 年）5 月 15 日，他火热的心脏就停止了跳动。逝世前的那天晚上，他的眼疾尚未痊愈，但仍手持放大镜在写作。第二天凌晨，陈仲舜突发心脏病去世，他的书桌上留着他尚未写完的手稿。（参阅 2001 年 4 月 27 日天津电台交通台《夜访百家》节目《桃李无言，下自成蹊——陈仲舜教授访谈实录》，主持人张南。）

五、"心灵逆境"的自我救赎

心灵逆境是由自我的心理失衡或言行不当而造成的逆境，如由于出身卑微、家境贫寒、疾患伤残、事业失败、仕途失意、下岗待业、考试落榜、爱情受挫、婚姻生变、亲人丧亡等造成的个人生活上的困窘、身体上的痛苦以及心理上的沮丧、抑郁、幻灭、绝望等等。这是自己为自己挖了一条河、筑了一座山，是一种自造的逆境。

造成心灵逆境的原因大致有四个方面：

一是由于缺乏对艰难困苦、挫折失败的适应和承受能力而自暴自弃，幻灭绝望，结果自毁前程；

二是由于缺乏自控力（如任性行事、放纵自我等）而造成人际关系紧张和对自我生命的伤害；

三是由于性格和思维方式、思想方法的缺陷（如孤僻、封闭、暴戾、粗野、傲慢、狂妄、片面、偏执等）造成与人的矛盾，与世的疏离与隔膜；

四是由于一些负面心理、阴暗心理（如嫉妒、怨恨、虚荣、恐惧等）而造成的心理变态和精神崩溃。

美国哈佛医学院临床心理学家克里斯托弗·肯·吉莫说："每个人都会遭受两支箭的攻击：一支箭是外界射向你的，就是我们常遇到的困难和挫折；第二支箭是自己射向自己的，就是困难和挫折产生的负面情绪。第一箭产生的是外伤，第二箭会深入内心，越是挣扎，箭在心中扎得越深。聪明的人不会与自己对抗。"

"不与自己对抗"，就需要尽快从自造的心灵逆境中解脱出来。解铃还须系铃人。从自造的心灵逆境中突围，要从自我做起。

首先，要打破自我封闭状态，主动地投入到现实生活、投入到周围的人群中去，让火热的生活、友朋的温暖化解自我的封闭与冷漠，唤醒自己对生活的热情，点燃自己对人生的渴望。

其次，要有自我解剖、自我否定的勇气，要认清并努力克服自身的人性的弱点，正视它并一点一点地改掉它。

第三，要学会理性地生活。不要一味地"跟着感觉走"，而要有理性的、科学的、辩证的思维，做到既能把持住自己，又能包容他人。

从自造的心灵逆境中突围是一个自我救赎、自我蜕变的过程，是痛苦和艰难的，正如鹰的再生。开始衰老的鹰，为了活得更长久，它常常飞到一个岩洞里，用老化的喙啄打岩石，直到喙完全脱落。然后，它又用新的喙把爪上老化的指甲一个个拔出，把钙化的羽毛一根根拔下，经过 150 天痛苦的自我折磨，它长出了新的指甲、新的羽毛，又重新飞上蓝天。

我们如果想重新飞翔，就必须像鹰一样忍受血肉之苦，否则将老死于"荒山野岭"。

老子曰："胜人者有力，自胜者强。"刘翔说："我的对手就是我自己，战胜自己我就赢了。"

结语　顺逆之变

老子曰："祸兮，福之所倚；福兮，祸之所伏。"这讲的正是顺境与逆境互变的辩证法。国家的兴亡，企业的盛衰，家族的荣枯，个人的浮沉，皆含有顺逆之变的哲理。

古往今来，有许多人出身寒门，他们在困厄中度日，在冷眼下成长，在逆境中奋斗，终成栋梁之材，建丰功伟业。然而也有不少达官富商子弟，从小娇生惯养，长大后依赖其长辈的优越条件，不思进取，更无心创业、守业，只是纵情酒色，挥霍无度，很快财产散尽，家族败落。这种顺逆之变的事例不胜枚举。八旗子弟本是骁勇剽悍的满族后代，但成为寄生的统治阶层之后，百余年间，这些马背上的勇士就退化成了百无一用的庸人，沦为出没于茶馆与戏楼的提笼架鸟者。这里再举一个顺逆互变的近例。

刘铁男：从高干到"阶下囚"

2014 年 12 月 10 日，国家发改委原副主任、国家能源局原局长刘铁男因受贿罪一审被判无期徒刑，剥夺政治权利终身，并处没收个人全部财产。一下子，他从高干变成了一个"阶下囚"。

刘铁男从高干到"阶下囚"经过了一个发人深省的蜕变过程。

刘铁男出身工人家庭，姐弟五人，自幼生活贫困。小时候他曾捡过煤核、菜帮子，砸过钢丝，还帮母亲补花（一种纺织工艺品），挣钱养家。后来上学、当工人，发奋图强，在工作中展现出较强的能力并取得了优异业绩。1983 年，他调到国家计委原材料局钢铁处，从此步入仕途。开始，他对自己严格要求。1996 年至 1999 年他担任中国驻日本大使馆经济参赞期间，为节省开支以补贴家用，他经常在宿舍煮挂面吃。2000 年后，他又经过多个司局一把手岗位的历练，终于走上了政府的高位。

在新的职位上，他有了更大的权力，也有了更多的诱惑，原来在内心深处"过富裕生活"的欲望开始发酵、膨胀,"向上爬、当大官"的人生观、价值观开始扭曲、变形。2005 年 8 月,儿子刘德成从加拿大留学回国,一些企业家就从他儿子那里打开了缺口。他们帮助他儿子办空壳公司,而他自己则通过"关联交易"和挂名领薪、入股分红等渠道收受巨额钱款。从此,刘铁男的拒腐防变的思想堤坝开始坍塌,最后走上了犯罪的不归路。这是从逆境到顺境,又从顺境到逆境(绝境)的一个典型案例。刘铁男们经历过苦难的童年、奋斗的青年、上升的中年,最后走向悲惨的晚年,这是血泪的教训!(参阅中纪委官网)

福祸相倚,祸福相随,福祸交替,自有其周期率使然。一般来讲,其逻辑是可知的,非命中注定的。通过人的主观能动性,福祸交替的周期率和个人的命运是可以把握和改变的。所以,明智之士能在病前"防未病","盛时常作衰时想,上场当念下场时"。

"新东方"的俞敏洪在"新东方"发展最好之时发出预警:"我考虑到了新东方失败的那一天,或者说我被社会当作反面教材的那一天,我能用什么样的心态来面对这样的现实,实际上这就体现了我有没有冠军的素质。"这是一位有远见的领导者。

从逆境到顺境,又从顺境到逆境,周而复始,无有穷期。每一个人都要在顺逆之变中经受考验。

作家柳青有一段话说得好:

> 人生的道路虽然漫长,但紧要处常常只有几步,特别是当人年轻的时候。
>
> 没有一个人的生活路是笔直的,没有岔道的。有些岔道口,譬如政治上的岔道口,事业上的岔道口,个人生活上的岔道口,你走错一步,可以影响人生的一个时期,也可以影响一生。

这段话后来又被路遥作为语录放在他的作品《人生》的开篇,为千万人所铭记。现在我把这段话赠予新的读者,算作非终结的结语吧。

附录（一）

海燕·胡杨·礁石——大自然的启示

人类来自大自然，和大自然是一个生命共同体。大自然中的每一棵树、一朵花、一只飞鸟、一条小虫、一块石头，同人一样，也都有它们的灵性；特别是它们在恶劣的环境中生存、成长的勇气、品格与智慧，会给我们许多有益的启示。

海燕，大海上的勇敢的精灵

在苍茫的大海上，狂风卷集着乌云。在乌云和大海之间，海燕像黑色的闪电，在高傲地飞翔。

海鸥呻吟着，把自己对暴风雨的恐惧掩藏到大海深处。

海鸭也呻吟着，轰隆隆的雷声把它们吓坏了。

蠢笨的企鹅胆怯地把肥胖的身体躲藏在悬崖底下。

只有海燕叫喊着，飞翔着，像黑色的闪电，箭一般地穿过乌云，翅膀掠起波浪的飞沫。

这只黑色的暴风雨的精灵，它在大笑，又在号叫，它笑那些乌云，它因为欢乐而号叫。

这只勇敢的海燕，在怒吼的大海上，在闪电中间，高傲地飞翔，像胜利的预言家在呐喊："让暴风雨来得更猛烈些吧！"①

榕树，一首伟大的生命之歌

在福建的山间与原野上处处有榕树，肥沃的土地、贫瘠的土地、坚硬的土地、松软的土地，它都能成长；潮湿的时节、干旱的时节、雨淋的时节、霜打的时节，它都能生存。浓荫笼罩大地，树冠吞没白云，展现着旺盛的生命的力量。

---

① 九南节选自高尔基《海燕》，戈宝权译。

有时，榕树的种子在石缝里破芽而出，在缝隙间伸展出嫩枝。枝条在岩石上沉着地、缓慢地跋涉、攀登，不断地挣扎、突破、发展、挺进，开拓着本没有的路。在生命难以生存的地方，让自己成为伟大的生命；在生命难以发展的地方，把自己发展成其他生命望尘莫及的参天巨木。这是一首无声、无畏的生命之歌。

在狂风暴雨、雷霆闪电中，榕树总是那样从容不迫，它那钢铁一样的躯干镇定地屹立着。有的榕树被击倒了，但它并没有从此走向死亡。它那庞杂的根系一半裸露在地上，一半残留在地下，绿芽在侧倒的身躯里纷纷崛起，接着又长出新的嫩枝和嫩叶，青春在受难的生命中继续繁衍。在倒下的生命体上，我们再次看到那不朽的业绩，不屈的凯旋①。

三文鱼慷慨悲壮的一生

每年秋天，生活在北美的雌性三文鱼将产下的大约 4000 个鱼卵藏在卵石下，其中大量鱼卵被鸟类和其他鱼类吃掉了。幸存下来的鱼卵熬过冬天，成为幼鱼。当春天来临时，幼鱼顺流而下，进入淡水湖，然后又进入北太平洋。在这个过程中，许多幼鱼被人和动物捕食。每四条幼鱼中只有一条鱼能入大海。

在北太平洋中，三文鱼既受到鲸鱼、海豹的攻击，又遭到人类捕捞的威胁。这样整整四年，经历了无数艰险，幸存的三文鱼成熟了，于是它们又开始向出生地洄游。这时，它们全力赶路，不再吃任何东西。在逆流而上的路途中消耗掉自身几乎所有的能量与体力。有的快要到达目的地时力竭而亡。在最初那条雌鱼产下的鱼卵中，最后只有两个能够成活长大，并最终回到产卵地。

到达产卵地后，它们又顾不上片刻休息，开始成双成对地挖坑、产卵、受精，完毕之后，三文鱼筋疲力尽，双双死去。而新一轮的生命又开始为生存、长大而漂流、洄游，在挣扎中死去……它们不顾各种艰难险阻地成长，它们不管遭遇多少艰难险阻也要完成一生的使命。它们的生命历程慷慨悲壮，震撼人心。②

---

① 九南节选自刘再复《榕树，生命进行曲》。
② 九南改编自俞敏洪《在绝望中寻找希望》。

艰难攀爬金字塔的蜗牛

到达金字塔顶端有两种动物，一是雄鹰，它是靠天赋的翅膀飞上去的；另一种就是蜗牛，它是从地上一点一点地爬上去的。在攀爬中，有时还会掉下来，它再爬，又掉下来，再第三次、第四次……不停地爬。这样，一天天，一月月，一年年，最后它终于爬到了金字塔的顶端。它收获的成果跟雄鹰是一模一样的，然而它百折不挠、不达目的决不罢休的精神更令人感动和敬佩。

沙漠玫瑰

在非洲撒哈拉大沙漠里，有一种看上去十分丑陋的植物，形同枯草。但当雨季来临，有了水的滋润，它卷曲枯萎的身体就会慢慢舒展开来，出落得丰润饱满，翠绿欲滴，这就是沙漠玫瑰。在它那毫不引人注意的外表下，坚守着等待绽放的信念，同恶劣的环境与生存的极限抗争，一有机遇，它就绽放出生命的光芒。

戈壁中的千岁兰

千岁兰长于戈壁大沙漠中，一年到头承受烈日的炙烤，沙尘暴无情地抽打，在干渴中张开长长的叶片，吸吮晨光中的雾气，在恶劣的环境中顽强地活着，寿命长达 2000 年。

沉香的来历

沉香来自外力对沉香树的伤害：狂风来了，吹折了沉香的树枝；蛀虫来了，把沉香树蛀成一个又一个洞眼；雷电来了，迎头把沉香树劈开……正常生长的沉香树受到伤害后，为了自我保护，自我修复，会在伤口处分泌出一种油脂，把伤口加以覆盖，并与沉香木相融合，形成了形态不规则的硬块，这便是沉香。沉香是苦难后的结晶。沉香是厚重的香，是让人沉静的香。

傲视风浪的礁石

你看到过海边的礁石吗？它稳稳地挺立在那里，好像已有千年、万年："一个浪、一个浪无休止地扑来／每一个浪，都打在它脚下／被打成碎沫，散开……""它的脸上和身上／像刀砍过的一样／但它依然站在那里／含着微笑，看着海洋"，①自信、从容、坚定，千年、万年不变。

珍珠：创伤孕育出的瑰宝

珍珠原本是嵌入牡蛎伤口中的沙粒，它使牡蛎体内发生病变。牡蛎用尽全身的力量为自己疗伤。牡蛎体内分泌出一种闪亮的珍珠质，一层一层地覆盖在小沙粒的表面，保护牡蛎不受沙粒的侵害。这样日复一日，就形成了一颗晶莹的珍珠。

不幸提供机遇，磨难变为财富，创伤造成珍珠。从没有受过伤的牡蛎永远无法产出珍珠。

三千年不死、不倒、不朽的胡杨

在我国西北地区的沙漠中，生长着一种高大乔木——胡杨。据传，胡杨是一亿三千万年前遗留下来的最古老的树种。

胡杨是一种最坚忍的树。它不怕风沙，不怕盐碱。它在零上40摄氏度的骄阳下茁壮成长，在零下40摄氏度的寒风中傲然挺立。

胡杨适应于在各种恶劣的环境下生存，所以它具有旺盛的生命力。生下来一千年不死，死后一千年不倒，倒下一千年不朽。它是沙漠中永生的象征，不死的精灵。

幼蝶的磨砺与飞翔

幼蝶从茧中飞出前常常要在茧的破口处挣扎。一些好心人为了减轻它的痛苦，就把茧破开，将幼蝶放出来。这样，幼蝶就只能拖着一对柔弱的翅膀，在地上爬行，永远也飞不起来了。

其实，幼蝶只有经过茧的狭小洞口的磨砺，才能迫使身体内的体液流注到它的翅膀里，从而逐渐使翅膀变得强壮，最后展翅飞翔。

① 九南节选自艾青：《礁石》。

　　幼蝶痛苦的挣扎不是折磨，而是磨炼，是生命中一个必不可少的过程；免去幼蝶的挣扎，也就剥夺了它健康成长的权利，毁灭了蝴蝶美丽的飞翔①。

---

① 附录（一）中未注明出处者，均为九南编写。

附录（二）　书中所涉人物及事件名录索引

后　记

　　20 世纪 80 年代中期，国内正处于改革开放的大潮之中，社会经历着前所未有的阵痛。政治、经济领域在理念、利益上的矛盾凸显，思想、文化、道德领域中的冲突也日益剧烈。有的人迎潮而上，开拓进取，成为时代的弄潮儿；而有的人面对改革开放的大潮则退缩了、迷失了、沉沦了，轻生者屡见荧屏与报端。这种现象引起了我的关注，开始思考人的命运与逆境的关系问题。于是我萌生了关于"逆境"的这一写作计划。

　　之后的十多年中，围绕这一选题，我广泛阅读有关著作与报刊，搜集有关资料，于 2006 年完成了第一稿《逆境人生》；后来，继续积累资料，充实内容，撰写新稿，修改旧稿，遂有了今天的第二稿《逆境突围》。

　　所谓"突围"，不仅包括在逆境围困中的那些成功脱险者，也包括那些对逆境无畏抗争的勇士；脱险固然是理想的结果，而那些抗争中的牺牲者也无愧是英雄。

　　《逆境突围》共十二讲，上编四讲是有关逆境的一些理念的论述；下编七讲具体谈如何应对各种逆境；另有"顺逆之变"一讲，作为全书的一个结语。书中不仅有对逆境的总体论述，而且尽可能谈一些逆境突围的具体途径，这或许能引起读者更大的兴趣。

　　为了不做空论，书中引用了 150 多位人物的事迹。对于每个人物，我并不全面系统地介绍他的生平与功业，而是侧重叙写他在逆境中拼搏的故事。这些故事不单是论述的例证，而且独立成篇。这样读者可以较完整地看到这个人物的奋斗过程及精神风貌。有的故事可能已事过境迁，有的人物也可能有新的变化，但这些故事、人物所体现的精神、思想、经验却具有普遍的、恒久的价值。故本着不因人废言（废事）和不因言（事）废人的实事求是的原则，我仍将他们入选，以资借鉴。所选故事力求突出细节，以求有更感人的力量。

　　书内各章之间、章内各节之间篇幅长短不一。笔者认为，有话则长，无话则短，不宜为求"平衡"对章节做强行增删。对此，望读者予以理解。

　　在编写中，我参阅了许多著作、报刊，从中受到不少思想的启示，也借用了其中一些资料。为了尊重原作者，有的已在书中注明出处。在此，对于所有我参阅过的著作、文章、资料的作者，特表示由衷的感谢。

　　对这本书我没有太多奢望。读者如能从书中的一两个故事中得到激励，从一两句话语中受到启迪，在逆境中挣扎、奋斗之时能有些微补益，我就很满意了。

　　由于水平所限，资料选择上定有许多遗珠之憾，观点的谬误之处也在所难免，恳请方家、读者指正。

　　在编写过程中，朱家驰先生多有赐教，受益匪浅，谨表谢忱。

九　南

2016 年 4 月于南开园